大学数学科学丛书 36

现代偏微分方程导论

(第二版)

陈恕行 著

科 学 出 版 社
北 京

内 容 简 介

偏微分方程是数学学科的一个分支，它和其他数学分支均有深刻的联系，而且在自然科学和工程技术中有广泛的应用. 本书主要讲述广义函数与 Sobolev 空间、偏微分方程的一般理论、椭圆型方程的边值问题、双曲型方程或抛物型方程的初值问题与初边值问题、能量方法、半群方法等内容. 以此为提高读者的整体数学素质提供合适的材料，也为部分读者进一步学习与研究偏微分方程理论做准备.

本书可作为高等院校数学系(数学、应用数学、计算数学等专业)与有关理工科的研究生教材，也可作为数学、物理、工程技术等领域的青年教师或科研人员的参考书.

图书在版编目(CIP)数据

现代偏微分方程导论/陈恕行著. —2 版. —北京：科学出版社，2018.5
(大学数学科学丛书；36)

ISBN 978-7-03-056916-5

Ⅰ. ①现… Ⅱ. ①陈… Ⅲ. ①偏微分方程–研究 Ⅳ. ①O175.2

中国版本图书馆 CIP 数据核字(2018) 第 049717 号

责任编辑：李 欣 / 责任校对：邹慧卿
责任印制：赵 博 / 封面设计：陈 敬

科学出版社 出版
北京东黄城根北街 16 号
邮政编码：100717
http://www.sciencep.com
北京天宇星印刷厂印刷
科学出版社发行 各地新华书店经销
*
2005 年 2 月第 一 版 开本：720 × 1000 1/16
2018 年 5 月第 二 版 印张：14 3/4
2024 年 4 月第十次印刷 字数：297 000

定价：78.00 元

(如有印装质量问题，我社负责调换)

《大学数学科学丛书》序

按照恩格斯的说法，数学是研究现实世界中数量关系和空间形式的科学．从恩格斯那时到现在，尽管数学的内涵已经大大拓展了，人们对现实世界中的数量关系和空间形式的认识和理解已今非昔比，数学科学已构成包括纯粹数学及应用数学内含的众多分支学科和许多新兴交叉学科的庞大的科学体系，但恩格斯的这一说法仍然是对数学的一个中肯而又相对来说易于为公众了解和接受的概括，科学地反映了数学这一学科的内涵．正由于忽略了物质的具体形态和属性、纯粹从数量关系和空间形式的角度来研究现实世界，数学表现出高度抽象性和应用广泛性的特点，具有特殊的公共基础地位，其重要性得到普遍的认同．

整个数学的发展史是和人类物质文明和精神文明的发展史交融在一起的．作为一种先进的文化，数学不仅在人类文明的进程中一直起着积极的推动作用，而且是人类文明的一个重要的支柱．数学教育对于启迪心智、增进素质、提高全人类文明程度的必要性和重要性已得到空前普遍的重视．数学教育本质是一种素质教育；学习数学，不仅要学到许多重要的数学概念、方法和结论，更要着重领会数学的精神实质和思想方法．在大学学习高等数学的阶段，更应该自觉地去意识并努力体现这一点．

作为面向大学本科生和研究生以及有关教师的教材，教学参考书或课外读物的系列，本丛书将努力贯彻加强基础、面向前沿、突出思想、关注应用和方便阅读的原则，力求为各专业的大学本科生或研究生(包括硕士生及博士生)走近数学科学、理解数学科学以及应用数学科学提供必要的指引和有力的帮助，并欢迎其中相当一些能被广大学校选用为教材，相信并希望在各方面的支持及帮助下，本丛书将会愈出愈好．

李大潜

2003 年 12 月 27 日

第二版前言

本书第一版自 2005 年出版以来已有十余年. 书中对现代偏微分方程理论作了简要的介绍, 它可以作为读者进入一个新的理论领域的起点. 特别对于数学专业与应用数学专业的研究生, 这些内容是必备的数学修养的一部分. 故本书作为研究生学位课程的教材是合适的.

根据这些年的教学实践以及有关教师和读者的建议, 我们对本书的内容作了适当的补充. 例如, 关于 Sobolev 空间性质与 Sobolev 嵌入定理、关于椭圆型方程特征值问题, 以及关于发展型方程初边值问题等都在原有基础上作了扩充. 在内容的阐释上我们也在这一版中增添了更多的分析与解释, 以使读者易于理解与掌握.

由于作者水平所限, 书中还会有许多缺点与不足之处, 恳请读者提出宝贵的批评意见.

陈恕行

2017 年 9 月于上海

第一版前言

偏微分方程作为数学的一个分支出现于 18 世纪. 最早得到系统研究的是三种基本的数学物理方程: 波动方程、热传导方程和调和方程, 所采用的主要工具是微积分, 现在称为经典分析. 经过两个世纪的研究和探索, 人们在偏微分方程的理论和应用两个方面都取得了许多重要的成果, 对于上述三种方程为代表的数学物理方程以及一些更一般的偏微分方程的性质有了相当多的了解, 并建立了多种求解定解问题的方法. 然而当人们在对偏微分方程作更广泛深入的研究时, 感受到了原有理论的局限性.

首先是解的概念需要拓广. 按经典意义下的定义, 一个偏微分方程的解必须具有出现在这个方程中的各阶连续偏导数, 且代入方程后使原方程成为恒等式. 但是, 在实际求解偏微分方程的定解问题时, 往往不一定能得到上述意义下的经典解. 相反, 在某些情形下, 一些不那么光滑的函数也可以具有解的意义, 因此在偏微分方程理论中对它们加以讨论是十分自然和必要的. 例如, 我们知道, 弦振动方程 $u_{tt}=a^2u_{xx}$ 具有行波解 $f(x-at)+g(x+at)$, 当函数 f 和 g 都具有二阶连续偏导数时, 行波 $f(x-at)+g(x+at)$ 满足弦振动方程. 而当函数 f 与 g 仅具有一阶连续偏导数时, 按经典的意义它就不能称为原方程的解. 但是, 弦振动方程是从一个表达物理守恒律的积分等式导出的, 而在该积分等式中仅出现未知函数的一阶导数. 所以, 我们没有理由把只具有一阶连续偏导数的行波排除在弦振动方程的解之外, 这就要求我们必须把经典意义下解的概念拓广.

又如, 在研究弹性薄膜平衡问题时, 常引入能量泛函

$$J(u)=\frac{1}{2}\iint\limits_{\Omega}(u_x^2+u_y^2-2uf)\mathrm{d}x\mathrm{d}y.$$

容易证明, 若 $u\in C^2(\Omega)\cap C^1(\overline{\Omega})$, 在边界上取确定值, 且使 $J(u)$ 达到极小, 则 u 为 Poisson 方程

$$-\Delta u=f$$

的解. 反之, 若 u 是 Poisson 方程满足边界上取给定值的 $C^2(\Omega)\cap C^1(\overline{\Omega})$ 解, 它必定是在这样的函数类中使 $J(u)$ 达到极小值的元素, 所以 Poisson 方程的求解即相当于该函数 $J(u)$ 求极值的问题.

但一般我们并不知道在 $C^2(\Omega)\cap C^1(\bar{\Omega})$ 中是否确有使 $J(u)$ 达到极小值的元素, 而且由于 $J(u)$ 的表示式中仅出现一阶导数, 故在 Ω 中要求 u 具有二阶连续偏导数

也显得过于苛刻, 从而在较宽的函数类中考虑泛函 $J(u)$ 的极值问题更为自然, 也更符合物理的原来意义. 这又说明, 必须把经典解的概念加以拓广.

我们还可以用基本解方法为例说明经典理论的局限性. 基本解方法是偏微分方程经典理论中常用的一种方法, 其中包括格林函数法、黎曼函数法、用发散积分有限部分来讨论波动方程求解的 Hadamard 方法等. 但究竟什么是基本解? 在经典理论的框架中却未能给予一个确切的回答. Dirac δ 函数出现以后, 人们一般将偏微分算子 L 的基本解定义为这样的函数 E, 它满足

$$LE = \delta.$$

δ 函数的概念首先来源于物理学上描述集中分布量的需要. 在这个概念产生的初期, 人们曾对它作了一些粗糙的描述, 例如: "在一点为无限大, 在其余点为零", "包含某点的区域中积分为 1, 不包含在该点的区域中的积分为零" 等. 现在人们有时也用这些话来提供一些直观的理解, 但是很明显这些说法是不严格的. 那么, 究竟什么是 δ 函数的确切定义, 什么是基本解的确切定义呢? 这恰恰需要立足在广义函数论的基础上来加以阐释, 作为偏微分方程经典理论中一个重要的方法——基本解方法, 其理论基础却无法在经典理论的框架上予以说明, 它再一次显示了经典理论的局限性.

到了 20 世纪, 随着现代科学技术和其他各数学分支的发展, 偏微分方程理论的研究冲破经典理论的局限, 而在更一般的框架中讨论问题已成为十分必要和可能了. 20 世纪 40 年代末, L. Schwartz 建立了广义函数论的严格基础, 为在更广的 "函数类" 中研究偏微分方程作了奠基性的工作. 60 年代以后, 偏微分方程理论在思想与方法上又有了迅猛的发展, 出现了许多新的结果与新的方法, 并形成了系统的理论. 它与经典理论的主要区别是, 大量地使用泛函分析以及其他数学分支 (如几何、代数、拓扑等) 的思想、方法以及术语, 并且往往从更高的观点和更一般的角度来讨论和解决问题. 例如, 偏微分方程 $Lu = f$ 的解 u 不一定是一个处处满足方程的连续可微函数, 它可以是某个范围更广的空间中的元素. 在把 L 视为从一个空间到另一个空间的算子后, 可解性问题就归结为逆算子是否存在的问题. 唯一性问题就归结为算子 L 的核是否为零元素, 如此等等. 习惯上常常将建立于经典分析 (微积分等) 基础上的偏微分方程理论称为经典理论, 将建立于广义函数论与泛函分析基础上的偏微分方程理论称为近代理论 (或现代理论). 当然, 经典理论中的一些基本方法与结果, 往往蕴含着许多更一般方法的思想源泉, 它在近代理论中仍然起着重要作用.

本书将对现代偏微分方程理论作简要的介绍, 它也是读者进入一个新的理论领域的起点. 本书第 1 章介绍广义函数与 Sobolev 空间, 作为以后研究问题的基本工具. 第 2 章介绍偏微分方程一般理论中的一些重要结果, 其中有些结果虽然产生于

广义函数论诞生以前, 但由于其在偏微分方程理论中的重要地位, 仍将其列入在本书中. 第 3 章~第 5 章分别介绍椭圆型方程、双曲型方程和抛物型方程的一些研究方法与结果, 它们对于偏微分方程近代理论的学习与研究来说都是最重要与基本的. 每节后面均附有习题可供读者加深理解书中基本内容使用. 各章节中带 $*$ 的内容难度一般较大, 读者在初次阅读时也可跳过.

本书作为现代偏微分方程理论的入门书, 适宜于作为有关数学专业人员与研究生学习的阅读材料. 本书较多地参考了作者以往所著的《偏微分方程概论》以及作者与洪家兴合著的《偏微分方程近代方法》. 同时, 作者还参阅了国内外同一主题的许多著作, 吸收了各书之所长, 相信能对读者有所帮助. 在本书的写作过程中, 作者得到了复旦大学及其他各学校许多老师与同事们的帮助, 获得了许多有益的建议与修改意见, 在此一并表示衷心的感谢. 由于作者水平所限, 在书中还会有许多缺点与不足之处, 恳请读者提出宝贵的批评意见.

陈恕行

2004 年 10 月于上海

目　　录

第 1 章　广义函数与 Sobolev 空间

1.1　广义函数的基本概念、基本空间

1.1.1　引言

偏微分方程经典理论以微积分为其基础, 一般总是在连续函数的范围内讨论问题. 但正如前言中所述, 这样的做法有其局限性. 所以近代的偏微分方程理论将在更广的函数空间中讨论各类问题. 为此, 首先需要将经典的函数概念扩充. 将扩充概念后的函数称为广义函数, 采用新的工具广义函数就有可能在更广的范围并从更深的层次来考察偏微分方程. 20 世纪上半叶, 很多数学家致力于引入各种类型的广义函数. 20 世纪 40 年代末, L. Schwartz 奠定了一类广义函数的严格的数学基础. 他将此类广义函数称为 “分布”. L. Schwartz 建立的广义函数理论很快得到了数学界的公认. 奠基于 Schwartz 广义函数论与泛函分析的偏微分方程从此以全新的面貌出现, 被称为偏微分方程的近代理论 (或现代理论). 本章将先对 Schwartz 广义函数理论作一个概要的介绍. 对于 Schwartz 广义函数理论更全面与深入的了解涉及较多泛函分析与线性拓扑空间的知识, 有兴趣的读者可参阅 [32].

广义函数的概念首先是从物理上引入的, 物理上经常会遇到一些集中分布的量, 如集中质量、集中电荷等. 例如讨论地球在太阳系中的运动时, 由于地球半径与地球至太阳的距离相比太小, 从而将地球视为质量集中在其中心的一个质点会在掌握问题的本质或计算上带来很多方便. 但这种观点在数学处理上也会带来一些新的问题. 我们知道, 质量分布总是与一个相应的密度分布相对应的, 但当质量集中在一点时, 密度分布就无法用常规的函数来描述了. 以直线上的集中质量为例, 设在一条直线上有一单位质量集中在原点附近, 如果其集中程度很大, 即其集中分布的范围与我们在同一问题中所遇到的其他长度相比较小可以忽略时, 我们就说质量集中在原点. 如通常所知, 在连续的质量分布情形下, 质量分布是与密度分布相对应的. 对于位于 x 轴上的一直线棒, 若其密度分布为 $\rho=\rho(x)$, 则 $\displaystyle\int_{x_1}^{x_2}\rho(x)\mathrm{d}x$ 就表示该棒在 $[x_1,\ x_2]$ 一段中的质量. 反之, 若已知每一段棒的质量, 则对一个固定的点 x 来说, 取一个包含 x 点的区间 Δl, 并记这一段棒的质量为 ΔM, 则 $\rho(x)=\displaystyle\lim_{\Delta l\to 0}\frac{\Delta M}{\Delta l}$. 那么, 相应于集中质量分布的密度分布是什么呢? 若质量集中在原点, 则当 $x\neq 0$ 时, $\rho(x)=0$, 而当 $x=0$ 时, $\dfrac{\Delta M}{\Delta l}$ 趋于无限大. 于是, 若用古典 “每点对应一个函

数值" 的函数概念就无法表达与集中质量相对应的密度分布. 而实际上这种集中分布的量常常遇到, 所以很需要发展相应的数学工具来描写它.

以下先讨论如何扩充函数的概念, 然后再看怎么用扩充了的概念刻画 "集中质量" 的密度分布. 目前最常用的扩充函数概念的方法是利用泛函引入广义函数. 简要地说, 就是找一个泛函的集合, 使所有常义的函数都是这个泛函集合中的元素, 而且该泛函集合中含有更多的元素. 那么, 这个泛函集合就可以视为一个广义函数类, 它是已有的常义函数的拓广. 为更具体地说明这一点, 我们先考察 $[a, b]$ 上的实平方可积函数. 大家知道, 如果 $f(x) \in L^2[a, b]$, 则它以下列方式定义了 $L^2[a, b]$ 上的一个线性连续泛函

$$F(\varphi) = \langle f, \varphi \rangle = \int_a^b f(x)\varphi(x)\mathrm{d}x, \quad \forall \varphi(x) \in L^2[a, b]. \tag{1.1}$$

反之, 根据泛函分析的知识知道, 对于 $L^2[a,b]$ 中的一个线性连续泛函, 就有唯一的函数 $f(x) \in L^2[a,b]$ 与之对应, 并将此泛函表现为 (1.1) 的形式. 因此, 在 (1.1) 的泛函表现形式下, L^2 函数与 $L^2[a,b]$ 空间上的泛函就可以看成是一样的.

但如果考察 $L^p[a,b]$ (其中 $p>2$, a, b 均为有限数), 情况就不同了. 那时, 根据泛函分析知识知道, 当 q 满足$\dfrac{1}{p}+\dfrac{1}{q}=1$ 时, $L^q[a,b]$ 中的函数均可按 (1.1) 形式定义一个 $L^p[a,b]$ 上的泛函, 而 $L^p[a,b]$ 上的泛函也必定可表示为 $L^q[a,b]$ 中的函数. 若 $p>2$, 则必有 $q<2<p$ 以及相应的 $L^p[a,b] \subset L^q[a,b]$. 这说明 $L^p[a,b]$ 上的泛函要比原空间的函数类更广. 如果我们只将 $L^p[a,b]$ 的元素称为 "函数", 那么用上述构造泛函的方法就得到了一些 "广义的函数".

如果考察性质更好的函数空间, 例如考察 $[a,b]$ 上的连续函数全体 $C[a,b]$, 这时 $L^1[a,b]$ 中的任一函数, 仍可按 (1.1) 定义一个线性连续泛函; 但反过来, $C[a,b]$ 上的线性连续泛函却不一定可以用某个常义函数 $f \in L^1[a,b]$ 表为 (1.1) 的形式. 为说明这一点, 不妨设 $0 \in [a,b]$, 于是对 $\varphi(x) \in C[a,b]$, 可定义一个线性泛函为

$$F(\varphi) = \varphi(0). \tag{1.2}$$

易见, 若 $\varphi_\nu(x) \in C[a,b]$, 满足

$$\|\varphi_\nu(x)\|_{C[a,b]} = \max_{x\in[a,b]} |\varphi_\nu(x)| \to 0,$$

则 $F(\varphi_\nu) = \varphi_\nu(0) \to 0$, 所以 $F(\varphi)$ 是连续的, 关于它是线性这一点是显然的.

但是, 找不到一个通常的可积函数 $f(x)$, 使

$$\int_a^b f(x)\varphi(x)\mathrm{d}x = \varphi(0), \quad \forall \varphi(x) \in C[a,b]. \tag{1.3}$$

事实上, 假若有这样的函数 $f(x)$ 存在, 则对于不含原点的区间 $[c,d]\subset(a,b)$(不妨设 $0<c<d$) 及对于 $[c,d]$ 中任一连续函数 $\psi(x)$, 当 ε 充分小时 $(\varepsilon<\min(c,b-d))$, 作

$$\psi_\varepsilon(x)=\begin{cases}\psi(x), & x\in[c,d],\\ \dfrac{x-c+\varepsilon}{\varepsilon}\psi(c), & x\in[c-\varepsilon,\ c),\\ \dfrac{\varepsilon-x+d}{\varepsilon}\psi(d), & x\in(d,\ d+\varepsilon],\\ 0, & \text{其他},\end{cases}$$

则有 $\psi_\varepsilon(0)=0$, 且

$$\begin{aligned}&\left|\int_a^b f(x)\psi_\varepsilon(x)\mathrm{d}x-\int_c^d f(x)\psi(x)\mathrm{d}x\right|\leqslant\left(\int_{c-\varepsilon}^c+\int_d^{d+\varepsilon}\right)|f(x)\psi_\varepsilon(x)|\,\mathrm{d}x\\ \leqslant&\max\left(|\psi(c)|\,,|\psi(d)|\right)\left(\int_{c-\varepsilon}^c+\int_d^{d+\varepsilon}\right)|f(x)|\,\mathrm{d}x.\end{aligned}$$

由于 $\displaystyle\int_a^b f(x)\psi_\varepsilon(x)\mathrm{d}x=\psi_\varepsilon(0)=0$, 所以

$$\left|\int_c^d f(x)\psi(x)\mathrm{d}x\right|\leqslant\max(|\psi(c)|\,,\ |\psi(d)|)\ \left(\int_{c-\varepsilon}^c+\int_d^{d+\varepsilon}\right)|f(x)|\,\mathrm{d}x,$$

根据积分的绝对连续性知, 上式右端当 $\varepsilon\to 0$ 时为零, 而左端与 ε 无关, 故

$$\int_c^d f(x)\psi(x)\mathrm{d}x=0,$$

因此, $f(x)$ 在 $[c,d]$ 中为零, 但 $[c,d]$ 是任意一个不含原点的区间, 所以$f(x)$ 在原点外几乎处处为零, 故 $f(x)$ 在 $[a,b]$ 中几乎处处为零, 但这样又将导致$\displaystyle\int_a^b f(x)\varphi(x)\mathrm{d}x\equiv 0$ 的结论, 而使 (1.3) 式不能保持. 这说明, (1.2) 式所表示的泛函无法用常义的函数来表示. 称由 (1.2) 式表达的泛函为 δ **函数**, 以后也形式地记为 $\langle\delta,\ \varphi\rangle$, 甚至 $\displaystyle\int\delta(x)\varphi(x)\mathrm{d}x$ 等.

通常遇到的可积函数都可以视为由 (1.1) 式决定一个线性连续泛函, 从而可以将普通的可积函数都看成是线性连续泛函的特例. 但反过来, 线性连续泛函全体一般会包含更多的元素. 我们今后就把定义在一些特定函数空间上的线性连续泛函称为**广义函数**, 显然, 广义函数的性质与它所作用的函数空间的性质密切相关. 以后将广义函数所作用的函数空间称为**基本函数空间**(或**基本空间**), 而广义函数就是这个基本函数空间上的线性连续泛函. 显然, 依托于某基本空间的广义函数的性质是与该基本空间密切相关的. 下面先介绍几个常用的基本函数空间及其性质.

1.1.2　基本空间 $C^\infty(R^n), C_c^\infty(R^n)$

以下讨论自变量在 R^n 中变化的函数空间, 且一般均考虑复值函数所构成的函数空间. 这里我们得指出, 定义一个函数空间不仅要给出在该空间中的元素, 还必须给出其中的拓扑结构.

先来定义空间 $C^\infty(R^n)$. 在 $C^\infty(R^n)$ 中具有的元素是在 R^n 中任意次连续可微的复值函数, 其中的拓扑规定为, 若有 $C^\infty(R^n)$ 中的序列 $\{\varphi_\nu\}$, 且对任一紧集 K 与任一重指标 α,

$$\sup_{x\in K} |\partial^\alpha \varphi_\nu| \to 0,$$

即称 $\varphi_\nu \to 0(C^\infty(R^n))$.

为了定义空间 $C_c^\infty(R^n)$, 我们先引入**支集**的概念. 对于一个连续函数 $\varphi(x)$, 将 $\varphi(x) \neq 0$ 的点 x 全体的闭包称为 $\varphi(x)$ 的**支集**, 记作 $\operatorname{supp}\varphi(x)$, 即

$$\operatorname{supp}\varphi(x) = \overline{\{x\,|\varphi(x) \neq 0\}}, \tag{1.4}$$

如果 $\varphi(x)$ 的支集是紧集, 则称 $\varphi(x)$ 有**紧支集**.

现在再引进空间 $C_c^\infty(R^n)$, 其中的元素是无限次连续可微且有紧支集的函数. 在 $C_c^\infty(R^n)$ 中的拓扑规定为: 若有 $C_c^\infty(R^n)$ 中的函数序列 $\{\varphi_\nu\}$, 满足条件

(1) 所有 φ_ν 的支集在一个共同的紧集 K 内,

(2) 对任何重指标 α, 在上述紧集 K 内成立

$$\sup_{x\in K} |\partial^\alpha \varphi_\nu| \to 0,$$

则称 $\varphi_\nu \to 0\ (C_c^\infty(R^n))$, 空间 $C_c^\infty(R^n)$ 又记为 $\mathscr{D}(R^n)$.

类似地, 对于 R^n 中的开集 Ω, 可以定义 $C^\infty(\Omega)$, $C_c^\infty(\Omega)$ 等, 这时只要把上述定义中 R^n 的紧集改为 Ω 中的紧集即可.

例 1.1　令

$$\varphi(x) = \begin{cases} \mathrm{e}^{\frac{1}{|x|^2-1}}, & |x| < 1, \\ 0, & |x| \geqslant 1. \end{cases} \tag{1.5}$$

容易验证, $\varphi(x)$ 是一个无限次连续可微函数, 且其支集为 $|x| \leqslant 1$. 因此 $\varphi(x) \in C_c^\infty(R^n)$.

在今后的讨论中将常常用到函数 $\alpha(x) = \dfrac{1}{C}\varphi(x)$, 其中 $C = \displaystyle\int_{R^n} \varphi(x)\mathrm{d}x$. 于是对函数 $\alpha(x)$, $\displaystyle\int_{R^n} \alpha(x)\mathrm{d}x = 1$ 成立.

例 1.2　设 $R > 1$, $g_R(x)$ 为球 B_R 的特征函数, 即

$$g_R(x) = \begin{cases} 1, & |\,x\,| \leqslant R, \\ 0, & |\,x\,| > R. \end{cases} \tag{1.6}$$

作

$$\beta_R(x)=\int g_R(x-t)\alpha(t)\mathrm{d}t=\int g_R(t)\alpha(x-t)\mathrm{d}t,$$

其中 $\alpha(x)$ 为例 1.1 中所定义的函数, 故 $\beta_R(x)$ 表示以 x 为中心, 以 1 为半径的球中函数 $g_R(t)$ 的带权平均值. 注意到在 $\beta_R(x)$ 的定义中的积分实际上只在有界区域中进行. 因此若将 $\beta_R(x)$ 关于自变量求导就可以转移到 $\alpha(x-t)$ 上去, 从而可以证明: $\beta_R(x)$ 为 C^∞ 函数, 它的支集在 $|x|\leqslant R+1$ 中, 且当 $|x|\leqslant R-1$ 时, $\beta_R(x)\equiv 1$.

对任一函数 $\varphi\in C^\infty(R^n)$, 作 $\varphi_\nu(x)=\beta_\nu(x)\varphi(x)$, 则 $\varphi_\nu\in C_c^\infty(R^n)$, 它在 $|x|\leqslant\nu-1$ 时等于 $\varphi(x)$, 在 $|x|>\nu+1$ 时等于零, 而且当 $\nu\to\infty$ 时, 在任何固定的紧集上, 最终必有 $\varphi_\nu(x)\equiv\varphi(x)$, 所以 $\varphi_\nu(x)\to\varphi(x)\,(C^\infty(R^n))$. 由此可见, $C_c^\infty(R^n)$ 中的函数是很多的, 它按照 $C^\infty(R^n)$ 的拓扑构成 $C^\infty(R^n)$ 中的稠密集.

例 1.3 我们需在此强调指出, $C_c^\infty(R^n)$ 与 $C^\infty(R^n)$ 中极限关系是不相同的. 这可以用以下的例子说明之. 取 $\alpha(x)$ 为例 1.1 中所定义的函数, 作 $\varphi_\nu(x)=\alpha(x_1-\nu,\ x_2,\ \cdots,\ x_n)$, 则当 $\nu\to\infty$ 时, $\varphi_\nu(x)$ 的支集渐趋于无限远. 故在任一有界集内, 函数列 $\varphi_\nu(x)$ 从某一个 ν 起恒有 $\varphi_\nu\equiv 0$, 所以按 $C^\infty(R^n)$ 的极限关系来说有 $\varphi_\nu\to 0$, 但是由于所有 $\varphi_\nu(x)$ 的支集不可能同时被一个有界集所包含, 所以按 $C_c^\infty(R^n)$ 的极限关系, $\varphi_\nu\nrightarrow 0$.

1.1.3 函数的正则化、平均算子

设 $\alpha(x)$ 如上段所定义, 记 $\alpha_\varepsilon(x)=\dfrac{1}{\varepsilon^n}\alpha\left(\dfrac{x}{\varepsilon}\right)$, 则 $\alpha_\varepsilon(x)$ 也是 $C_c^\infty(R^n)$ 的元素, 且满足 $\operatorname{supp}\alpha_\varepsilon(x)=\{x\,|\,|x|\leqslant\varepsilon\}$, $\displaystyle\int_{R^n}\alpha_\varepsilon(x)\mathrm{d}x=1$.

如果函数 $u(x)$ 定义于区域 Ω 中, 在任意紧集 $K\subset\Omega$ 中均为 Lebesgue 可积的, 则称 $u(x)$ 为**局部可积**. 如果函数 $u(x)$ 在 R^n 中局部可积, 那么

$$u_\varepsilon(x)=\int_{R^n}u(x-y)\alpha_\varepsilon(y)\mathrm{d}y=\int_{R^n}u(y)\alpha_\varepsilon(x-y)\mathrm{d}y \tag{1.7}$$

有定义, 且成立下面的定理.

定理 1.1 设 $u(x)$ 在 R^n 中局部可积, 则按 (1.7) 式定义的 $u_\varepsilon(x)$ 是一个 C^∞ 函数, 而且当 $\varepsilon\to 0$ 时, 若 $u(x)\in C^0(R^n)$, 则 $u_\varepsilon\to u(C^0(R^n))$; 若 $u(x)\in L^p(R^n)$, 则 $u_\varepsilon\to u(L^p(R^n))$.

证明 因为 $u_\varepsilon(x)$ 可表为$\displaystyle\int_{R^n}u(y)\alpha_\varepsilon(x-y)\mathrm{d}y$, 而 α_ε 是一个无限次连续可微函数, 故利用导数与积分号的可交换性就可得到 $u_\varepsilon(x)$ 可以无限次求导数的性质.

若 $u(x)\in C^0(R^n)$, 则利用 $\displaystyle\int_{R^n}\alpha_\varepsilon(y)\mathrm{d}y=1$, 可得

$$u_\varepsilon(x)-u(x)=\int_{R^n}(u(x-y)-u(x))\alpha_\varepsilon(y)\mathrm{d}y.$$

当 x 属于某个紧集 K 时, 由于 $\alpha_\varepsilon(x)$ 的支集在球 $|x|\leqslant\varepsilon$ 中, 故上式积分号下作为函数 u 的变元的 x 与 $x-y$ 落在紧集 K_1 中, 这里 $K_1=\bigcup\{x\mid d(x,K)<1\}$, 它是把以 K 中任意点为心, 半径为 1 的球都包含在里面的紧集. 利用 $u(x)$ 在紧集 K_1 上的一致连续性可知, 对任意 $\delta>0$, 当 ε 充分小时有

$$\max_{x\in K}|u_\varepsilon(x)-u(x)|\leqslant\max_{x\in K}\int_{|y|\leqslant\varepsilon}|u(x-y)-u(x)|\alpha_\varepsilon(y)\mathrm{d}y\leqslant\delta\int_{|y|\leqslant\varepsilon}\alpha_\varepsilon(y)\mathrm{d}y=\delta,$$

所以当 $\varepsilon\to 0$ 时, $u_\varepsilon\to u(C^0(R^n))$.

如果 $u\in L^p(R^n)$, 为证 $u_\varepsilon\to u(L^p(R^n))$, 我们先找一个具有紧支集的连续函数 v, 使它满足 $\|u-v\|_{L^p}\leqslant\dfrac{\delta}{3}$, 利用 L^p 空间的三角不等式, 有

$$\|u_\varepsilon-u\|_{L^p}\leqslant\|u_\varepsilon-v_\varepsilon\|_{L^p}+\|v_\varepsilon-v\|_{L^p}+\|u-v\|_{L^p},\tag{1.8}$$

由于对任意 L^p 函数 $f(x)$, 成立

$$\begin{aligned}
\|f_\varepsilon\|_{L^p}&=\left(\int_{R_x^n}|f_\varepsilon|^p\,\mathrm{d}x\right)^{\frac{1}{p}}\\
&=\left\{\int_{R_x^n}\left|\int_{R_y^n}f(x-y)\alpha_\varepsilon(y)\mathrm{d}y\right|^p\mathrm{d}x\right\}^{\frac{1}{p}}\\
&\leqslant\left\{\int_{R_x^n}\left(\int_{R_y^n}|f(x-y)|\alpha_\varepsilon(y)\mathrm{d}y\right)^p\mathrm{d}x\right\}^{\frac{1}{p}}\\
&\leqslant\left\{\int_{R_x^n}\left(\int_{R_y^n}|f(x-y)|^p\alpha_\varepsilon(y)\mathrm{d}y\right)^{\frac{p}{p}}\cdot\left(\int_{R_y^n}\alpha_\varepsilon(y)\mathrm{d}y\right)^{\frac{p}{q}}\mathrm{d}x\right\}^{\frac{1}{p}}\\
&\leqslant\left\{\int_{R_x^n}\int_{R_y^n}|f(x-y)|^p\alpha_\varepsilon(y)\mathrm{d}y\mathrm{d}x\right\}^{\frac{1}{p}}\\
&\leqslant\left\{\int_{R_y^n}\alpha_\varepsilon(y)\int_{R_x^n}|f(x-y)|^p\,\mathrm{d}x\mathrm{d}y\right\}^{\frac{1}{p}}=\|f\|_{L^p}
\end{aligned}$$

$\left(\text{其中}\dfrac{1}{p}+\dfrac{1}{q}=1\right)$, 因此有

$$\|u_\varepsilon-v_\varepsilon\|_{L^p}\leqslant\|u-v\|_{L^p}.$$

但由于 v 是具有紧支集的连续函数, 所以 $v_\varepsilon\to v\,(C^0(R^n))$, 因此当 ε 充分小时, 也有

$\|v_\varepsilon - v\|_{L^p} < \dfrac{\delta}{3}$, 所以从 (1.8) 式可得 $\|u_\varepsilon - u\|_{L^p} < \delta$, 这就得到了 $u_\varepsilon \to u\,(L^p(R^n))$ 的结论. 证毕

我们记 $u_\varepsilon = J_\varepsilon u$, 则 J_ε 可以看成是从函数 $u(x)$ 得到一个 C^∞ 函数 $J_\varepsilon u$ 的算子. 称这个算子为**平均化算子**或**磨光算子**. 从定理 1.1 可知, J_ε 可看成 $L^p(R^n) \to C^\infty(R^n)$ 的一个映射, 或者也可看成 $C^0(R^n) \to C^\infty(R^n)$ 的一个映射. 当 ε 很小时, $u_\varepsilon = J_\varepsilon u$ 与 u 是很接近的, 由函数 $u(x)$ 得到 $u_\varepsilon(x)$ 的方法称为**函数的正则化**. 定理 1.1 还说明了空间 $C^\infty(R^n)$ 在 $C^0(R^n)$, $L^p(R^n)$ 中是稠密的.

注 在构造磨光算子 J_ε 时我们用到了具有紧支集的函数 $\alpha_\varepsilon(x)$. 这种函数不是唯一的. 如有需要, 它也可以用其他形式的具有紧支集的函数代替. 而且我们往往还可以加上一些新的要求, 使得磨光以后的函数有一些其他的附加性质.

下面给出定理 1.1 的几个结论.

系 1 J_ε 是 $L^p(R^n)$ 到 $L^p(R^n)$ 的线性有界算子.

这实际上已在定理 1.1 的证明过程中得到.

系 2 若 $u \in C^\infty(R^n)$, 则 $u_\varepsilon \to u\,(C^\infty(R^n))$.

系 3 若 $u \in C_c^\infty(R^n)$, 则 $u_\varepsilon \to u\,(C_c^\infty(R^n))$.

我们将这些命题的证明作为习题, 请读者自行证明之.

例 1.4 若 Ω 为开集, 则对于任意的紧集 $K \subset \Omega$, 必可找到一个 $C_c^\infty(R^n)$ 中的函数 $\varphi(x)$, 使 $\operatorname{supp}\varphi(x) \subset \Omega$, $0 \leqslant \varphi(x) \leqslant 1$, 且在 K 上 $\varphi(x) \equiv 1$.

事实上, 记 $d = \inf\limits_{\substack{x\in K\\ y\in\partial\Omega}} \rho(x,y)$, 则 $d > 0$. 以 Ω_h 表示点集 $\{x\,|x \in \Omega,\ \rho(x,\partial\Omega) \geqslant h\}$, 则 $K \subset \Omega_d$. 作函数

$$\psi(x) = \begin{cases} 1, & x \in \Omega_{\frac{d}{2}}, \\ 0, & x \notin \Omega_{\frac{d}{2}}, \end{cases}$$

并作

$$\varphi(x) = \int_{R^n} \psi(x-y)\alpha_{\frac{d}{4}}(y)\mathrm{d}y.$$

那么当 $x \in K$ 时, $\varphi(x) \equiv 1$, 而当 $x \notin \Omega_{\frac{d}{4}}$ 时, $\varphi(x) \equiv 0$; 又由前面的讨论知 $\varphi(x) \in C_c^\infty(R^n)$. 因此 $\varphi(x)$ 就是所求之函数, 而且 $\varphi(x)$ 满足 $0 \leqslant \varphi(x) \leqslant 1$.

1.1.4 基本空间 $\mathscr{S}(R^n)$

如果定义在 R^n 上的函数 $\varphi(x)$ 满足如下性质:

(1) $\varphi(x)$ 为 R^n 中的 C^∞ 函数.

(2) 对于任意的重指标 α, p (这里均指非负整数重指标, 下同), 成立

$$\lim_{|x|\to\infty} x^\alpha \partial^p \varphi(x) = 0, \tag{1.9}$$

其中 $x^\alpha\partial^p\varphi(x)$ 表示 $x_1^{\alpha_1}\cdots x_n^{\alpha_n}\partial_{x_1}^{p_1}\cdots\partial_{x_n}^{p_n}\varphi(x)$, 则称 $\varphi(x)$ 为**速降函数**. 记速降函数空间为 $\mathscr{S}(R^n)$.

由于任意两个速降函数的线性组合仍为速降函数, 故 $\mathscr{S}(R^n)$ 是一个线性空间. 在 $\mathscr{S}(R^n)$ 中的拓扑规定为, 对任意的重指标 α, p, 成立

$$\sup_{x\in R^n}|x^\alpha\partial^p\varphi_\nu(x)|\to 0\quad(\nu\to\infty),\tag{1.10}$$

则称 $\varphi_\nu(x)\to 0(\mathscr{S}(R^n))$.

定理 1.2　速降函数的条件 (2) 与下列两条件之一等价,

(1) 对任意重指标 α,p, 函数 $x^\alpha\partial^p\varphi(x)$ 在 R^n 上有界.

(2) 对任意正整数 k 与重指标 p, 函数 $(1+|x|^2)^k\partial^p\varphi(x)$ 在 R^n 上有界.

证明　先证 (1), 由 $\lim\limits_{|x|\to\infty}x^\alpha\partial^p\varphi(x)\to 0$, 即知 $x^\alpha\partial^p\varphi(x)$ 在 R^n 上有界. 又若对任意的 α, p, 函数 $x^\alpha\partial^p\varphi(x)$ 有界, 则在 $|x|\neq 0$ 处将 $x^\alpha\partial^p\varphi(x)$ 写成

$$\frac{1}{|x|^2}\sum_{i=1}^n x_i^2x^\alpha\partial^p\varphi(x),$$

再从 $x_i^2x^\alpha\partial^p\varphi(x)$ 的有界性可得 $|x|\to\infty$ 时 $x^\alpha\partial^p\varphi(x)\to 0$ 的结论.

再证 (2), 注意到当 $|x|>1$ 时

$$|x|^{2k}<(1+|x|^2)^k<2^k|x|^{2k},$$

所以 $(1+|x|^2)^k\partial^p\varphi(x)$ 在 R^n 上有界与 $x^\alpha\partial^p\varphi(x)$ 在 R^n 上有界是等价的.　证毕

例 1.5　$C_c^\infty(R^n)$ 中的任一元素都属于 $\mathscr{S}(R^n)$, 即

$$C_c^\infty(R^n)\subset\mathscr{S}(R^n).$$

事实上, 对任意的 $C_c^\infty(R^n)$ 函数, 必在一个有界集外为零, 则在自变量趋于无穷远时它当然满足任意阶的衰减估计, 从而是速降的.

例 1.6　$\mathrm{e}^{-|x|^2}\in\mathscr{S}(R^n)$.

事实上, 对任意的 α, p, 函数 $x^\alpha\partial^p\mathrm{e}^{-|x|^2}$ 都是形为 $c_\beta x^\beta\mathrm{e}^{-|x|^2}$ 项的和. 当 $|x|\to\infty$ 时, $\mathrm{e}^{-|x|^2}$ 比 x 的任意次幂都更快地趋于零, 所以 $\mathrm{e}^{-|x|^2}$ 无穷远处是速降的.

这个例子提供了一个具体的函数, 它是 $\mathscr{S}(R^n)$ 中的元素, 但不属于 $C_c^\infty(R^n)$. 当然, 受此启发, 我们很容易构造出其他不具有紧支集的 $\mathscr{S}(R^n)$ 函数, 读者可自己试试.

例 1.7　若 $f(x)\in\mathscr{S}(R^n)$, $g(x)\in\mathscr{S}(R^n)$, 则 $\displaystyle\int_{R^n}f(x-y)g(y)\mathrm{d}y$ 也是 R^n 中的速降函数.

这个结论的证明需要一些计算, 但不困难. 我们将它留给读者.

例 1.8 若 $\beta_\nu(x)$ 为例 1.2 中给出的函数, $\varphi(x)\in\mathscr{S}(R^n)$, 作 $\varphi_\nu(x)=\beta_\nu(x)\cdot\varphi(x)$, 则 $\varphi_\nu(x)\to\varphi(x)(\mathscr{S}(R^n))$.

事实上, 对任意的 α, p 有

$$\begin{aligned}&x^\alpha\partial^p(\varphi_\nu-\varphi)=x^\alpha\partial^p(\beta_\nu\varphi-\varphi)\\=&x^\alpha(\beta_\nu-1)\partial^p\varphi+\sum_{\substack{|s|+|r|=|p|\\|s|\geqslant 1}}\frac{p!}{s!r!}x^\alpha\partial^s\beta_\nu\cdot\partial^r\varphi,\end{aligned}$$

注意到 β_ν 以及它的各阶导数有界, 且 $\beta_\nu-1$ 与 $\partial^s\beta_\nu$ 在 $|x|<\nu-1$ 时都等于零, 于是可得

$$|x^\alpha\partial^p(\varphi_\nu-\varphi)|\leqslant C\cdot\sup_{|x|>\nu-1}\sum_{|r|\leqslant p}|x^\alpha\partial^r\varphi|.$$

由于 $\varphi\in\mathscr{S}(R^n)$, 故 $\nu\to\infty$ 时,

$$\sup_{|x|>\mathrm{V}-1}|x^\alpha\partial^r\varphi|\to 0.$$

于是 $\sup\limits_{x\in R^n}|x^\alpha\partial^p(\varphi_\nu-\varphi)|\to 0$, 从而有 $\varphi_\nu\to\varphi(\mathscr{S}(R^n))$.

从例 1.2、例 1.5 与例 1.8 可得, 空间 $C_c^\infty(R^n)$, $\mathscr{S}(R^n)$, $C^\infty(R^n)$ 之间的关系为

$$C_c^\infty(R^n)\subset\mathscr{S}(R^n)\subset C^\infty(R^n),\tag{1.11}$$

而且每一个空间在其后继空间中稠密 (因为 $C_c^\infty(R^n)$ 在 $C^\infty(R^n)$ 中稠密, 而 $\mathscr{S}(R^n)$ 的元素比 $C_c^\infty(R^n)$ 更多, 自然它也在 $C^\infty(R^n)$ 中稠密).

此外, 这三个空间的拓扑前一个比后一个强. 事实上, 若有 $\varphi_\nu\in C_c^\infty(R^n)$, 且 $\varphi_\nu\to 0\,(C_c^\infty(R^n))$. 则所有 φ_ν 的支集含于一个紧集 K 中, 且对任意的 p, 有 $\sup\limits_{x\in K}|\partial^p\varphi_\nu|\to 0$, 由 K 的有界性知 $\sup\limits_{x\in K}|x^\alpha\partial^p\varphi_\nu|\to 0$ 对一切 α, p 成立, 但因为 φ_ν 在 K 外均为 0, 故此式可改为 $\sup\limits_{x\in R^n}|x^\alpha\partial^p\varphi_\nu|\to 0$. 这就是 $\varphi_\nu\to 0(\mathscr{S}(R^n))$. 所以 $C_c^\infty(R^n)$ 的拓扑比 $\mathscr{S}(R^n)$强. 而对于 $\mathscr{S}(R^n)$ 中的序列 φ_ν, 若它在 $\mathscr{S}(R^n)$ 中趋于零, 则对一切 α, p 成立 $\sup\limits_{x\in R^n}|x^\alpha\partial^p\varphi_\nu|\to 0$. 于是对任意的紧集 K, 均有 $\sup\limits_{x\in K}|x^\alpha\partial^p\varphi_\nu|\to 0$. 故 φ_ν 在 $C^\infty(R^n)$ 中也趋于零.

习　题

1. 证明: $C_c^\infty(R^n)$ 在 $L^p(R^n)$, $C^0(R^n)$ 中稠密.

2. 证明: 若 $u\in C^\infty(R^n)$, 则 $J_\varepsilon u\to u(C^\infty(R^n))$; 若 $u\in C_c^\infty(R^n)$, 则 $J_\varepsilon u\to u(C_c^\infty(R^n))$, 其中 $J_\varepsilon u=u_\varepsilon$ 按 (1.7) 式定义.

3. 试证明空间 $C_c^\infty(R^n)$ 是完备的, 即若 $\{\varphi_m\}$ 为 $C_c^\infty(R^n)$ 中的函数列, 它们有一致有界的支集, 且对任意的重指标 α

$$\sup_{x\in R^n}|\partial^\alpha\varphi_m-\partial^\alpha\varphi_{m'}|\to 0\quad(m,m'\to\infty),$$

则存在 $\varphi\in C_c^\infty(R^n)$, 使 $\varphi_m\to\varphi\,(C_c^\infty(R^n))$.

4. 试对例 1.7 中的结论给予证明.

5. 问: 是否存在一个非零函数 $\varphi\in C_c^\infty(R^n)$, 使存在一个常数 C 与 α 无关, 成立

$$\sup_{x\in R^n}|\partial^\alpha\varphi|<C.$$

6. 证明: 任一具 $C^\infty(R^n)$ 系数的微分算子 $P(x,\partial)$ 都是 $C_c^\infty(R^n)\to C_c^\infty(R^n)$ 或 $C^\infty(R^n)\to C^\infty(R^n)$ 的线性连续映照.

7. 证明空间 $\mathscr{S}(R^n)$ 按其自身拓扑是完备的.

8. 设 $u_\varepsilon(x)$ 如 (1.7) 式定义, 试证, 若 $u(x)\in\mathscr{S}(R^n)$, 那么当 $\varepsilon\to 0$ 时,

$$u_\varepsilon(x)\to u(x)\quad(\mathscr{S}(R^n)).$$

9. 证明 $\varphi_m\to 0(\mathscr{S}(R^n))$ 与下面两条件之一等价:

(1) 对任一重指标 α, $\sup\limits_{x\in R^n}|\partial^\alpha\varphi_m|\to 0$, 且对任一重指标 p, α 成立

$$\sup_{x\in R^n}|x^p\partial^\alpha\varphi_m|\leqslant C_{p,\alpha}.$$

(2) 对任一正整数 ν, 当 $m\to\infty$ 时

$$\sup_{\substack{x\in R^n\\|\alpha|\leqslant\nu}}(1+|x|^2)^\nu\,|\partial^\alpha\varphi_m|\to 0.$$

10. 设 $\varphi(x)$ 如 (1.5) 式所定义, x_j 为趋于 ∞ 的一个点列, $|x_{j+1}|>|x_j|+2$, 试证

$$\gamma(x)=\sum_{j=1}^\infty\frac{\varphi(x-x_j)}{\left(1+|x_j|^2\right)^j}\in\mathscr{S}(R^n).$$

1.2　广义函数及其运算

1.2.1　$\mathscr{D}'(R^n)$, $\mathscr{S}'(R^n)$, $\mathscr{E}'(R^n)$ 广义函数

1.1 节中已指出, 广义函数就是基本函数空间上的线性连续泛函. 我们分别称 $C_c^\infty(R^n)$ 上的线性连续泛函为 **$\mathscr{D}'(R^n)$广义函数**, 称 $\mathscr{S}(R^n)$ 上的线性连续泛函为 **$\mathscr{S}'(R^n)$广义函数**, 称 $C^\infty(R^n)$ 上的线性连续泛函为 **$\mathscr{E}'(R^n)$广义函数**, 有时也将它们分别简记为 $\mathscr{D}'$, $\mathscr{S}'$, $\mathscr{E}'$ 广义函数. 这三类广义函数全体分别组成相应的广义函数空间, 记为 $\mathscr{D}'(R^n)$, $\mathscr{S}'(R^n)$ 与 $\mathscr{E}'(R^n)$. 显然, 它们都是线性空间.

由关系式 (1.11), 且由于每个基本空间在后续基本空间中的稠密性可知,

$$\mathscr{D}'(R^n) \supset \mathscr{S}'(R^n) \supset \mathscr{E}'(R^n). \tag{2.1}$$

事实上, 若 $T \in \mathscr{S}'(R^n)$, 则 T 是定义于 $\mathscr{S}(R^n)$ 上的线性连续泛函, 由于 $C_c^\infty(R^n) \subset \mathscr{S}(R^n)$, 且 $C_c^\infty(R^n)$ 的拓扑比 $\mathscr{S}(R^n)$ 的拓扑强, 所以 T 也可以定义 $C_c^\infty(R^n)$ 上的一个线性连续泛函, 即 $T \in \mathscr{D}'(R^n)$. 为了说明 $\mathscr{S}'(R^n)$ 是 $\mathscr{D}'(R^n)$ 的子空间, 还必须防止 $\mathscr{S}'(R^n)$ 中多个元素对应于 $\mathscr{D}'(R^n)$ 中同一个元素的情形. 因此, 我们需证明, 若 $\mathscr{S}'(R^n)$ 中某个元素 T 在 $\mathscr{D}'(R^n)$ 中对应于零元素的话, 它也是 $\mathscr{S}'(R^n)$ 中的零元素. 事实上, 若 T 对应于 $\mathscr{D}'(R^n)$ 中的零元素, 则对任意 $\varphi \in C_c^\infty(R^n)$, 均有 $\langle T,\ \varphi\rangle = 0$. 由于 $C_c^\infty(R^n)$ 在 $\mathscr{S}(R^n)$ 中稠密, 所以对任意 $\varphi \in \mathscr{S}(R^n)$, 可以找到序列 $\{\varphi_n\}$, 使得在 $\mathscr{S}(R^n)$ 中 $\varphi_n \to \varphi$, 于是从 $\langle T,\ \varphi_n\rangle = 0$ 知也有 $\langle T,\ \varphi\rangle = 0$, 这说明 T 也是 $\mathscr{S}'(R^n)$ 中的零元素, 故有 $\mathscr{D}'(R^n) \supset \mathscr{S}'(R^n)$. 同理可证 $\mathscr{S}'(R^n) \supset \mathscr{E}'(R^n)$.

对于给定的开集 $\Omega \subset R^n$, 我们类似地可以定义 $C_c^\infty(\Omega)$ 上的广义函数空间 $\mathscr{D}'(\Omega)$, $C^\infty(\Omega)$ 上的广义函数 $\mathscr{E}'(\Omega)$, 此后在讨论 $\mathscr{D}'$, $\mathscr{E}'$ 广义函数时, 一般就不特别注明是在 R^n 上还是在有界区域上考察的, 但是对 $\mathscr{S}$ 与 $\mathscr{S}'$ 空间来说, 必须在 R^n 上作考察.

例 2.1 任意的局部可积函数都是 $\mathscr{D}'$ 广义函数.

事实上, 设 $f(x)$ 为局部可积函数, 若 $\varphi(x) \in C_c^\infty$, 则积分式 $\displaystyle\int f(x)\varphi(x)\mathrm{d}x$ 有意义, 于是此积分式定义了一个 C_c^∞ 上的线性泛函 $\langle f,\ \varphi\rangle$, 又当 $\varphi_\nu(x) \to 0\,(C_c^\infty)$ 时, 由于 $\varphi_\nu(x)$ 的支集都含于某个紧集 K 中, 所以

$$|\langle f,\ \varphi_\nu\rangle| \leqslant \max|\varphi_\nu(x)| \int_K |f(x)|\,\mathrm{d}x \to 0,$$

故 $\langle f,\ \varphi\rangle$ 为连续的, 于是 f 就定义了 C_c^∞ 上的广义函数.

此例表明, 我们通常所遇到的常义函数 (Lebesgue 可积函数) 都可对应于一个特定的 $\mathscr{D}'$ 广义函数, 一般就将这个常义函数与它在 $\mathscr{D}'$ 中对应的广义函数视为同一. 而如例 2.2 中定义的广义函数却不能表示为常义函数. 于是 $\mathscr{D}'$ 广义函数确实比常义函数要 "广". 至于其他广义函数类也是某些特定的常义函数类的 "推广".

例 2.2 δ 函数为 $\mathscr{D}'$, $\mathscr{S}'$ 或 $\mathscr{E}'$ 广义函数.

前面已指出, δ 函数作用于基本空间的函数 $\varphi(x)$ 得到的值为

$$\langle \delta,\ \varphi\rangle = \varphi(0).$$

显然, 这是一个线性泛函, 而且无论按 C_c^∞, $\mathscr{S}$, C^∞ 的拓扑来说 $\varphi_\nu(x) \to 0$ 时, 均有 $\varphi_\nu(0) \to 0$. 所以 δ 函数是 $\mathscr{D}'$, $\mathscr{S}'$ 或 $\mathscr{E}'$ 广义函数.

关于 $\mathscr{D}'$ 与 $\mathscr{E}'$ 广义函数, 成立以下两个重要的定理. 对这两个定理初学者可能有些费解, 但仔细琢磨可体会到 $\mathscr{D}'$ 广义函数与 $\mathscr{E}'$ 广义函数之区别. 定理证明中的反证法技巧今后也会常用到.

定理 2.1　若 $T \in \mathscr{D}'(\Omega)$, 则对任一紧集 $K \subset \Omega$, 存在常数 $C(K) > 0$ 与正整数 $m(K) \geqslant 0$, 使

$$|\langle T,\ \varphi\rangle| \leqslant C \sup_{\substack{x\in\Omega\\|\alpha|\leqslant m}} |\partial^\alpha \varphi(x)| \tag{2.2}$$

对任意的满足条件 $\operatorname{supp}\varphi \subset K$ 的 $C_c^\infty(\Omega)$ 函数 φ 均成立. 反之, 若 T 为 $C_c^\infty(\Omega)$ 上的线性泛函, 且满足 (2.2) 式, 则 $T \in \mathscr{D}'(\Omega)$.

证明　用反证法证明前一半, 若 $T \in \mathscr{D}'(\Omega)$, 而 (2.2) 式不成立, 则可找到 $\varphi_\nu \in C_c^\infty(\Omega)$, $\operatorname{supp}\varphi_\nu \subset K$, 而

$$|\langle T,\ \varphi_\nu\rangle| > \nu \sup_{\substack{x\in\Omega\\|\alpha|\leqslant \nu}} |\partial^\alpha \varphi_\nu(x)|, \tag{2.3}$$

记 $\psi_\nu(x) = \dfrac{\varphi_\nu(x)}{\nu \sup\limits_{\substack{x\in\Omega\\|\alpha|\leqslant\nu}} |\partial^\alpha\varphi_\nu(x)|}$, 则有 $\operatorname{supp}\psi_\nu(x) \subset K$, 又对任意 m, 当 $v \geqslant m$ 时

$$\sup_{\substack{x\in\Omega\\|\alpha|\leqslant m}} |\partial^\alpha \psi_\nu(x)| = \frac{\sup\limits_{\substack{x\in\Omega\\|\alpha|\leqslant m}} |\partial^\alpha\varphi_\nu(x)|}{\nu\cdot \sup\limits_{\substack{x\in\Omega\\|\alpha|\leqslant \nu}} |\partial^\alpha\varphi_\nu(x)|} \leqslant \frac{1}{\nu} \to 0,$$

因此, $\psi_\nu(x) \to 0\ (C_c^\infty(\Omega))$, 但 $|\langle T,\ \psi_\nu\rangle| > 1$, 这与 $T \in \mathscr{D}'(\Omega)$ 矛盾. 从而说明 (2.2) 必须成立.

又若 T 为 $C_c^\infty(\Omega)$ 上的线性泛函, 且满足 (2.2) 式. 如果 $\varphi_\nu(x) \to 0\,(C_c^\infty(\Omega))$, 则存在紧集 K 使 $\operatorname{supp}\varphi_\nu \subset K$ 对一切 ν 成立. 对于这个 K, 找到 C, m 使 (2.2) 式成立, 但由于 φ_ν 是 $C_c^\infty(\Omega)$ 中收敛于零的序列, 故必有 $\sup\limits_{\substack{x\in\Omega\\|\alpha|\leqslant m}} |\partial^\alpha\varphi_\nu(x)| \to 0$, 从而知 $\langle T,\ \varphi_\nu\rangle \to 0$, 这就是 T 的连续性, 故 $T \in \mathscr{D}'(\Omega)$.

定理 2.2　若 $T \in \mathscr{E}'(\Omega)$, 则存在紧集 K 与常数 $C > 0$, $m \geqslant 0$, 使对任一函数 $\varphi \in C^\infty(\Omega)$, 成立

$$|\langle T,\ \varphi\rangle| \leqslant C \sup_{\substack{|\alpha|\leqslant m\\x\in K}} |\partial^\alpha \varphi(x)|. \tag{2.4}$$

反之若 T 为 $C^\infty(\Omega)$ 上的线性泛函, 且满足 (2.4) 式, 那么就有 $T \in \mathscr{E}'(\Omega)$.

证明　首先在 Ω 内寻找一个紧集序列 $\{K_\nu\}$, 使每个 K_ν 含于 $K_{\nu+1}$ 的内点所成的开集中, 而且对于任一紧集 $K \subset \Omega$, 必有 N 存在, 使 $\nu > N$ 时 $K \subset K_\nu$, 对这

样的紧集序列, 今后简记为

$$K_1 \subset\subset K_2 \subset\subset \cdots \subset\subset K_\nu \subset\subset \cdots \to \Omega \tag{2.5}$$

(若 $A \subset B$, 且 A 的闭包含于 B 的内点中, 则记为 $A \subset\subset B$).

现在证定理条件的必要性. 仍用反证法, 如果 $T \in \mathscr{E}'(\Omega)$, 而 (2.4) 式不成立, 则对任意 ν, 必可找到 φ_ν, 使 $\varphi_\nu \in C^\infty(\Omega)$, 且

$$\langle T, \varphi_\nu\rangle > \nu \sup_{\substack{x\in K_\nu\\ |\alpha|\leqslant \nu}} |\partial^\alpha \varphi_\nu(x)|.$$

先设上式右边不等于零, 记 $\psi_\nu(x) = \dfrac{\varphi_\nu(x)}{\nu \cdot \sup\limits_{\substack{x\in K_\nu\\ |\alpha|\leqslant \nu}} |\partial^\alpha \varphi_\nu(x)|}$, 则 $\psi_\nu \in C^\infty(\Omega)$, 又对任意的紧集 $K \subset \Omega$, 当 ν 充分大时必有 $K \subset K_\nu$, 所以对任一 m, 当 $\nu \geqslant m$ 时必有

$$\sup_{\substack{x\in K\\ |\alpha|\leqslant m}} |\partial^\alpha \psi_\nu(x)| \leqslant \frac{\sup\limits_{\substack{x\in K\\ |\alpha|\leqslant m}} |\partial^\alpha \varphi_\nu(x)|}{\nu \cdot \sup\limits_{\substack{x\in K_\nu\\ |\alpha|\leqslant \nu}} |\partial^\alpha \varphi_\nu(x)|} \leqslant \frac{1}{\nu} \to 0,$$

因此 $\psi_\nu(x) \to 0\,(C^\infty(\Omega))$, 但 $|\langle T, \psi_\nu\rangle| > 1$, 这与 $T \in \mathscr{E}'(\Omega)$ 矛盾.

若 $\sup\limits_{\substack{x\in K_\nu\\ |\alpha|\leqslant \nu}} |\partial^\alpha \varphi_\nu(x)| = 0$, 则由于 $|\langle T, \varphi_\nu\rangle| > 0$, 故可取 λ, 使得对 $\psi_\nu = \lambda\varphi_\nu$ 有 $|\langle T, \psi_\nu\rangle| > 1$, 由于 $\sup\limits_{\substack{x\in K_\nu\\ |\alpha|\leqslant \nu}} |\partial^\alpha \phi_\nu(x)| = 0 < \dfrac{1}{\nu}$, 故仍可用上述方法推出矛盾.

反之, 若 T 为 $C_c^\infty(\Omega)$ 上的线性泛函, 且满足 (2.4) 式, 即存在一个紧集 K, 与正整数 m 使

$$|\langle T, \varphi_\nu\rangle| \leqslant C \sup_{\substack{x\in K\\ |\alpha|\geqslant m}} |\partial^\alpha \varphi_\nu|.$$

若 $\varphi_\nu \to 0\,(C^\infty(\Omega))$, 则不等式右端趋于零, 所以 $\langle T, \varphi_\nu\rangle \to 0$. 这就得到了 T 的连续性, 故 $T \in \mathscr{E}'(\Omega)$. 证毕

这两个定理对初学者来说比较困难, 需要细心体会. 先要看到这两个定理表述中的差别. 定理 2.1 中的紧集 K 先于常数 C 与 m 给出, 后两个常数是依赖于紧集 K 的. 但在定理 2.2 中常数 C 和 m 与紧集 K 是一起选定的. 在证明过程中用反证法这一点是相仿的, 但在试验函数支集的选取上有差别. 这些差别均源于基本函数空间 $C_c^\infty(\Omega)$ 与 $C^\infty(\Omega)$ 的差别.

1.2.2 广义函数的支集

类似于连续函数的支集, 我们可定义广义函数的支集. 注意到对于一个连续函数 $f(x)$ 来说, 它在特定点 x_0 的取值是有确切意义的, 但对于一个 Lebesgue 可积

函数来说, 一般允许它在一零测度集上任意改变其值. 因此, 说它在特定点 x_0 的取值, 其意义就不明确了. 对于广义函数来说, 更是如此, 一般我们不能说广义函数在一特定点的取值, 但是它在任意开集中的值却是有确切意义的. 若有一广义函数 $T\in\mathscr{D}'(\Omega)$, 对于任意函数 $\varphi\in C_c^\infty(\Omega')$, $\Omega'\subset\Omega$, 成立

$$\langle T,\ \varphi\rangle=0, \tag{2.6}$$

则称 T 在 Ω' 内为 0, 或者说 T 在 Ω' 内**取零值**.

若广义函数 T_1, T_2 在 Ω' 内使 T_1-T_2 取零值, 则称 T_1, T_2 在 Ω' 相等. 于是, 一个广义函数可以在 R^n 的某个开子集上等于一个常义函数, 甚至是 C^∞ 函数. 例如, δ 函数仅在含原点的开集内是 "非零" 的, 而在不含原点的任一开集上取值为零.

定理 2.3　若有一广义函数 $T\in\mathscr{D}'(\Omega)$, 对于任一点 $x_0\in\Omega$, 均有 x_0 的邻域 O_{x_0}, 使 T 在其中为 0, 那么在整个 Ω 内 $T\equiv 0$.

为证明这个定理, 我们先证明一个单位分解定理, 它在今后当对问题作局部化处理时常看到.

定理 2.4 (单位分解定理)　若在 R^n 中有开集组 $\{O_i\}$, $\{i=1,\cdots,k\}$ 覆盖紧集 K, 则可以找到如下的函数组 $\{\varphi_i\}$, 其中 $\varphi_i\geqslant 0$, $\varphi_i\in C_c^\infty(O_i)$, 且在 K 上 $\sum_{i=1}^k\varphi_i\equiv 1$.

证明　因为开集 O_1 覆盖闭集 $K\Big\backslash\bigcup_{i=2}^k O_i$, 所以我们有 $\delta_1=d\left(\partial O_1,\ K\Big\backslash\bigcup_{i=2}^k O_i\right)>0$, 于是我们可以将 O_1 缩小为 $O_1'=O_{1,\ \frac{\delta_1}{2}}$ (它表示O_1内点的子集, 其中每一点与O_1的边界之距离大于$\dfrac{\delta_1}{2}$), 则 O_1' 与 $O_2,\cdots,O_k$ 一起仍构成对 K 的覆盖. 类似地, 可以逐个地缩小 $O_2,O_3,\cdots,O_k$, 使 O_1', O_2', $\cdots$, O_k' 仍构成对 K 的覆盖.

由例 1.4, 在每个 O_i 中存在函数 $\psi_i(x)$, 使 $\psi_i\in C_c^\infty(O_i)$, $0\leqslant\psi_i\leqslant 1$, 且在 O_i' 上 $\psi_i\equiv 1$. 于是令

$$\varphi_1=\psi_1,\quad \varphi_i=\psi_i(1-\psi_1)\cdots(1-\psi_{i-1})\quad (i=2,\ \cdots,\ k), \tag{2.7}$$

由于 $0\leqslant\psi_i\leqslant 1\,(i=1,\ \cdots,\ k)$, 所以 $\varphi_i\geqslant 0$, 它也是 $C_c^\infty(O_i)$ 中的元素, 且成立

$$\begin{aligned}1-\sum_{i=1}^k\varphi_i&=1-\psi_1-\psi_2(1-\psi_1)-\cdots-\psi_k(1-\psi_1)\cdots(1-\psi_{k-1})\\&=(1-\psi_1)\ (1-\psi_2)\cdots(1-\psi_k).\end{aligned}$$

因为 $\bigcup\limits_{i=1}^k O_i'$ 覆盖 K, 故对 K 上任意一点, 至少有某个 ψ_i 取值为 1, 从而必有 $1-$

$\sum_{i=1}^{k} \varphi_i \equiv 0$. 证毕

定理 2.3 的证明 对于任一 $\varphi \in C_c^\infty(\Omega)$, $\operatorname{supp}\varphi = K$ 为紧集, 过 Ω 中每一点 x_0 可作 O_{x_0}, 使在其中 $T=0$, 这种 O_{x_0} 全体构成对于紧集 K 的一个开覆盖, 因此必有有限开覆盖 $O_1, \cdots, O_k$. 据定理 2.4 可以作单位分解 $\sum_{i=1}^{k} \varphi_i \equiv 1$, $\varphi_i \geqslant 0$, 且 $\operatorname{supp}\varphi_i \subset O_i$, 于是 $\varphi_i\varphi \in C_c^\infty(O_i)$ 故

$$\langle T, \varphi\rangle = \sum_{i=1}^{k} \langle T, \varphi_i\varphi\rangle = 0,$$

这就说明 T 在 Ω 内恒等于零. 证毕

利用广义函数在开子集中取值的概念, 可以定义广义函数的支集如下.

定义 2.1 使广义函数 T 取零值的最大开集的余集, 称为广义函数 T 的**支集**, 记为 $\operatorname{supp} T$.

由此定义可知, 对于广义函数 T 与基本函数 φ, 当 $\operatorname{supp} T$ 与 $\operatorname{supp}\varphi$ 不相交时, 必有 $\langle T, \varphi\rangle = 0$.

如果 $f(x)$ 为连续函数, 则按 1.1 节中函数的支集的定义, $f(x)$ 的支集与本节中将它视为广义函数时的支集显然是相同的.

例 2.3 δ 函数的支集为原点 $\{0\}$.

定理 2.5 任一 $\mathscr{E}'(\Omega)$ 广义函数 T, 其支集都是紧的. 反之, 任一 $\mathscr{D}'(\Omega)$ 广义函数 T, 若其支集为紧的, 必为 $\mathscr{E}'(\Omega)$ 广义函数.

证明 这个事实可以从定理 2.2 很快推得. 若 $T \in \mathscr{E}'(\Omega)$, 则成立 (2.4) 式

$$|\langle T, \varphi\rangle| \leqslant C \sup_{\substack{|\alpha|\leqslant m \\ x\in K}} |\partial^\alpha \varphi(x)|.$$

因此只要 $\varphi(x)$ 的支集落在 $\Omega\backslash K$ 中, 上式右端为 0, 故有 $\langle T, \varphi\rangle = 0$, 这说明 T 在 $\Omega\backslash K$ 中恒为零, 从而 $\operatorname{supp} T \subset K$.

反之, 若 T 的支集为紧集 K, 则作 Ω_1, 使 $K \subset\subset \Omega_1 \subset\subset \Omega$. 并作 $\zeta(x) \in C_c^\infty(\Omega_1)$, 且使 $\zeta(x)$ 在 K 上恒等于 1.

由于 T 为 $\mathscr{D}'(\Omega)$ 广义函数, 故由定理 2.1 知 (2.2) 式成立. 所以对于紧集 $\overline{\Omega}_1$, 有常数 C 与 m 使

$$|\langle T, \varphi\rangle| \leqslant C \sup_{\substack{x\in \Omega_1 \\ |\alpha|\leqslant m}} |\partial^\alpha \varphi(x)|$$

对一切满足条件 $\operatorname{supp}\varphi \subset \overline{\Omega}_1$ 的 C_c^∞ 函数成立. 对于一般的 $\varphi \in C^\infty(\Omega)$, 将它分解为 $\varphi = \zeta\varphi + (1-\zeta)\varphi$, 并定义 $\langle T, \varphi\rangle = \langle T, \zeta\varphi\rangle$, 则

$$|\langle T, \varphi\rangle| = |\langle T, \zeta\varphi\rangle| \leqslant C \sup_{\substack{x\in \Omega_1 \\ |\alpha|\leqslant m}} |\partial^\alpha (\zeta\varphi)| \leqslant C' \sup_{\substack{x\in \Omega_1 \\ |\alpha|\leqslant m}} |\partial^\alpha \varphi|.$$

容易证明这样的定义与 ζ 的选取无关. 因此, 由定理 2.2 知 T 是 $\mathscr{E}'(\Omega)$ 广义函数. 证毕

1.2.3 广义函数的极限

在广义函数空间中也可引入拓扑结构, 或者说极限关系. 关于广义函数空间的拓扑结构的详细描述可参见文献 [32]. 这里为避免引入很多其他概念, 我们只介绍一种常用的**弱极限**概念, 以后简称为**极限**.

定义 2.2 若有属于某一基本函数空间的广义函数列 $\{T_k\}$, 对于其基本函数空间上任意元素 φ, 成立

$$\langle T_k,\ \varphi\rangle \to 0, \tag{2.8}$$

则称 T_k **弱收敛**于 0, 或简称 T_k **收敛**于 0. 若 $T_k - T$ 收敛于 0, 则称 T_k 的**极限**是 T, 记为 $T_k \to T$.

例 2.4 设 $\{\delta_h(x)\}$ 是按下式定义的函数列:

$$\delta_h(x) = \begin{cases} \dfrac{1}{h}, & -\dfrac{h}{2} \leqslant x \leqslant \dfrac{h}{2}, \\ 0, & -\infty < x < -\dfrac{h}{2},\ \dfrac{h}{2} < x < \infty, \end{cases} \tag{2.9}$$

利用积分中值定理有

$$\int_{-\infty}^{\infty} \delta_h(x)\varphi(x)\mathrm{d}x = \frac{1}{h}\int_{-\frac{h}{2}}^{\frac{h}{2}} \varphi(x)\mathrm{d}x = \varphi(\xi),$$

其中, $\xi \in \left(-\dfrac{h}{2},\ \dfrac{h}{2}\right)$. 当 $h \to 0$ 时, $\varphi(\xi) \to \varphi(0)$, 故有

$$\lim_{h\to 0} \langle \delta_h,\ \varphi\rangle = \varphi(0) = \langle \delta,\ \varphi\rangle,$$

此即 $\delta_h \to \delta$. 所以 δ 函数可以视为 (2.9) 所给出的函数族的极限.

例 2.5 设 $f_\nu(x) = \dfrac{1}{\pi}\dfrac{\sin \nu x}{x}$, 则当 $\nu \to \infty$ 时有 $f_\nu \to \delta$.

事实上, 对任一 C_c^∞ 函数 $\varphi(x)$, 利用 Riemann-Lebesgue 引理知

$$\langle f_\nu, \varphi\rangle = \frac{1}{\pi}\int_{-\infty}^{\infty} \frac{\sin \nu x}{x}\varphi(x)\mathrm{d}x \to \varphi(0) = \langle \delta,\ \varphi\rangle.$$

例 2.4 使我们有理由将 δ 函数想象为在一点取无穷大其他点取零的函数. 但例 2.5 又说明对于 δ 函数也可以做其他的想象. 总之, 对广义函数的确切了解必须从其严格定义出发, 其他所谓形象化的解释只是一种粗糙的描述.

对于广义函数, 也可以定义相应的 C^∞ 函数列, 使其在相应的拓扑下收敛于给定的广义函数.

定理 2.6 若 $T \in \mathscr{D}'(R_y^n)$, 则 $\langle T_y,\ \alpha_\varepsilon(x-y)\rangle$ 为 R_x^n 中的 C^∞ 函数. 这里 α_ε 如 1.1 节中所定义.

证明 因为对任一固定的 x, $\alpha_\varepsilon(x-y) \in C_c^\infty(R_y^n)$, 所以 $\langle T, \alpha_\varepsilon(x-y)\rangle$ 有意义. 又当 $x \to x_0$ 时, 可以使 $\alpha_\varepsilon(x-y)$ 的支集都落在一个固定的紧集 K 中 (例如取 K 为以 x_0 为心 2ε 为半径的闭球即可), 且在 K 中 $\alpha_\varepsilon(x-y)$ 的各阶导数都一致地收敛于 $\alpha_\varepsilon(x_0-y)$ 的各阶导数. 所以当 $x \to x_0$ 时 $\alpha_\varepsilon(x-y) \to \alpha_\varepsilon(x_0-y)(C_c^\infty(R_y^n))$, 故 $\langle T,\ \alpha_\varepsilon(x-y)\rangle \to \langle T,\ \alpha_\varepsilon(x_0-y)\rangle$, 因此 $T_\varepsilon(x) = \langle T,\ \alpha_\varepsilon(x-y)\rangle$ 为 x 的连续函数.

又记 $\Delta_k x$ 为 x_k 方向的增量, 并构造差商

$$\begin{aligned}\frac{T_\varepsilon(x+\Delta_k x)-T_\varepsilon(x)}{\Delta_k x} &= \frac{\langle T,\ \alpha_\varepsilon(x+\Delta_k x-y)-\alpha_\varepsilon(x-y)\rangle}{\Delta_k x} \\ &= \left\langle T,\ \frac{\alpha_\varepsilon(x+\Delta_k x-y)-\alpha_\varepsilon(x-y)}{\Delta_k x}\right\rangle,\end{aligned}$$

当 $\Delta_k x \to 0$ 时, $\dfrac{\alpha_\varepsilon(x+\Delta_k x, y)-\alpha_\varepsilon(x-y)}{\Delta_k x} \to \partial_k\alpha_\varepsilon(x-y)(C_c^\infty(R^n))$, 因此差商 $\dfrac{T_\varepsilon(x+\Delta_k x)-T_\varepsilon(x)}{\Delta_k x}$有极限 $\langle T,\ \partial_k\alpha_\varepsilon(x-y)\rangle$. 所以 $T_\varepsilon(x)$ 关于 x_k 可求导. 同理可证 $T_\varepsilon(x)$ 具有任意阶的导数. 证毕

于是我们可以从一个广义函数 T 出发, 得到 C^∞ 函数 T_ε, 这称为**广义函数的正则化**, 由于当 T 为常义函数时, 将它视为广义函数对基本空间上元素的作用就是通常的积分, 故此时, 广义函数的正则化就是我们在 1.1 节中讨论过的函数正则化. 同样地, 还成立如下结论.

定理 2.7 当 $T \in \mathscr{D}'(R^n)$ 时, $T_\varepsilon \to T(\mathscr{D}'(R^n))$.

证明 这里我们不再区分 $T \in \mathscr{D}'(R_x^n)$ 还是 $T \in \mathscr{D}'(R_y^n)$, 因为通过同构对应, 可以将 $\mathscr{D}'(R_x^n)$ 与 $\mathscr{D}'(R_y^n)$ 视为相同的. 根据前面引入的收敛概念, 我们只要证明对任一 $\varphi \in C_c^\infty(R^n)$, 成立 $\langle T_\varepsilon,\ \varphi\rangle \to \langle T,\ \varphi\rangle$.

由于 T_ε 为常义函数, 故 $\langle T_\varepsilon,\ \varphi\rangle$ 可用积分

$$\int \langle T_y,\ \alpha_\varepsilon(x-y)\rangle \cdot \varphi(x)\mathrm{d}x$$

计算, 我们不妨用 Riemann 积分来计算此值, 并将它写成和式极限的形式

$$\lim_{\max d(\Delta_i)\to 0} \sum_i \langle T_y,\ \alpha_\varepsilon(x_i-y)\rangle\varphi(x_i)\Delta_i,$$

这里 $\max d(\Delta_i)$ 表示 Δ_i 的最大直径, 上式等于

$$\lim_{\max d(\Delta_i)\to 0} \left\langle T_y,\ \sum_i \alpha_\varepsilon(x_i-y)\varphi(x_i)\Delta_i\right\rangle,$$

因 $\varphi(x)$ 为有界支集函数, 记它的支集为 K, 故每个 $\alpha_\varepsilon(x_i-y)\varphi(x_i)$ 的支集必含于 $K+O_\varepsilon$: $\{x; x'+x'',\ x'\in K,\ |x''|\leqslant\varepsilon\}$ 中, 从而 $\sum_i \alpha_\varepsilon(x_i-y)\varphi(x_i)\Delta_i$ 也如此. 当 $\max d(\Delta_i)\to 0$ 时, 不仅

$$\lim_{\max d(\Delta_i)\to 0}\sum_i \alpha_\varepsilon(x_i-y)\varphi(x_i)\Delta x_i=\int \alpha_\varepsilon(x-y)\varphi(x)\mathrm{d}x,$$

而且 $\sum_i \alpha_\varepsilon(x_i-y)\varphi(x_i)\Delta x_i$ 的各阶导数也收敛于 $\int \alpha_\varepsilon(x-y)\varphi(x)\mathrm{d}x$ 相应的各阶导数. 这就得到了

$$\sum_i \alpha_\varepsilon(x_i-y)\varphi(x_i)\Delta x_i\to\int \alpha_\varepsilon(x-y)\varphi(x)\mathrm{d}x\ (C_c^\infty(R^n)).$$

于是

$$\langle T_\varepsilon,\ \varphi\rangle=\left\langle T_y,\ \int\alpha_\varepsilon(x-y)\varphi(x)\mathrm{d}x\right\rangle=\langle T,\ \varphi_\varepsilon\rangle.$$

但根据定理 1.1 的系 3, 当 $\varepsilon\to 0$ 时, $\varphi_\varepsilon\to\varphi(C_c^\infty(R^n))$, 因此 $\varepsilon\to 0$ 时 $\langle T_\varepsilon,\ \varphi\rangle\to\langle T,\varphi\rangle$. 证毕

定理 2.8　当 $T\in\mathscr{E}'(R^n)$ 时, $T_\varepsilon\to T(\mathscr{E}'(R^n))$.

证明　由定理 2.5, T 具有紧支集 K, 而当 $x\notin K+O_\varepsilon$ 时, $\alpha_\varepsilon(x-y)$ 作为 y 的函数, 其支集不与 K 相交, 从而有

$$T_\varepsilon(x)=\langle T_y,\ \alpha_\varepsilon(x-y)\rangle=0,$$

所以 T_ε 也有紧支集, 作函数 $\zeta(x)$ 使其在 $K+O_{\frac12}$ 中恒为 1, 在 $K+O_1$ 外恒为零. 那么, 由定理 2.7 知, 对任意的 $\varphi\in C^\infty(R^n)$ 有

$$\langle T_\varepsilon,\ \zeta\varphi\rangle\to\langle T,\ \zeta\varphi\rangle.$$

但只要 $\varepsilon<\dfrac12$, 在 T, T_ε 的支集中 $\zeta\varphi\equiv\varphi$, 故由上式立刻可得

$$\langle T_\varepsilon,\ \varphi\rangle\to\langle T,\varphi\rangle.$$

证毕

1.2.4　广义函数的导数

在以下讨论广义函数的性质中虽然只对 $\mathscr{D}'$ 广义函数加以讨论. 如不加特别说明, 它对于其他广义函数也是适合的.

定义 2.3　设 T 为 $\mathscr{D}'(R^n)$ 广义函数, 定义 T 关于 x_k 的偏导数为广义函数 $\dfrac{\partial T}{\partial x_k}$, 它满足

$$\left\langle\frac{\partial T}{\partial x_k},\ \varphi\right\rangle=-\left\langle T,\ \frac{\partial\varphi}{\partial x_k}\right\rangle,\quad \forall\varphi\in C_c^\infty(R^n).\tag{2.10}$$

由 $C_c^\infty(R^n)$ 的拓扑可知, 从 $\varphi_\nu \to 0(C_c^\infty(R^n))$ 可以推出 $\dfrac{\partial \varphi_v}{\partial x_k} \to 0(C_c^\infty(R^n))$, 所以 (2.10) 式左端确实定义了一个 $C_c^\infty(R^n)$ 上的线性连续泛函, 即 $\dfrac{\partial T}{\partial x_k}$ 也是 $\mathscr{D}'(R^n)$ 广义函数, 它称为 T 关于 x_k 的**广义导数或导数**.

当 T 为常义的连续可微函数时, 根据 φ 在一个紧集外为零的特性可知, 若将 (2.10) 式左端 $\dfrac{\partial T}{\partial x_k}$ 理解为常义的导数, 该式就相当于一个分部积分公式, 它自然是成立的, 这就表明对常义的连续可微函数来说, 其常义导数与广义导数是一致的, 故上述广义导数的定义确实是常义函数导数概念的推广.

广义函数求导数的运算是广义函数空间 $\mathscr{D}'(R^n)$ 到它自身的一个线性连续映照, 由上面讨论可知, 能够规定这种运算的基础是: 在基本空间 $C_c^\infty(R^n)$ 中, 相应的求导数运算为 $C_c^\infty(R^n) \to C_c^\infty(R^n)$ 的线性连续映照. 由于对于基本空间 $\mathscr{S}(R^n)$, $C^\infty(R^n)$ 来说, 求导数运算都是到其自身的线性连续映照. 所以对 $\mathscr{S}'(R^n)$, $\mathscr{E}'(R^n)$ 广义函数来说, 都可定义求导数的运算. 这一事实在今后定义广义函数其他运算时常会遇到.

类似地可以定义高阶导数, 对于重指标 α 有

$$\langle \partial^\alpha T,\ \varphi\rangle = (-1)^{|\alpha|}\langle T,\ \partial^\alpha \varphi\rangle, \quad \forall \varphi \in C_c^\infty(R^n), \tag{2.11}$$

于是容易得到广义函数以下两个性质:

(1) 广义函数的任意阶导数存在.

(2) 广义函数的导数与它求导的次序无关. 例如, 就二阶导数而言, 有

$$\frac{\partial^2 T}{\partial x_j \partial x_k} = \frac{\partial^2 T}{\partial x_k \partial x_j}, \tag{2.12}$$

这是因为对任一 $\varphi \in C_c^\infty(R^n)$, 成立

$$\left\langle \frac{\partial^2 T}{\partial x_j \partial x_k},\ \varphi \right\rangle = \left\langle T,\ \frac{\partial^2 \varphi}{\partial x_k \partial x_j} \right\rangle = \left\langle T,\ \frac{\partial^2 \varphi}{\partial x_j \partial x_k} \right\rangle = \left\langle \frac{\partial^2 T}{\partial x_k \partial x_j},\ \varphi \right\rangle.$$

例 2.6 考虑 Heaviside 函数

$$H(x) = \begin{cases} 1, & x > 0, \\ 0, & x \leqslant 0. \end{cases} \tag{2.13}$$

作为一个常义函数来说, $H(x)$ 在 $x \neq 0$ 时导数为 0, 在 $x = 0$ 处导数不存在, 但作为广义函数, 它在 R^1 上可导, 对于任一 $\varphi \in C_c^\infty$ 有

$$\left\langle \frac{\mathrm{d}H}{\mathrm{d}x},\ \varphi \right\rangle = -\left\langle H,\ \frac{\mathrm{d}\varphi}{\mathrm{d}x} \right\rangle = -\int_0^\infty \frac{\mathrm{d}\varphi}{\mathrm{d}x}\mathrm{d}x = \varphi(0) = \langle \delta,\ \varphi\rangle,$$

所以 $\dfrac{\mathrm{d}}{\mathrm{d}x}H(x)=\delta(x)$.

例 2.7　记 $\mathrm{P.V.}\left(\dfrac{1}{x}\right)$ 为发散积分 $\displaystyle\int_{-\infty}^{\infty}\frac{\mathrm{d}x}{x}$ 的 Cauchy 主值, 即

$$\left\langle \mathrm{P.V.}\left(\frac{1}{x}\right),\ \varphi\right\rangle=\mathrm{P.V.}\int_{-\infty}^{+\infty}\frac{\varphi(x)}{x}\mathrm{d}x=\lim_{\varepsilon\to 0}\int_{|x|\geqslant\varepsilon}\frac{\varphi(x)}{x}\mathrm{d}x,\quad \forall\varphi\in C_c^{\infty}(R^1),$$

则 $\mathrm{P.V.}\left(\dfrac{1}{x}\right)$ 是 $\mathscr{D}'(R^1)$ 广义函数.

事实上, 由于 $\log x$ 在原点的奇性很弱, 故对任意的 $C_c^{\infty}(R^1)$ 函数 $\psi(x)$, 积分 $\displaystyle\int_{-\infty}^{\infty}\psi(x)\log|x|\,\mathrm{d}x$ 总存在. 因此

$$\begin{aligned}\int_{|x|\geqslant\varepsilon}\frac{\varphi(x)}{x}\mathrm{d}x=&\int_{-\infty}^{-\varepsilon}\frac{\varphi(x)}{x}\mathrm{d}x+\int_{\varepsilon}^{\infty}\frac{\varphi(x)}{x}\mathrm{d}x\\=&\varphi(-\varepsilon)\log\varepsilon-\int_{-\infty}^{-\varepsilon}\varphi'(x)\log|x|\,\mathrm{d}x\\&-\varphi(\varepsilon)\log\varepsilon-\int_{\varepsilon}^{\infty}\varphi'(x)\log|x|\,\mathrm{d}x,\end{aligned}$$

由于 $\varepsilon\to 0$ 时 $[\varphi(\varepsilon)-\varphi(-\varepsilon)]\log\varepsilon\to 0$, 故

$$\lim_{\varepsilon\to 0}\int_{|x|\geqslant\varepsilon}\frac{\varphi(x)}{x}\mathrm{d}x=-\int_{-\infty}^{\infty}\varphi'(x)\log|x|\,\mathrm{d}x,$$

所以 $\mathrm{P.V.}\left(\dfrac{1}{x}\right)$ 就是 $\log|x|$ 在广义函数意义下的导数. 而 $\log|x|$ 为局部可积函数, 它属于 $\mathscr{D}'(R^1)$, 故 $\mathrm{P.V.}\left(\dfrac{1}{x}\right)\in\mathscr{D}'(R^1)$.

定理 2.9　若 $\mathscr{D}'(R^n)$ 广义函数 T 在连通开集 Ω 中导数为零, 则 T 在 Ω 中为常数.

证明　在定理 2.7 中已证明, 对于 T 的正则化函数 T_ε, 成立 $\langle T_\varepsilon,\ \varphi\rangle=\langle T,\ \varphi_\varepsilon\rangle$, 于是对 $1\leqslant k\leqslant n$,

$$\langle\partial_k(T_\varepsilon),\ \varphi\rangle=-\langle T_\varepsilon,\ \partial_k\varphi\rangle=-\langle T,\ \partial_k\varphi_\varepsilon\rangle=-\langle T,\ \partial_k(\varphi_\varepsilon)\rangle=\langle\partial_kT,\ \varphi_\varepsilon\rangle,$$

因此有 $\partial_k(T_\varepsilon)=(\partial_kT)_\varepsilon$. 根据定理条件, ∂_kT 在 Ω 上为零, 故 $\partial_k(T_\varepsilon)$ 在 Ω_ε 上为零, 但 T_ε 为 C^∞ 函数, 因此由 T_ε 在各方向的导数均为零可知它在 Ω_ε 上应当为常数. 然而, 对于任一紧集 $K\subset\Omega$, 在 ε 充分小时, 总有 $\Omega_\varepsilon\supset K$, 而从定理 2.7 可知 $T_\varepsilon\to T$, 故 T 在 K 内为常数. 由于 K 是任意紧集, 所以 T 在 Ω 内是常数.　证毕

定理 2.10 如果一个广义函数 T, 它的支集为 $\{0\}$, 那么它必是 δ 函数及其导数的有限线性组合:

$$T = \sum_{|p| \leqslant m} a_p \partial^p \delta, \tag{2.14}$$

这里 m 为某正整数, a_p 为常系数, 且这个表示唯一.

证明 由定理 2.5 知 T 为 $\mathscr{E}'(R^n)$ 广义函数, 又由定理 2.2 知, 必存在常数 C 与正整数 m, 紧集 K 使

$$|\langle T,\ \varphi\rangle| \leqslant C \sup_{\substack{|\alpha| \leqslant m \\ x \in K}} |\partial^\alpha \varphi(x)|$$

对任一 C^∞ 函数 φ 成立. 我们先指出如果 T 满足上述不等式, 而且 $\varphi(x)$ 在原点的函数值及其直至 m 阶导数值为零就必有 $\langle T,\ \varphi\rangle = 0$. 事实上, 作函数 $\zeta(x) \in C_c^\infty(R^n)$, 使 $\zeta(x)$ 在 $|x| \leqslant \dfrac{1}{2}$ 时为 1, 在 $|x| > 1$ 时为 0, 并令 $\zeta_\varepsilon(x) = \zeta\left(\dfrac{x}{\varepsilon}\right)$, 则有

$$|\partial^r \zeta_\varepsilon(x)| \leqslant C\varepsilon^{-|r|},$$

又在 $\zeta_\varepsilon(x)$ 的支集上 $|\varphi(x)| \leqslant C\varepsilon^{m+1}$, $|\partial^r \varphi(x)| \leqslant C\varepsilon^{m-r+1} (r \leqslant m)$, 所以

$$\begin{aligned}
|\langle T,\ \varphi\rangle| &\leqslant |\langle T,\ \zeta_\varepsilon\ \varphi\rangle| + |\langle T,\ (1-\zeta_\varepsilon)\varphi\rangle| = |\langle T, \zeta_\varepsilon\ \varphi\rangle| \leqslant C \sup_{\substack{|\alpha| \leqslant m \\ x \in R^n}} |\partial^\alpha(\zeta_\varepsilon \varphi)| \\
&\leqslant C \sup_{|\alpha| \leqslant m} \left| \sum_{\alpha' \leqslant \alpha} \frac{\alpha!}{\alpha'!(\alpha-\alpha')!} \partial^{\alpha'} \zeta_\varepsilon \cdot \partial^{\alpha-\alpha'} \varphi \right| \\
&\leqslant C' \sup_{|\alpha| \leqslant m} (\varepsilon^{-|\alpha'|}\ \varepsilon^{m-|\alpha|+|\alpha'|+1}) = O(\varepsilon),
\end{aligned}$$

但 $\langle T,\ \varphi\rangle$ 显然是一个与 ε 无关的量, 因此令 $\varepsilon \to 0$ 即得 $\langle T,\ \varphi\rangle = 0$.

对于一般的 $\varphi(x) \in C^\infty$, 在原点对它作 Taylor 展开

$$\varphi(x) = \sum_{|p| \leqslant m} \frac{\partial^p \varphi(0)}{p!} x^p + R_m(x),$$

这里 R_m 为 C^∞ 函数, 它满足当 $|p| \leqslant m$ 时 $\partial^p R_m(0) = 0$. 所以有

$$\begin{aligned}
\langle T,\ \varphi\rangle &= \left\langle T,\ \sum_{|p| \leqslant m} \frac{\partial^p \varphi(0)}{p!} x^p \right\rangle + \langle T,\ R_m(x)\rangle \\
&= \sum_{|p| \leqslant m} \frac{\partial^p \varphi(0)}{p!} \langle T,\ x^p\rangle = \left\langle \sum_{|p| \leqslant m} a_p \partial^p \delta,\ \varphi \right\rangle,
\end{aligned}$$

因此有 $T=\sum_{|p|\leqslant m} a_p\partial^p\delta$.

又若 $T=0$, 则 $\langle T, x^p\rangle=0$, 从而所有 $a_p=0$, 故分解式 (2.14) 是唯一的. 证毕

例 2.8 设 $f(x)\in C^1(R^1)$, 求广义函数方程 $xT=f(x)$ 的解.

解 先考虑 $xT=0$ 的解. 由此式知 T 的支集在原点, 故由定理 2.10 知 $T=\sum_{0\leqslant p\leqslant m} a_p\partial^p\delta$.又易知对所有 $p>0$ 有 $a_p=0$, 故 $T=C\delta(x)$, 其中 C 为任意常数.

由 $x\left(\mathrm{P.V.}\left(\dfrac{1}{x}\right)\right)=1$ 可知方程 $xT=1$ 的解为 $T=\mathrm{P.V.}\left(\dfrac{1}{x}\right)$.

于是将 $xT=f(x)$ 写成 $xT=(f(x)-f(0))+f(0)$, 由于

$$\frac{f(x)-f(0)}{x}\in C^0(R^1)\subset \mathscr{D}'(R^1),$$

所以可得广义函数方程的解为 $T=\dfrac{f(x)-f(0)}{x}+f(0)\left(\mathrm{P.V.}\left(\dfrac{1}{x}\right)\right)+C\delta(x)$, 其中 C 为任意常数.

1.2.5 广义函数的乘子

设 T 为 $\mathscr{D}'(R^n)$ 广义函数, $\alpha(x)\in C^\infty(R^n)$, 定义 α 与 T 的乘积 αT 为

$$\langle \alpha T,\ \varphi\rangle=\langle T,\ \alpha\varphi\rangle,\quad \forall\varphi\in C_c^\infty(R^n). \tag{2.15}$$

由于从 $\varphi\in C_c^\infty(R^n)$ 可以推出 $\alpha\varphi\in C_c^\infty(R^n)$, 又从 $\varphi_\nu\to 0(C_c^\infty(R^n))$ 可以推出 $\alpha\varphi_\nu\to 0(C_c^\infty(R^n))$, 所以 (2.15) 式确实定义了一个 $\mathscr{D}'(R^n)$ 广义函数. 因为对于任意一个 $\mathscr{D}'$ 广义函数 T, αT 都有意义, 所以我们也称 $\alpha(x)$ 为 $\mathscr{D}'(R^n)$ 的**乘子**.

同样可以证明, 任一 $C^\infty(R^n)$ 函数 $\alpha(x)$ 为 $\mathscr{E}'(R^n)$ 的乘子. 但对于 $\mathscr{S}'(R^n)$ 来说, 则不然.

例 2.9 e^{x^2} 不是 $\mathscr{S}'(R^n)$ 的乘子.

事实上, $\mathrm{e}^{-\frac{x^2}{2}}$ 是 $\mathscr{S}(R^n)$ 的元素, 但 $\mathrm{e}^{x^2}\cdot\mathrm{e}^{-\frac{x^2}{2}}=\mathrm{e}^{\frac{x^2}{2}}$ 不再属于 $\mathscr{S}(R^n)$, 故 e^{x^2} 不能作为 $\mathscr{S}'(R^n)$ 的乘子.

综合 (2.10) 与 (2.15) 可知, 以 $C^\infty(R^n)$ 函数为系数的一个偏微分算子 $\sum_{|\alpha|\leqslant p}\alpha_\alpha(x)\partial^\alpha$ 作用于任一 $\mathscr{D}'(R^n)$ 广义函数或 $\mathscr{E}'(R^n)$ 广义函数 T 都是有意义的, 它将空间 $\mathscr{D}'(R^n)$ 与 $\mathscr{E}'(R^n)$ 分别连续映照到它们自身. 又当 $\alpha_\alpha(x)$ 为 $\mathscr{S}'(R^n)$ 的乘子时, 这个算子作用于 $\mathscr{S}'(R^n)$ 广义函数也有意义. 它将 $\mathscr{S}'(R^n)$ 连续映照到它自身.

如果 T 为广义函数, α 为相应的乘子, 则成立 Leibniz 公式

$$\partial^p(\alpha T)=\sum_{q\leqslant p}\frac{p!}{q!(p-q)!}(\partial^q\alpha\cdot\partial^{p-q}T). \tag{2.16}$$

我们将此式的证明留给读者.

1.2.6 广义函数的自变量变换

对于一个定义在 Ω_x 中的函数 $f(x)$, 若有一 C^∞ 可逆自变量变换 $x=\psi(y)$, 将 Ω_x 与 O_y 构成一一对应, 则由 $f(x)$ 可以导出 O_y 上的函数 $f^*(y)=f(\psi(y))$. 对于一个广义函数来说, 例如 $T\in\mathscr{D}'(\Omega_x)$, 虽然不能按每点给一个函数值的方式去理解它, 但相应于自变量变换 $x=\psi(y)$, 仍然可以定义一个广义函数 $S\in\mathscr{D}'(O_y)$, 它正是常义函数自变量变换概念的扩充.

如果 $h(x)\in C_c^\infty(\Omega_x)$, 则对于常义函数 $f(x)$ 成立

$$\int_{\Omega_x} f(x)h(x)\mathrm{d}x=\int_{O_y} f(\psi(y))h(\psi(y))\det\left(\psi'(y)\right)\mathrm{d}y,$$

其中 Ω_x, O_y 都是定向的区域. 或者记 $x=\psi(y)$ 的反函数为 $y=\psi_1(x)$, 则 $f(\psi(y))=g(y)$ 等价于 $f(x)=g(\psi_1(x))$, 且对于 $\varphi(y)\in C_c^\infty(O_y)$ 有

$$\int_{O_y} g(y)\varphi(y)\mathrm{d}y=\int_{\Omega_x} g(\psi_1(x))\varphi(\psi_1(x))\det\left(\psi_1'(x)\right)\mathrm{d}x.$$

于是, 对于给定的 $T\in\mathscr{D}'(\Omega_x)$, 可以定义由它诱导出的广义函数 $S\in\mathscr{D}'(O_y)$ 如下:

$$\langle S,\ \varphi\rangle=\langle T,\ \varphi(\psi_1(x))\det\left(\psi_1'(x)\right)\rangle,\quad \forall\varphi\in C_c^\infty(O_y).$$

这样的定义是合理的. 因为在变换 $x=\psi(y)$ 下, Ω_x 中的紧集变为 O_y 中的紧集. 又因为 $y=\psi_1(x)$ 与 $x=\psi(y)$ 都是 C^∞ 函数, 故 $\det|\psi_1'(x)|$ 及其各阶导数在 Ω_x 上都是有界的. 故若有函数列 $\varphi_n(y)\in C_c^\infty(O_y)$, $\varphi_n\to 0(C_c^\infty(O_y))$, 则 $\varphi_n(\psi_1(x))\det\left(\psi_1'(x)\right)\to 0(C_c^\infty(\Omega_x))$. 因此, 若 T 为 $\mathscr{D}'(\Omega_x)$ 广义函数, 即可知 S 为 $\mathscr{D}'(O_y)$ 广义函数.

1.2.7 广义函数的卷积

对于 $C_c^\infty(R^n)$ 函数 $f(x), g(x)$, 可以定义其卷积为

$$f*g(x)=\int_{R^n} f(x-y)g(y)\mathrm{d}y=\int_{R^n} f(y)g(x-y)\mathrm{d}y.$$

现在我们把卷积的概念推广到广义函数, 它将是广义函数空间中一个重要的运算.

将上式中的 f, g 视为 $\mathscr{D}'(R^n)$ 广义函数, 作用于 $C_c^\infty(R^n)$ 函数 $\varphi(x)$ 上, 则

$$\begin{aligned}\langle f*g(x),\varphi(x)\rangle&=\int_{R^n}\varphi(x)\cdot\int_{R^n} f(x-y)g(y)\mathrm{d}y\mathrm{d}x\\&=\int_{R^n}\left(\int_{R^n}\varphi(x+y)f(x)\cdot g(y)\mathrm{d}y\right)\mathrm{d}x\\&=\langle f(x),\langle g(y),\varphi(x+y)\rangle\rangle=\langle g(y),\ \langle f(x),\ \varphi(x+y)\rangle\rangle.\quad(2.17)\end{aligned}$$

参照这个等式, 可引入两个广义函数卷积的定义如下.

定义 2.4　设 S, T 为两个广义函数, 则 S, T 的**卷积**$S * T$ 定义为

$$\langle S * T, \varphi\rangle = \langle S_x,\ \langle T_y,\ \varphi(x+y)\rangle\rangle. \tag{2.18}$$

其中 φ 为任意的 C_c^∞ 函数.

上式中 S_x, T_y 的下标分别表示它们是作用于空间 $C_c^\infty(R_x^n)$ 与 $C_c^\infty(R_y^n)$ 的广义函数. 显然, 用 (2.18) 式定义的广义函数卷积是常义函数卷积的概念的推广.

但我们必须注意, 并不是任何两个广义函数都可以求卷积的, 但是我们有如下结论.

定理 2.11　若 T 为 $\mathscr{E}'(R^n)$ 广义函数, S 为 $\mathscr{D}'(R^n)$ 广义函数, 则由 (2.18) 定义的卷积 $S * T$ 为 $\mathscr{D}'(R^n)$ 广义函数, 又若 S 为 $\mathscr{E}'(R^n)$ 广义函数, T 为 $\mathscr{D}'(R^n)$ 广义函数, 同样可得 $S * T$ 有意义, $S * T \in \mathscr{D}'(R^n)$.

证明　先证若 $T \in \mathscr{E}'(R^n)$, $\varphi \in C_c^\infty(R^n)$, 则

$$\psi(x) = \langle T_y,\ \varphi(x+y)\rangle \in C_c^\infty(R_x^n).$$

事实上由定理 2.5 知 T_y 的支集为紧集 K, 由此可以找到一个 $C_c^\infty(R^n)$ 函数 $\zeta(y)$, 使 $\zeta(y)$ 在 K 上恒等于 1, 这时必有 $\zeta(y)T_y = T_y$, 于是

$$\psi(x) = \langle \zeta(y)T_y,\ \varphi(x+y)\rangle = \langle T_y,\ \zeta(y)\varphi(x+y)\rangle.$$

当 x 充分大时, $\varphi(x+y)$ 作为 y 的函数, 其支集与 $\zeta(y)$ 的支集不相交, 故 $\zeta(y)\varphi(x+y) = 0$, 从而 x 充分大时 $\psi(x) = 0$, 故 $\psi(x)$ 支集有界.

与定理 2.6 的证明相仿, 可以得知 $\psi(x) \in C^\infty(R_x^n)$, 故 $\psi(x) \in C_c^\infty(R^n)$. 因此 $\langle S_x,\ \psi(x)\rangle$ 有意义. 而且, 若 $\{\varphi_\nu(x)\}$ 为 $C_c^\infty(R^n)$ 中的序列, $\varphi_\nu(x) \to 0(C_c^\infty(R^n))$, 则 $\psi_\nu(x) = \langle T_y,\ \varphi_\nu(x+y)\rangle$ 有一致有界的支集, 而且由定理 2.2 知, 存在常数 C 与 m, 使

$$|\psi_\nu(x)| = |\langle T_y, \varphi_\nu(x+y)\rangle| \leqslant C \sup_{\substack{|p|\leqslant m \\ y\in R^n}} \left|D_y^p \varphi_\nu(x+y)\right|.$$

故由 $\varphi_\nu(x) \to 0(C_c^\infty(R^n))$, 可知 $\psi_\nu(x)$ 一致收敛于零. 同理可知 $\psi_\nu(x)$ 的各阶导数都一致收敛于零, 于是 $\psi_\nu(x) \to 0(C_c^\infty(R^n))$. 从而有 $\langle S_x,\ \psi_\nu(x)\rangle \to 0$. 这就说明了 $S * T$ 确为 $C_c^\infty(R^n)$ 上的一个线性连续泛函. 故 $S * T \in \mathscr{D}'(R^n)$.

同样方法可证, 若 $T \in \mathscr{D}'(R^n)$, 则

$$\psi(x) = \langle T_y,\ \varphi(x+y)\rangle \in C^\infty(R_x^n).$$

故只要 $S \in \mathscr{E}'(R^n)$, $\langle S*T,\ \varphi\rangle = \langle S_x,\ \psi(x)\rangle$ 也是有意义的, 而且从 $\varphi_\nu \to 0(C_c^\infty(R^n))$ 可以推知 $\psi_\nu \to 0(C^\infty(R^n))$, $\langle S_x,\ \psi_\nu\rangle \to 0$. 故 $S * T$ 有意义, 它是 $\mathscr{D}'(R^n)$ 中的元素. 本定理后一部分证明的详细叙述请读者自行完成.　证毕

定理 2.12 设 $R, S, T \in \mathscr{D}'(R^n)$, 且其中至少有两个具有紧支集, 则

(1) $(R * S) * T = R * (S * T)$; (2.19)

(2) $S * T = T * S$; (2.20)

(3) $\mathrm{supp}\,(S * T) \subset \mathrm{supp}\, S + \mathrm{supp}\, T$; (2.21)

(4) $\delta * T = T * \delta = T$. (2.22)

证明 (1) 对于任一 $C_c^\infty(R^n)$ 函数 φ, (2.19) 两边作用于 φ, 都可表示为

$$\langle R_x,\ \langle S_y,\ \langle T_z,\ \varphi(x+y+z)\rangle\rangle\rangle.$$

(2) 可利用连续函数卷积的可交换性与 (1) 来证明广义函数卷积的可交换性. 事实上, 对于任意的 $\varphi,\ \psi \in C_c^\infty(R^n)$,

$$\begin{aligned}((S * T) * \varphi) * \psi &= (S * T) * (\varphi * \psi) = (S * T) * (\psi * \varphi)\\ &= ((S * T) * \psi) * \varphi = (S * (T * \psi)) * \varphi\\ &= S * ((T * \psi) * \varphi) = S * (\varphi * (T * \psi))\\ &= (S * \varphi) * (T * \psi) = (T * \psi) * (S * \varphi)\\ &= T * (\psi * (S * \varphi)) = T * ((S * \varphi) * \psi)\\ &= (T * (S * \varphi)) * \psi = ((T * S) * \varphi) * \psi,\end{aligned}$$

于是有

$$(S * T) * \varphi = (T * S) * \varphi,$$

所以 $S * T = T * S$.

(3) 由卷积的定义知, 对任意 $\varphi \in C_c^\infty(R^n)$

$$\langle S * T,\ \varphi\rangle = \langle S_x, \langle T_y,\ \varphi(x+y)\rangle\rangle.$$

今若 $\mathrm{supp}\,\varphi \cap (\mathrm{supp}\, S + \mathrm{supp}\, T)$ 为空集, 则可以找到开集 $\Omega_S \supset \mathrm{supp}\, S$ 与 $\Omega_T \supset \mathrm{supp}\, T$, 使 $\mathrm{supp}\,\varphi \cap (\Omega_S + \Omega_T)$ 仍为空集. 于是, 当 $x \in \Omega_S, y \in \Omega_T$ 时, $\varphi(x+y)$ 恒为零. 这说明, 当 $x \in \Omega_S$ 时, $\langle T_y,\ \varphi(x+y)\rangle$ 恒为零. 由于 S 的支集含在 Ω_S 中, 故 $\langle S_x,\ \langle T_y,\ \varphi(x+y)\rangle\rangle = 0$, 从而有 $\langle S * T,\ \varphi\rangle = 0$, 故得 (2.21).

(4) 对任一 $\varphi \in C_c^\infty(R^n)$, 有

$$\langle \delta * T,\ \varphi\rangle = \langle T_x,\ \langle \delta_y,\ \varphi(x+y)\rangle\rangle = \langle T_x,\ \varphi(x)\rangle = \langle T,\ \varphi\rangle.$$

定理 2.11 告诉我们, $\mathscr{E}'(R^n)$ 广义函数全体关于通常的线性运算以及卷积运算构成一个可交换的有单位元的代数. 广义函数 δ 就是它的单位元. 这个代数称为**卷积代数**.

关于卷积还成立如下性质.

(5) 对于任意重指标 α, 若 $\alpha_1+\alpha_2=\alpha$, 广义函数 S, T 中至少有一个具有紧支集, 则

$$\partial^\alpha(S*T)=(\partial^{\alpha_1}S)*(\partial^{\alpha_2}T). \tag{2.23}$$

事实上, 对于任意的 $\varphi\in C_c^\infty(R^n)$,

$$\begin{aligned}\langle\partial^\alpha(S*T),\ \varphi\rangle&=(-1)^{|\alpha|}\langle S*T,\ \partial^\alpha\varphi\rangle\\&=(-1)^{|\alpha|}\langle S_x,\ \langle T_y,\ \partial^\alpha\varphi(x+y)\rangle\rangle\\&=(-1)^{|\alpha_1|}\ \langle S_x,\ (-1)^{|\alpha_2|}\ \langle T_y,\ \partial_x^{\alpha_1}\partial_y^{\alpha_2}\varphi(x+y)\rangle\rangle\\&=(-1)^{|\alpha_1|}\ \langle S_x,\ \partial_x^{\alpha_1}\langle\partial_y^{\alpha_2}T_y,\ \varphi(x+y)\rangle\rangle\\&=\langle\partial_x^{\alpha_1}S_x,\ \langle\partial_y^{\alpha_2}T_y,\ \varphi(x+y)\rangle\rangle\\&=\langle\partial^{\alpha_1}S*\partial^{\alpha_2}T,\ \varphi\rangle.\end{aligned}$$

根据这一性质, 若有一个常系数的偏微分算子 $P(D)=\sum_{|\alpha|\leqslant p}\alpha_\alpha D^\alpha$ 作用于两个广义函数的卷积上, 则有

$$P(D)(E*T)=(P(D)E)*T.$$

(6) 若 $T\in\mathscr{D}'(R^n)$, $\varphi\in C_c^\infty(R^n)$, 那么将 φ 视为广义函数 (例如 $\mathscr{E}'(R^n)$ 广义函数), 则 $T*\varphi$ 有意义, 此时成立

$$T*\varphi=\langle T_y,\ \varphi(x-y)\rangle. \tag{2.24}$$

事实上, 类似于定理 2.6 的证明可知 $\langle T_y,\ \varphi(x-y)\rangle$ 为 C^∞ 函数, 且它作用于任一 $\psi(x)\in C_c^\infty(R^n)$ 有

$$\begin{aligned}\langle\langle T_y,\ \varphi(x-y)\rangle,\ \psi(x)\rangle&=\langle T_y,\ \langle\varphi(x-y),\ \psi(x)\rangle\rangle\\&=\langle T_y,\ \langle\phi(x),\ \psi(x+y)\rangle\rangle=\langle T*\varphi,\ \psi\rangle.\end{aligned}$$

故知 (2.24) 式成立. 此式亦可看成常义函数卷积公式的推广.

利用广义函数的卷积可以把函数正则化写为 $f_\varepsilon=f*\alpha_\varepsilon$. 于是, 定理 2.7 的结论也可写成 $\alpha_\varepsilon*T\to T$.

习　题

1. 问下列广义函数属于哪个空间:

(1) $f(x)=\mathrm{e}^x\cos x$;

(2) $f(x)=\begin{cases}1, & |x|\leqslant 1,\\ 0, & |x|>1;\end{cases}$

(3) $\langle f,\ \varphi\rangle=\sum_{\nu=1}^{m}\ \varphi^{(\nu)}(0),\forall\varphi(x)\in C^m(R^1)$.

2. 设 $u(x)=\begin{cases}1, & |x|<1,\\ 0, & |x|\geqslant 1,\end{cases}$ 试问 $u(x)$ 的支集是什么? 又按 (1.7) 式定义的 $u_\varepsilon(x)$ 的支集是什么?

3. 证明若 $f_m(x)\in C(R^n)$, $f_m(x)\geqslant 0$, 且对于任意的 $\delta>0$, $R>0$, 在 $[-R,\ -\delta]$, $[\delta,\ R]$ 上 $f_m(x)$ 一致趋于零, 并使$\int_{-\delta}^{\delta}f_m(x)\mathrm{d}x\to 1$, 则 $m\to\infty$ 时 $f_m(x)\to\delta(x)(\mathscr{D}'(R^n))$.

4. 证明在广义函数意义下下列极限成立.

(1) $\lim\limits_{\varepsilon\to 0}\ \dfrac{\varepsilon}{\varepsilon^2+x^2}=\pi\delta(x)$;

(2) $\lim\limits_{\varepsilon\to 0}\ \dfrac{1}{\sqrt{\pi\varepsilon}}\mathrm{e}^{-\frac{x^2}{\varepsilon}}=\delta(x)$.

5. 设 $f_\varepsilon(x)=(x+\mathrm{i}\varepsilon)^{-1}+(x-\mathrm{i}\varepsilon)^{-1}$, 证明 $\lim\limits_{\varepsilon\to 0}\ f_\varepsilon$ 在 $\mathscr{D}'(R^n)$ 中存在.

6. 若 $f_m(x)$ 与 $f(x)$ 都是 $C(R^n)$ 函数, 则在下列各种情况下能否得到 $f_m\to f(\mathscr{D}'(R^n))$ 的结论?

(1) $f_m(x)\to f(x)(L^2(R^n))$;

(2) $f_m(x)$ 点点收敛于 $f(x)$;

(3) $f_m(x)$ 一致收敛于 $f(x)$.

7. 设 $\varphi(x,y)\in C_c^\infty(R_x^n\times R_y^m)$, $T_y\in\mathscr{D}'(R_y^m)$, 试证 $\langle T_y,\ \varphi(x,y)\rangle$ 是 $C_c^\infty(R_x^n)$ 函数.

8. 计算下列诸式 (均设 $\varphi(x)\in C_c^\infty(R^1)$):

(1) $\langle x^k\delta^{(m)}(x),\ \varphi(x)\rangle(k,\ m$ 为正整数);

(2)$\langle\delta(ax),\ \varphi(x)\rangle(a$ 为常数);

(3) $\lim\limits_{m\to\infty}\ \left\langle\sum_{\nu=1}^{m}\ \cos\nu x,\ \varphi(x)\right\rangle$.

9. 若 $H(x,y)$ 在第一象限中为 1, 其余为 0, 试求 $\dfrac{\partial^2 H}{\partial x\partial y}$ 之值.

10. 若 $f(x)\in C^2(R^1)$, 试计算 $f(|x|)$ 与 $|x|\,f(x)$ 的二阶导数.

11. 设 u 为 R^2 中单位圆的特征函数, 试计算 $x\dfrac{\partial u}{\partial x}+y\dfrac{\partial u}{\partial y}$.

12. 证明: 若 $\alpha(x)$ 为 $\mathscr{S}(R^n)$ 的乘子, 则它为 C^∞ 函数, 且对任一重指标 γ, 必存在多项式 $P_\gamma(x)$, 使

$$|\partial^\gamma\alpha(x)|\leqslant|P_\gamma(x)|.$$

13. 证明: 设 Ω 为 R^n 的连通开集, $\Omega\subset R^n$. 若 $\mathscr{D}'(R^n)$ 广义函数 T 的导数为零, 则 T 必为常数.

14. 证明: 若一个广义函数的导数是连续函数, 则这个广义函数必为常义的连续可导函数.

15. 设 $f,\ g\in\mathscr{D}'(R^1)$, 若存在常数 a, 使 $\mathrm{supp}\ f\subset[a,\ \infty)$, $\mathrm{supp}\ g\subset[a,\infty)$, 则称 f,g 支集同向有界. 证明支集同向有界的两广义函数卷积存在, 且 $\mathrm{supp}\ (f*g)\subset[a^*,\ \infty)(a^*$ 也是

常数, 仅与 a 有关).

16. 证明:

(1) $tH(t) * \mathrm{e}^t H(t) = (\mathrm{e}^t - t - 1)H(t)$;

(2) $(H(t)\sin t) * (H(t)\cos t) = \dfrac{t}{2}H(t)\sin t$;

(3) $(f(t)H(t)) * H(t) = H(t)\displaystyle\int_0^t f(\tau)\mathrm{d}\tau$.

17. 如果将 $(S, T) \to S * T$ 视为 $\mathscr{E}' \times \mathscr{D}' \to \mathscr{D}'$ 的映照, 则这个映照关于 S 与 T 分别连续.

18. 如果将 $(\varphi,\ T) \to T * \varphi$ 视为 $C_c^\infty \times \mathscr{D}' \to C^\infty$ 的映照, 则这个映照关于 φ, T 分别连续.

1.3 Fourier 变换

1.3.1 $\mathscr{S}(R^n)$ 空间上的 Fourier 变换

我们知道 Fourier 变换在经典分析中是很重要的工具, 但由于在作 Fourier 变换时, 常要对所讨论的函数的正则性加上一些限制条件, 它的应用就往往受到一定的局限. 然而在广义函数范围中, 与求导数运算相仿, Fourier 变换也是通过对基本空间中元素的 Fourier 变换的对偶来定义的, 故无须对所对作变换的广义函数添加正则性限制, 从而使 Fourier 变换成为更灵活、更有力的工具, 在近代偏微分方程理论中被普遍地使用.

我们先定义在基本空间 $\mathscr{S}(R^n)$ 上的 Fourier 变换. 对于任一函数 $f(x) \in \mathscr{S}(R^n_x)$, 定义其 Fourier 变换为

$$F[f] = \int_{R^n_x} f(x)\mathrm{e}^{-\mathrm{i}x\cdot\xi}\mathrm{d}x, \tag{3.1}$$

又若函数 $g(\xi) \in \mathscr{S}(R^n_\xi)$, 定义其 Fourier 逆变换为

$$F^{-1}g = \int_{R^n_\xi} g(\xi)\mathrm{e}^{\mathrm{i}x\cdot\xi}\text{đ}\xi, \tag{3.2}$$

这里 $x \cdot \xi = x_1\xi_1 + x_2\xi_2 + \cdots + x_n\xi_n, \text{đ}\xi = \dfrac{1}{(2\pi)^n}\mathrm{d}\xi$, 有时也将 Fourier 变换的记号写成 $\hat{f}(\xi)$ 或 $\tilde{f}(\xi)$, 以便于表明变换后的函数所依赖的自变量. 由数学分析知识知: 当 $f(x) \in L^1(R^n)$, 且 $f(x)$ 为连续可导时, 成立 $F^{-1}[F[f]] = f$, 所以 Fourier 逆变换确实是 Fourier 变换之 "逆".

在下面的讨论中除了使用 1.1 节所述的简略记号外, 还常使用如下记号:

$$\langle x, \xi\rangle = x \cdot \xi = x_1\xi_1 + \cdots + x_n\xi_n,$$

$$D_x = \frac{1}{\mathrm{i}}\partial_x, \quad D_\xi = \frac{1}{\mathrm{i}}\partial_\xi,$$

$$D_x^\alpha = \mathrm{i}^{-|\alpha|}\partial_x^\alpha, \quad D_\xi^\alpha = \mathrm{i}^{-|\alpha|}\partial_\xi^\alpha.$$

Fourier 变换有以下诸性质：

(1) Fourier 变换是线性变换, 即对于任意复数 α_1, α_2 与 $\mathscr{S}(R^n)$ 函数 f_1, f_2 成立

$$F[\alpha_1 f_1 + \alpha_2 f_2] = \alpha_1 F[f_1] + \alpha_2 F[f_2]. \tag{3.3}$$

(2) Fourier 变换将微分运算变为乘以幂函数的运算, 即

$$F[D_j f] = \xi_j F[f]. \tag{3.4}$$

这是因为对任一 $\mathscr{S}(R^n)$ 函数 f, 利用它在无穷远处趋于零的性质有

$$\begin{aligned} F[D_j^f] &= \int_{R^n} \frac{1}{\mathrm{i}}\partial_j f \mathrm{e}^{-\mathrm{i}x\cdot\xi}\mathrm{d}x \\ &= -\int_{R^n} \frac{1}{\mathrm{i}}(-\mathrm{i}\xi_j) f \mathrm{e}^{-\mathrm{i}x\cdot\xi}\mathrm{d}x = \xi_j F[f]. \end{aligned}$$

同样可得

$$F[D^\alpha f] = \xi^\alpha F[f]. \tag{3.5}$$

(3) Fourier 变换将以乘以幂函数的运算变为微分运算, 即

$$F[x_j f] = -D_j F[f]. \tag{3.6}$$

这是因为

$$\begin{aligned} F[x_j f] &= \int_{R^n} x_j f \mathrm{e}^{-\mathrm{i}x\cdot\xi}\mathrm{d}x \\ &= \int_{R^n} f(-D_{\xi_j}\mathrm{e}^{-\mathrm{i}x\cdot\xi})\mathrm{d}x = -D_j F[f]. \end{aligned}$$

同样可得

$$F[x^\alpha f] = (-1)^{|\alpha|} D^\alpha F[f]. \tag{3.7}$$

(4) Fourier 变换将卷积运算变成乘法运算, 反之, 将乘法运算变成卷积运算. 即

$$F[f * g] = F[f] \cdot F[g], \tag{3.8}$$

$$F[f \cdot g] = (2\pi)^{-n} F[f] * F[g]. \tag{3.9}$$

事实上, 由于 f, g 为 $\mathscr{S}(R^n)$ 中的元素, 下面的积分均绝对一致收敛:

$$\begin{aligned}F[f*g] &= \int_{R^n}\left(\int_{R^n} f(x-t)g(t)\mathrm{d}t\right)\mathrm{e}^{-\mathrm{i}x\cdot\xi}\mathrm{d}x\\ &= \int_{R^n} g(t)\int_{R^n} f(x)\mathrm{e}^{-\mathrm{i}(x+t)\cdot\xi}\mathrm{d}x\mathrm{d}t\\ &= \int_{R^n} g(t)\mathrm{e}^{-\mathrm{i}t\cdot\xi}\mathrm{d}t\int_{R^n} f(x)\mathrm{e}^{-\mathrm{i}x\cdot\xi}\mathrm{d}x\\ &= F[f]\cdot F[g].\end{aligned}$$

(3.9) 式的证明是完全相仿的.

定理 3.1　Fourier 变换建立了 $\mathscr{S}(R^n)$ 到 $\mathscr{S}(R^n)$ 的一个同构对应.

证明　先证明对于任一 $f\in\mathscr{S}(R^n)$, 经过 Fourier 变换后仍然属于 $\mathscr{S}(R^n)$. 事实上, 对于任意的重指标 α, p, 作积分式

$$\int_{R^n} D^\alpha(x^p f)\mathrm{e}^{-\mathrm{i}x\cdot\xi}\mathrm{d}x,$$

因为 $f\in\mathscr{S}(R^n)$, 积分绝对一致收敛, 而且对任意正整数 k, 有 $(1+|x|^2)^k\left|D^\alpha(x^p f)\right|$ 在 R^n 中一致有界, 故若选取 k 使

$$\int_{R^n}\frac{1}{(1+|x|^2)^k}\mathrm{d}x = C<\infty,$$

就可以有

$$\begin{aligned}|\xi^\alpha D^p F[f]| &\leqslant \int_{R^n}\left|D^\alpha(x^p f)\right|\mathrm{d}x\\ =&\int_{R^n}\frac{1}{(1+|x|^2)^k}(1+|x|^2)^k\left|D^\alpha(x^p f)\right|\mathrm{d}x\\ \leqslant& C\cdot\sup_{x\in R^n}\,(1+|x|^2)^k\left|D^\alpha(x^p f)\right|.\end{aligned}\tag{3.10}$$

由于 $f\in\mathscr{S}(R^n)$, 故对任意的 α, p, (3.10) 式有界. 应用性质 (2) 与 (3) 知

$$\int_{R^n} D^\alpha(x^p f)\mathrm{e}^{-\mathrm{i}x\cdot\xi}\mathrm{d}x = (-1)^{|p|}\xi^\alpha D^p F[f].$$

故 $F[f]\in C^\infty$, 且 $\xi^\alpha D^p F[f]$ 对任意 α, p 有界, 从而 $F[f]\in\mathscr{S}(R^n)$. 由同一等式可知, 当 $f_\nu\to 0(\mathscr{S}(R^n))$ 时, 也有 $F[f_\nu]\to 0(\mathscr{S}(R^n))$, 所以 Fourier 变换是 $\mathscr{S}(R^n)$ 到 $\mathscr{S}(R^n)$ 的一个线性连续映照.

再注意到 Fourier 逆变换的形式与 Fourier 变换形式相似, 同样可证, Fourier 逆变换也是 $\mathscr{S}(R^n)$ 到 $\mathscr{S}(R^n)$ 的线性连续映照. 因此, Fourier 变换建立了 $\mathscr{S}(R^n)$ 到 $\mathscr{S}(R^n)$ 的一个同构对应 (即一对一, 并保持线性结构与拓扑结构不变).　证毕

因为对于 $C^\infty(R^n)$ 中任一函数 f, Fourier 积分 (3.1) 不一定存在, 而 $C_c^\infty(R^n)$ 中的函数 f 经过 Fourier 变换后一般不再在 $C_c^\infty(R^n)$ 中, 所以 Fourier 变换在这两个基本空间以及相应的广义函数空间中应用时不很方便. 而 Fourier 变换建立起 $\mathscr{S}(R^n)$ 到 $\mathscr{S}(R^n)$ 间的同构对应这一事实, 使得 $\mathscr{S}(R^n)$ 及相应的广义函数空间 $\mathscr{S}'(R^n)$ 在研究 Fourier 变换中起着重要的作用, 这也正是引进速降函数空间的动机.

定理 3.2 关于 Fourier 变换成立 Parseval 等式:

$$\int_{R^n} f\cdot\bar{g}\mathrm{d}x=(2\pi)^{-n}\int_{R^n}F[f]\overline{F[g]}\mathrm{d}x. \tag{3.11}$$

证明 先证 $\int_{R^n}F[f]\cdot g\mathrm{d}x=\int_{R^n}f\cdot F[g]\mathrm{d}x$ 对任意 $f,\ g\in\mathscr{S}(R^n)$ 成立. 事实上

$$\begin{aligned}\int_{R_x^n}F[f]g\mathrm{d}x&=\int_{R_x^n}\left(\int_{R_y^n}f(y)\mathrm{e}^{-\mathrm{i}x\cdot y}\mathrm{d}y\right)g(x)\mathrm{d}x\\&=\int_{R_y^n}\left(\int_{R_x^n}g(x)\mathrm{e}^{-\mathrm{i}x\cdot y}\mathrm{d}x\right)f(y)\mathrm{d}y\\&=\int_{R_y^n}f\cdot F[g]\mathrm{d}y=\int_{R_x^n}f\cdot F[g]\mathrm{d}x.\end{aligned} \tag{3.12}$$

又因为对任一 $h(x)\in\mathscr{S}(R^n)$ 有

$$\begin{aligned}F[h]&=\int_{R^n}h(x)\mathrm{e}^{-\mathrm{i}x\cdot\xi}\mathrm{d}x\\&=\overline{\int_{R^n}\overline{h(x)}\mathrm{e}^{\mathrm{i}x\cdot\xi}\mathrm{d}x}\\&=(2\pi)^n\overline{\int_{R^n}\overline{h(x)}\mathrm{e}^{\mathrm{i}x\cdot\xi}\mathrm{đ}x}\\&=(2\pi)^n\cdot\overline{F^{-1}(\overline{h})}.\end{aligned} \tag{3.13}$$

因此若将 $\overline{F[g]}$ 视为 (3.12) 中的 g 与 (3.13) 中的 h, 可以得到

$$\begin{aligned}\int_{R^n}F[f]\cdot\overline{F[g]}\mathrm{d}x&=\int_{R^n}f\cdot F[\overline{F[g]}]\mathrm{d}x\\&=(2\pi)^n\int_{R^n}f\cdot\overline{F^{-1}[F[g]]}\mathrm{d}x\\&=(2\pi)^n\int_{R^n}f\cdot\bar{g}\mathrm{d}x.\end{aligned}$$

证毕

例 3.1　函数 $e^{-\frac{|x|^2}{2}}$ 的 Fourier 变换为 $(2\pi)^{\frac{n}{2}}e^{-\frac{|\xi|^2}{2}}$.

$$\begin{aligned}\int_{R^n} e^{-\frac{|x|^2}{2}} e^{-ix\cdot\xi}dx &= \int_{R^n} e^{-\frac{1}{2}|x+i\xi|^2-\frac{1}{2}|\xi|^2}dx \\ &= e^{-\frac{1}{2}|\xi|^2}\int_{R^n} e^{-\frac{1}{2}|x|^2}dx \\ &= (2\pi)^{\frac{n}{2}}e^{-\frac{1}{2}|\xi|^2}.\end{aligned}$$

1.3.2　$\mathscr{S}'(R^n)$ 空间上的 Fourier 变换

定义 3.1　对于任一 $\mathscr{S}'$ 广义函数 T, 定义它的 **Fourier 变换**$F[T]$ 为

$$\langle F[T],\ \varphi\rangle = \langle T,\ F[\varphi]\rangle, \quad \forall\varphi\in\mathscr{S}(R^n). \tag{3.14}$$

定理 3.1 指出, 若 $\varphi\in\mathscr{S}(R^n)$, 则 $F[\varphi]\in\mathscr{S}(R^n)$, 而且如果有函数列 $\varphi_\nu\in\mathscr{S}(R^n)$, 当 $\nu\to\infty$ 时 $\varphi_\nu\to 0(\mathscr{S}(R^n))$, 那么也有 $F[\varphi_\nu]\to 0(\mathscr{S}(R^n))$, 这就表明 $F[T]$ 确实是一个 $\mathscr{S}'$ 广义函数.

为说明这个定义的合理性, 还得指出这个定义确是常义函数 Fourier 变换的推广. 这就要指出, 若 $T\in\mathscr{S}(R^n)$, 则 (3.1) 的定义与 (3.14) 的定义一致. 事实上, 有

$$\begin{aligned}&\langle F[T],\ \varphi\rangle = \langle T,\ F[\varphi]\rangle \\ =&\int_{R^n_x}\left(\int_{R^n_\xi}\varphi(\xi)e^{-ix\cdot\xi}d\xi\right)T(x)dx \\ =&\int_{R^n_\xi}\left(\int_{R^n_x}T(x)e^{-ix\cdot\xi}dx\right)\varphi(\xi)d\xi,\end{aligned}$$

所以$F[T]=\int_{R^n_\xi}T(x)e^{-ix\cdot\xi}dx$, 它与 (3.1) 式的定义一致.

同样, 可以定义 $\mathscr{S}'(R^n)$ 广义函数的 Fourier 逆变换为

$$\langle F^{-1}[T],\ \varphi\rangle = \langle T,\ F^{-1}[\varphi]\rangle. \tag{3.15}$$

关于 $\mathscr{S}'(R^n)$ 广义函数的 Fourier 变换也有如下的性质:

(1) Fourier 变换是线性变换.

(2) 若 $T\in\mathscr{S}'(R^n)$, 则 $F^{-1}[F[T]]=T$.

事实上, 对任意的 $\varphi\in\mathscr{S}(R^n)$, 成立

$$\begin{aligned}&\langle F^{-1}[F[T]],\ \varphi\rangle = \langle F[T],\ F^{-1}[\varphi]\rangle, \\ =&\langle T,\ F[F^{-1}[\varphi]]\rangle = \langle T,\ \varphi\rangle.\end{aligned}$$

(3) $F[D_jT]=\xi_jF[T]$, $F[D^\alpha T]=\xi^\alpha F[T]$.

事实上, 对任一 $\varphi\in\mathscr{S}(R^n_\xi)$,

$$\begin{aligned}\langle F[D_jT],\ \varphi\rangle&=\langle D_jT,\ F[\varphi]\rangle=-\langle T,\ D_jF[\varphi]\rangle\\&=-\langle T,\ -F[\xi_j\varphi]\rangle=\langle F[T],\ \xi_j\varphi\rangle\\&=\langle \xi_jF[T],\ \varphi\rangle.\end{aligned}$$

同法可证第二式.

(4) $F[x_jT]=-D_jF[T]$, $\quad F[x^\alpha T]=(-1)^{|\alpha|}D^\alpha F[T]$.

这两式的证明过程也与性质 (3) 的证明相似.

定理 3.3 Fourier 变换建立了 $\mathscr{S}'(R^n)$ 到 $\mathscr{S}'(R^n)$ 的一个同构对应.

证明 线性同构是明显的. 为说明拓扑同构, 即 Fourier 变换保持极限关系, 我们考察在 $\mathscr{S}'(R^n)$ 中收敛于零的序列 T_ν, 由于

$$\langle F[T_\nu],\ \varphi\rangle=\langle T_\nu,\ F[\varphi]\rangle,\quad \forall\varphi\in\mathscr{S}(R^n),$$

对于任意的 $\varphi\in\mathscr{S}(R^n)$, 有 $F[\varphi]\in\mathscr{S}(R^n)$, 所以由 $T_\nu\to 0$ 知道 $\langle T_\nu,F[\varphi]\rangle\to 0$, 这就是 $\langle F[T_\nu],\ \varphi\rangle\to 0$, 所以 $F[T_\nu]$ 也收敛于零. 于是, Fourier 变换是 $\mathscr{S}'(R^n)\to\mathscr{S}'(R^n)$ 的线性连续映照. 同理, Fourier 逆变换也是 $\mathscr{S}'(R^n)\to\mathscr{S}'(R^n)$ 的线性连续映照, 这就证明了定理. 证毕

广义函数的 Fourier 变换也将卷积运算转换成乘积运算, 将乘积运算转换成卷积运算. 但是由于任意两个 $\mathscr{S}'(R^n)$ 广义函数的卷积或乘积不一定存在, 所以广义函数范围中类似于 (3.8), (3.9) 式的等式成立是有条件的. 例如:

若 $\varphi\in\mathscr{S}(R^n)$, $T\in\mathscr{S}'(R^n)$, 则 $\varphi*T\in\mathscr{S}'(R^n)$ 且

$$F[\varphi*T]=F[\varphi]F[T].\tag{3.16}$$

事实上, 利用 (2.24) 式可得. 对于任一 $\psi\in\mathscr{S}(R^n)$, 必有

$$\begin{aligned}\langle F[\varphi*T],\ \psi\rangle&=\langle\varphi*T,\ F[\psi]\rangle\\&=\langle\langle T_\eta,\ \varphi(\xi-\eta)\rangle,\ \hat\psi(\xi)\rangle\\&=\langle T_\eta,\ \langle\varphi(\xi-\eta),\ \hat\psi(\xi)\rangle\rangle.\end{aligned}$$

若记 $\varphi_1(\xi)=\varphi(-\xi)$, 则 $\varphi_1=F[F^{-1}[\varphi_1]]=(2\pi)^{-n}F[F[\varphi]]$, 故利用前面的等式知

$$\begin{aligned}\langle F[\varphi*T],\ \psi\rangle&=\langle T,\ \varphi_1*F[\psi]\rangle\\&=(2\pi)^{-n}\langle T,\ F[F[\varphi]]*F[\psi]\rangle\end{aligned}$$

$$
\begin{aligned}
&=\langle T,\ F[F[\varphi]\psi]\rangle\\
&=\langle F[T],\ F[\varphi]\psi\rangle\\
&=\langle F[\varphi]F[T],\ \psi\rangle.
\end{aligned}
$$

这就得到了 (3.16) 式.

又如果 $R\in\mathscr{E}'(R^n)$, $T\in\mathscr{S}'(R^n)$, 则也可得 (3.16) 式, 请读者自行推算之, 亦可参见参考文献 [9].

例 3.2　求 δ 函数的 Fourier 变换.

对任意的 $\varphi\in\mathscr{S}(R^n)$, 成立

$$
\begin{aligned}
&\langle F[\delta(x-a)],\ \varphi\rangle=\langle\delta(x-a),\ F[\varphi]\rangle\\
&=\left\langle\delta(x-a),\ \int\varphi(\xi)\mathrm{e}^{-\mathrm{i}x\cdot\xi}\mathrm{d}\xi\right\rangle\\
&=\int\varphi(\xi)\mathrm{e}^{-\mathrm{i}a\cdot\xi}\mathrm{d}\xi\\
&=\langle\mathrm{e}^{-\mathrm{i}a\cdot\xi},\ \varphi\rangle,
\end{aligned}
$$

所以

$$
F[\delta(x-a)]=\mathrm{e}^{-\mathrm{i}a\cdot\xi}. \tag{3.17}
$$

特别地, 当 a 取 0 值时

$$
F[\delta(x)]=1. \tag{3.18}
$$

例 3.3　求函数 1 的 Fourier 变换.

对于任一 $\varphi\in\mathscr{S}(R^n)$, 记 $F[\varphi]=\psi$, 则 $F^{-1}[\psi]=\varphi$, 且有

$$
\begin{aligned}
\langle F[1],\ \varphi\rangle=\langle 1,\ F[\varphi]\rangle&=\int\psi(x)\mathrm{d}x\\
&=(2\pi)^n\int\psi(x)\mathrm{e}^{\mathrm{i}0\cdot x}đx=(2\pi)^n\varphi(0)\\
&=\langle(2\pi)^n\delta,\ \varphi\rangle,
\end{aligned}
$$

因此有

$$
F[1]=(2\pi)^n\delta. \tag{3.19}
$$

例 3.4　求 $\sin ax$ 的 Fourier 变换.

将 $\sin ax$ 写成 $\dfrac{1}{2\mathrm{i}}(\mathrm{e}^{\mathrm{i}ax}-\mathrm{e}^{-\mathrm{i}ax})$, 对任一 $\varphi\in\mathscr{S}(R^1)$, 仍记 $F[\varphi]=\psi$, 则

$$
\langle F[\mathrm{e}^{\mathrm{i}ax}],\ \varphi\rangle=\langle\mathrm{e}^{\mathrm{i}ax},\ F[\varphi]\rangle=\int\mathrm{e}^{\mathrm{i}ax}\psi(x)\mathrm{d}x
$$

$$= 2\pi \int \psi(x)\mathrm{e}^{\mathrm{i}ax} \text{đ}x = 2\pi\varphi(a)$$
$$= \langle 2\pi\delta(\xi - a),\ \varphi\rangle.$$

所以

$$F[\mathrm{e}^{\mathrm{i}ax}] = 2\pi\delta(\xi - a),$$

$$\begin{aligned} F[\sin ax] =& \frac{1}{2\mathrm{i}}(F[\mathrm{e}^{\mathrm{i}ax}] - F[\mathrm{e}^{-\mathrm{i}ax}]) \\ =& -\mathrm{i}\pi(\delta(\xi - a) - \delta(\xi + a)). \end{aligned} \tag{3.20}$$

例 3.5 求广义函数 P.V. $\left(\frac{1}{x}\right)$ 的 Fourier 变换 (参见例 2.7).

因为对于任意 $\varphi(x) \in \mathscr{S}(R^1)$, P.V. $\int \frac{1}{x}\varphi(x)\mathrm{d}x$ 是有意义的, 故 P.V. $\left(\frac{1}{x}\right) \in \mathscr{S}'(R^1)$. 令

$$f(\xi) = F\left[\text{P.V.}\left(\frac{1}{x}\right)\right](\xi),$$

由 Fourier 变换的微分性质知,

$$D_\xi f(\xi) = F\left[(-x)\left(\text{P.V.}\left(\frac{1}{x}\right)\right)\right].$$

注意到对任意 $\varphi(x) \in \mathscr{S}(R^1)$,

$$\begin{aligned} \left\langle x\left(\text{P.V.}\frac{1}{x}\right),\ \varphi(x)\right\rangle &= \lim_{\varepsilon\to 0}\int_{|x|\geqslant\varepsilon}\frac{x\varphi(x)}{x}\mathrm{d}x \\ &= \int \varphi(x)\mathrm{d}x = \langle 1,\ \varphi\rangle, \end{aligned}$$

故 $x\left(\text{P.V.}\frac{1}{x}\right) = 1$. 由此可得

$$D_\xi f(\xi) = F[-1] = -2\pi\delta(\xi).$$

由例 2.6 知 $\delta(\xi) = H'(\xi) = \left(\frac{1}{2}\mathrm{sgn}\xi + C\right)'$, 所以

$$f(\xi) = -\mathrm{i}\pi\mathrm{sgn}\xi + C,$$

其中 C 表示待定常数. 为确定常数 C, 将 $f(\xi)$ 作用于 $\mathrm{e}^{-\frac{1}{2}|\xi|^2}$. 利用 Parseval 等式以及例 3.1 知

$$\langle f(\xi),\ \mathrm{e}^{-\frac{1}{2}|\xi|^2}\rangle = \frac{1}{\sqrt{2\pi}}\left\langle \text{P.V.}\left(\frac{1}{x}\right),\ \mathrm{e}^{-\frac{1}{2}|x|^2}\right\rangle = 0.$$

所以常数 C 必须取为 0, 于是有

$$F\left[\text{P.V.}\left(\frac{1}{x}\right)\right] = -\mathrm{i}\pi\mathrm{sgn}\xi. \tag{3.21}$$

1.3.3 紧支集广义函数的 Fourier 变换

在上面讨论一般的 $\mathscr{S}'$ 广义函数 Fourier 变换的基础上, 我们进一步讨论具紧支集广义函数的 Fourier 变换, 给出以下两个定理.

定理 3.4 若 $T \in \mathscr{E}'(R^n)$, 则

$$F[T] = \langle T,\ \mathrm{e}^{-\mathrm{i}x\cdot\xi}\rangle. \tag{3.22}$$

证明 设 α_ε 为在 1.1 节中给出的 C_c^∞ 函数, 则根据定理 1.1 的系 3 可知 $T*\alpha_\varepsilon$ 为 $C_c^\infty(R^n)$ 函数, 因此利用 (2.24) 式可得

$$\begin{aligned}F[T*\alpha_\varepsilon] &= \langle T*\alpha_\varepsilon,\ \mathrm{e}^{-\mathrm{i}x\cdot\xi}\rangle\\ &= \langle\langle T_y,\ \alpha_\varepsilon(x-y)\rangle,\ \mathrm{e}^{-\mathrm{i}x\cdot\xi}\rangle\\ &= \langle T_y,\ \langle\alpha_\varepsilon(x-y),\ \mathrm{e}^{-\mathrm{i}x\cdot\xi}\rangle\rangle.\end{aligned}$$

但按 $C^\infty(R^n)$ 的拓扑,

$$\langle\alpha_\varepsilon(x-y),\ \mathrm{e}^{-\mathrm{i}x\cdot\xi}\rangle \to \mathrm{e}^{-\mathrm{i}y\cdot\xi},$$

所以对每个固定的 ξ, 成立

$$F[T*\alpha_\varepsilon] \to \langle T_x,\ \mathrm{e}^{-\mathrm{i}x\cdot\xi}\rangle.$$

不仅如此, 对于任一函数 $\varphi(\xi) \in C_c^\infty(R^n)$, 还同样可证

$$\langle F[T*\alpha_\varepsilon],\ \varphi\rangle = \langle T*\alpha_\varepsilon,\ \langle\mathrm{e}^{-\mathrm{i}x\cdot\xi},\ \varphi(\xi)\rangle\rangle$$

$$\to \langle T_x,\ \langle\mathrm{e}^{-\mathrm{i}x\cdot\xi},\ \varphi(\xi)\rangle\rangle = \langle\langle T_x,\ \mathrm{e}^{-\mathrm{i}x\cdot\xi}\rangle,\ \varphi(\xi)\rangle.$$

但我们已知

$$F[T*\alpha_\varepsilon] \to F[T] \quad (\mathscr{S}'(R^n)),$$

而极限是唯一的, 故

$$F[T] = \langle T_x,\ \mathrm{e}^{-\mathrm{i}x\cdot\xi}\rangle.$$

证毕

若 T 为 $\mathscr{E}'$ 的广义函数, ζ 在复空间 C^n 中变化, 则 $\langle T_x,\ \mathrm{e}^{-\mathrm{i}x\cdot\zeta}\rangle$ 也是 ζ 的复值函数, 如定理 2.6 的证明可知 $\langle T_x,\ \mathrm{e}^{-\mathrm{i}x\cdot\zeta}\rangle$ 的各阶导数存在, 于是它是 ζ 的解析函数, 这个解析函数称为广义函数 T 的 Fourier-Laplace **变换**.

定理 3.5 Paley-Wiener 定理.

(1) 若 $T \in \mathscr{E}'(R^n)$, 支集在 $|x| \leqslant A$ 中, 则 T 的 Fourier-Laplace 变换 $F(\zeta)$ 满足条件 (P_1): 存在 $N \geqslant 0$, $C > 0$ 使

$$|F(\zeta)| \leqslant C(1+|\zeta|)^N \mathrm{e}^{A|\mathrm{Im}\zeta|}. \tag{3.23}$$

又如果解析函数 $F(\zeta)$ 满足条件 (P_1), 则它必为某个 $T\in\mathscr{E}'(R^n)$ 的 Fourier-Laplace 变换, 且 T 的支集在 $|x|\leqslant A$ 中.

(2) 若 $T\in C_c^\infty(R^n)$, 支集在 $|x|\leqslant A$ 中, 则 T 的 Fourier-Laplace 变换 $F(\zeta)$ 满足条件 (P_2): 对任意的 N, 存在 $C_N>0$, 使

$$|F(\zeta)|\leqslant C_N(1+|\zeta|)^{-N}\mathrm{e}^{A|\mathrm{Im}\zeta|}. \tag{3.24}$$

又若解析函数 $F(\zeta)$ 满足条件 (P_2), 它必为某个 $C_c^\infty(R^n)$ 函数 T 的 Fourier-Laplace 变换, 且 T 的支集在 $|x|\leqslant A$ 中.

证明 根据定理两部分的正命题与逆命题, 分以下四步证明之.

(1) 设 $T\in\mathscr{E}'(R^n)$, $F(\zeta)=\langle T_x,\,\mathrm{e}^{-\mathrm{i}x\cdot\zeta}\rangle$. 根据定理 2.2 中所述 $\mathscr{E}'$ 广义函数的性质, 知存在 C, N 与紧集 K, 使

$$|\langle T,\,\varphi\rangle|\leqslant C\sum_{\substack{|\alpha|\leqslant N\\ x\in K}}\sup|D^\alpha\varphi|,$$

今取 ψ 为 $C^\infty(R^1)$ 函数, 它在 $\left(-\infty,\,\dfrac{1}{2}\right)$ 中为 1, 在 $(1,\infty)$ 中为 0, 并令

$$\varphi_\zeta(x)=\mathrm{e}^{-\mathrm{i}x\cdot\zeta}\psi(|\zeta|\,(|x|-A)),$$

那么, $\varphi_\zeta(x)$ 在 T 的支集 $|x|\leqslant A$ 的邻域中与 $\mathrm{e}^{-\mathrm{i}x\cdot\zeta}$ 一致, 于是有

$$|F(\zeta)|=|\langle T_x,\,\varphi_\zeta(x)\rangle|\leqslant C\sum_{\substack{|\alpha|\in N\\ x\in K}}\sup|D^\alpha\varphi_\zeta|, \tag{3.25}$$

但因为 $\varphi_\zeta(x)$ 的支集在 $|x|\leqslant A+\dfrac{1}{|\zeta|}$ 中, 所以

$$\left|\mathrm{e}^{-\mathrm{i}x\cdot\zeta}\right|\leqslant\mathrm{e}^{\left(A+\frac{1}{|\zeta|}\right)|\mathrm{Im}\zeta|}\leqslant\mathrm{e}^{A|\mathrm{Im}\zeta|+1},$$

而在 (3.25) 式中, 左端求导时至多出现一些 ζ 乘幂的因子, 由此知估计式 (3.23) 成立.

(2) 设 $T\in C_c^\infty(R^n)$, $F(\zeta)=\langle T_x,\,\mathrm{e}^{-\mathrm{i}x\cdot\zeta}\rangle$, 则对任一重指标 k, 有

$$\zeta^kF(\zeta)=\langle T_x,\,(-1)^{|k|}D_x^k\mathrm{e}^{-\mathrm{i}x\cdot\zeta}\rangle=\langle D^kT_x,\,\mathrm{e}^{-\mathrm{i}x\cdot\zeta}\rangle,$$

$$\left|\zeta^kF(\zeta)\right|\leqslant\int_{x\leqslant A}D^kT\cdot\mathrm{e}^{-\mathrm{i}x\cdot\zeta}\mathrm{d}x\leqslant C_k\mathrm{e}^{A|\mathrm{Im}\zeta|},$$

因此, 对任意的 N, 可得 $C_N>0$, 使

$$(1+|\zeta|)^N\,|F(\zeta)|\leqslant C_N\mathrm{e}^{A|\mathrm{Im}\zeta|},$$

从而有

$$|F(\zeta)| \leqslant C_N(1+|\zeta|)^{-N}\mathrm{e}^{A|\mathrm{Im}\zeta|}.$$

(3) 若条件 (P_2) 成立, 当 ζ 取实值 ξ 时, $F(\xi)$ 在无穷远处比 $|\xi|$ 的任意幂次都要减少得快, 所以可以定义函数

$$T(x)=\int F(\xi)\mathrm{e}^{\mathrm{i}x\cdot\xi}đ\xi, \tag{3.26}$$

利用 $F(\xi)$ 在无穷远处的性质知被积函数对 x 的任意次导数都是绝对一致收敛的, 因此 $T(x)$ 为 C^∞ 函数.

我们指出, (3.26) 式右端可改写为

$$\int F(\xi+\mathrm{i}\eta)\mathrm{e}^{\mathrm{i}x\cdot(\xi+\mathrm{i}\eta)}đ\xi.$$

因为重积分可按累次积分计算, 故不妨对 $n=1$ 的情形来说明这一点. 对于固定的 η_0, 当 $|\eta|<|\eta_0|$ 时

$$|F(\zeta)| \leqslant C_N(1+|\zeta|)^{-N}\mathrm{e}^{A|\eta|} \leqslant C_N\mathrm{e}^{A|\eta_0|}(1+|\xi|)^{-N},$$

所以当 $|\xi|\to\infty$ 时,

$$\int_{\xi}^{\xi+\mathrm{i}\eta_0} F(\zeta)\mathrm{e}^{\mathrm{i}x\cdot\zeta}đ\eta \to 0,$$

故利用复变函数中围道积分的知识可得

$$\begin{aligned} T(x) &= \int F(\xi)\mathrm{e}^{\mathrm{i}x\cdot\xi}đ\xi \\ &= \int F(\xi+\mathrm{i}\eta)\mathrm{e}^{\mathrm{i}x\cdot(\xi+\mathrm{i}\eta)}đ\xi, \end{aligned}$$

所以

$$\begin{aligned} |T(x)| &\leqslant \int \left|F(\zeta)\mathrm{e}^{\mathrm{i}x\cdot\zeta}\right|đ\xi \\ &\leqslant C_n'\mathrm{e}^{A|\eta|-x\cdot\eta}\int_{R^n}(1+|\xi|)^{-n-1}đ\xi, \end{aligned}$$

取 $\eta=t\dfrac{x}{|x|}$(t 为正实数), 则得

$$|T(x)| \leqslant C\mathrm{e}^{(A-|x|)t},$$

当 $|x|>A$ 时, 令 $t\to\infty$, 得 $T(x)=0$, 这就说明 $T(x)$ 为 C_c^∞ 函数, 其支集含于 $|x|\leqslant A$ 中.

(4) 若条件 (P_1) 成立, 则当 ζ 取实值 ξ 时, $F(\xi)$ 在无穷远处的增长被一个幂函数所控制, 故 $F(\xi)\in\mathscr{S}'(R^n)$, 我们取 T 为 $F(\xi)$ 的 Fourier 逆变换.

作 $T_\varepsilon=T*\alpha_\varepsilon$, 仿照定理 3.4 的证明, 可以导出

$$\begin{aligned}F[T*\alpha_\varepsilon]&=\langle T_y,\ \langle\alpha_\varepsilon(x-y),\ \mathrm{e}^{-\mathrm{i}x\cdot\xi}\rangle\rangle\\&=\langle T_y,\ \langle\alpha_\varepsilon(x),\ \mathrm{e}^{-\mathrm{i}(x+y)\cdot\xi}\rangle\rangle\\&=F[T]\cdot F[\alpha_\varepsilon],\end{aligned}$$

上式中 ξ 改为复变量 ζ 也是成立的. 由于等式右端均为解析函数, 故 $F[T*\alpha_\varepsilon]$ 也解析. 因此, 不妨把 $F[T*\alpha_\varepsilon]$, $F[T]$, $F[\alpha_\varepsilon]$ 视为相应的 Fourier-Laplace 变换. 由于 $F[T]$ 满足 (3.23) 型的估计式, $F[\alpha_\varepsilon]$ 满足 (3.24) 型的估计式. 因此, 对任意正整数 M, 成立

$$\begin{aligned}&|F[T*\alpha_\varepsilon]|=|F[T]|\cdot|F[\alpha_\varepsilon]|\\\leqslant&C(1+|\zeta|)^N\mathrm{e}^{A|\mathrm{Im}\zeta|}\cdot C'_M(1+|\zeta|)^{-N-M}\mathrm{e}^{\varepsilon|\mathrm{Im}\zeta|}\\\leqslant&C''_M(1+|\zeta|)^{-M}\mathrm{e}^{(A+\varepsilon)|\mathrm{Im}\zeta|},\end{aligned}$$

由 (3) 已证得的结论可知 $T*\alpha_\varepsilon$ 是一个支集在 $|x|\leqslant A+\varepsilon$ 中的 C^∞ 函数. 但 $T*\alpha_\varepsilon\to T$, 而 ε 又可为任意小, 因而 T 的支集不可能在 $|x|\leqslant A$ 之外. 证毕

1.3.4 拟微分算子

我们知道, 微分算子是现代数学中应用最广泛的一类线性算子. 其重要性众所周知. 利用 Fourier 变换可以将微分算子的概念推广, 使之本身能像通常函数那样进行初等运算, 从而能更灵活地处理各类问题.

设在空间 R^n 中给定一个具 C^∞ 系数的线性微分算子 $P=p(x,D)$, 它可表示为

$$p(x,\ D)=\sum_{|\alpha|\leqslant M}a_\alpha(x)D^\alpha,\tag{3.27}$$

则由 Fourier 变换的性质知

$$p(x,D)u=\int\mathrm{e}^{\mathrm{i}\langle x,\xi\rangle}p(x,\ \xi)\hat{u}(\xi)\text{đ}\xi.\tag{3.28}$$

在 (3.28) 式中的 $p(x,\ \xi)$ 为 ξ 的多项式. 今可以对更一般的函数 $a(x,\ \xi)$, 仿照 (3.28) 式定义一类新的算子.

定义 3.2 该函数 $a(x,\ \xi)\in C^\infty(R^n_x\times R^n_\xi)$, 且对任意重指标 α, β, 成立

$$\left|\partial_\xi^\alpha\ \partial_x^\beta\ a(x,\ \xi)\right|\leqslant C_{\alpha,\,\beta}(1+|\xi|)^{m-|\alpha|},\tag{3.29}$$

其中 $C_{\alpha,\beta}$ 为常数, 则称 a 为 S^m 类函数, 记为 $a \in S^m$.

定义 3.3　若函数 $a(x,\ \xi) \in S^m$, 则可以定义 $\mathscr{S}(R^n) \to \mathscr{S}(R^n)$ 的线性连续映射 A 为

$$Au(x) = \int e^{i\langle x,\xi\rangle} a(x,\ \xi)\hat{u}(\xi) đ\xi, \tag{3.30}$$

算子 A 称为**拟微分算子**, 并记为 $A = a(x,\ D)$, 而 $a(x,\ \xi)$ 称为 A 的**象征**.

当 $a(x,\ \xi)$ 仅依赖于变量 ξ 时, 算子 $a(D)$ 也称为 **Fourier 乘子**.

定理 3.6　按 (3.30) 式定义的拟微分算子 $a(x,\ D)$ 是 $\mathscr{S}(R^n) \to \mathscr{S}(R^n)$ 的线性连续算子. 它还可以唯一地延拓成为 $\mathscr{S}'(R^n) \to \mathscr{S}'(R^n)$ 的线性连续算子, 其中, $\mathscr{S}'(R^n)$ 中的收敛按序列弱收敛的意义理解.

证明　定理的前半部分证明比较简单, 我们将它留作习题. 今证明后半部分, 对于 $u \in \mathscr{S}'(R^n)$, 我们按下式给出 $a(x,\ D)u$:

$$\langle a(x,D)u, v\rangle_x = \left\langle \hat{u}(\xi),\ \frac{1}{(2\pi)^n}\int e^{ix\cdot\xi} v(x)a(x,\ \xi)dx \right\rangle_\xi, \quad \forall v \in \mathscr{S}(R^n), \tag{3.31}$$

这里 $\langle\cdot,\cdot\rangle_x$, $\langle\cdot,\cdot\rangle_\xi$ 分别表示在 R^n_x 与 R^n_ξ 中的对偶积. 由于 $u \in \mathscr{S}'(R^n_x)$, 故 $\hat{u} \in \mathscr{S}'(R^n_\xi)$, 所以为说明 (3.31) 有意义, 必须证明 $p_v(\xi) \equiv \int e^{i\langle x,\xi\rangle} v(x)a(x,\xi)dx \in \mathscr{S}(R^n_\xi)$, 且当 $v_j \to 0(\mathscr{S}(R^n_x))$ 时有 $p_{v_j} \to 0\ (\mathscr{S}(R^n_\xi))$.

事实上, 由于 $v(x)$ 是速降函数, 而 $a(x,\ \xi)$ 满足 (3.29), 故对任意重指标 α, β, 有

$$\begin{aligned}
&\left|\xi^\alpha \int e^{i\langle x,\xi\rangle} v(x)a(x,\xi)dx\right| \\
=&\left|\int (D_x^\alpha e^{i\langle x,\xi\rangle}) v(x)a(x,\ \xi)dx\right| \\
=&\left|\int e^{i\langle x,\xi\rangle} D_x^\alpha (v(x)a(x,\ \xi))dx\right| \\
\leqslant& C_{a,v}(1+|\xi|)^m, \\
&\left|D_\xi^\beta \int e^{i\langle x,\ \xi\rangle} v(x)a(x,\ \xi)dx\right| \\
=&\left|\int e^{i\langle x,\ \xi\rangle} v(x)\ (x+D_\xi)^\beta a(x,\ \xi)dx\right| \\
\leqslant& C'_{\beta,v}(1+|\xi|)^m.
\end{aligned}$$

同样地易得 $\left|\xi^\alpha D_\xi^\beta p_v(\xi)\right| \leqslant C_{\alpha,\beta,v}(1+|\xi|)^m$, 而由于 m 为固定数, α, β 为任意重指标, 这就得到了 $p_v\ (\xi) \in \mathscr{S}(R^n_\xi)$, 又当序列 $v_j \to 0\ (\mathscr{S}(R^n_x))$ 时, C_{α,β,v_j} 关于 j 是一致的. 故得 $p_{v_j} \to 0(\mathscr{S}(R^n_\xi))$.

为说明 $a(x,\ D)$ 的连续性, 取序列 $u_k \to 0\ (\mathscr{S}'(R_x^n))$, 则 $\hat{u}_k \to 0\ (\mathscr{S}'(R_\xi^n))$, 因此对任意 $v \in \mathscr{S}(R_x^n)$, 由 $p_v(\xi) \in \mathscr{S}(R_\xi^n)$ 知,

$$\left\langle \hat{u}_k(\xi),\ \frac{1}{(2\pi)^n}\int \mathrm{e}^{\mathrm{i}\langle x,\xi\rangle} v(x)a(x,\ \xi)\mathrm{d}x \right\rangle_\xi \to 0,$$

从而

$$\langle a(x,D)u_k,\ v\rangle_x \to 0,$$

所以 $a(x,\ D)$ 是 $\mathscr{S}'(R_x^n) \to \mathscr{S}'(R_x^n)$ 的线性连续映射.

由 $\mathscr{S}(R^n)$ 在 $\mathscr{S}'(R^n)$ 中的稠密性可知, 上述延拓是唯一的. 证毕

函数类 S^m 是多项式的推广, 它所包含的元素要比多项式广泛得多. 相应地, 拟微分算子类也要比微分算子类更为广泛, 它的全体构成一个算子代数. 而且根据不同场合的需要, 还可以通过扩大象征函数类与 S^m 将拟微分算子类作进一步的拓广. 一个重要的事实是拟微分算子的运算往往可以通过其象征的运算来实现. 这就克服了微分算子只能作加法与乘法 (复合) 的限制. 将偏微分方程的求解视为偏微分算子的求逆, 而通过象征运算加以实现, 使得拟微分算子成为现代偏微分方程理论中一个强有力的工具. 此外, 拟微分算子在现代分析理论的其他问题中也发挥着重要的作用. 对此有兴趣的读者可参阅文献 [1], [22] 等.

习 题

1. 计算下列函数的 Fourier 变换:

(1) $\mathrm{e}^{-a|x|}$;　　(2) $\dfrac{1}{a^2+x^2}$;

(3) e^{-ax^2};　　(4) $2x^2+x+1$;

(5) $x^a H(x)$;　　(6) $\log|x|$;

(7) $P(x)\mathrm{e}^{ax}$ ($P(x)$ 为 x 的多项式, a 为纯虚数).

2. 证明当 $f, g \in \mathscr{S}(R^n)$ 时,

$$F^{-1}[f*g] = (2\pi)^n(F^{-1}[f])(F^{-1}[g]).$$

3. 设 $f \in \mathscr{S}'(R^n)$, 试证下列诸条件等价:

(1) $D^\alpha f \in L^2(R^n), \forall\,|\alpha| \leqslant m$;

(2) $\xi^\alpha \hat{f}(\xi) \in L^2(R^n), \forall\,|\alpha| \leqslant m$;

(3) $P(\xi)\hat{f}(\xi) \in L^2(R^n)$ 对所有次数 $\leqslant m$ 的多项式 $P(\xi)$ 成立;

(4) $(1+|\xi|^2)^{\frac{m}{2}}\hat{f}(\xi) \in L^2(R^n)$.

4. 设 $S \in \mathscr{S}'(R^n)$, $T \in \mathscr{E}'(R^n)$. 试证

$$F[T*S] = F[T]\cdot F[S].$$

5. 试证任一 L^1 可积函数的 Fourier 变换为连续函数.

6. 设 $f(x)\in L^2(R^1)$, 则下述两条件等价.

(1) 对任意的 $b<a$, $\mathrm{e}^{b|x|}f(x)\in L^2(R^1)$.

(2) $\hat{f}(\xi+\mathrm{i}\eta)$ 在 $|\eta|<a$ 内解析, 且有不等式

$$\sup_{|\eta|\leqslant b<a}\int_{-\infty}^{\infty}\left|\hat{f}(\xi+\mathrm{i}\eta)\right|^2\mathrm{d}\xi\leqslant C(b)<+\infty.$$

7. 试计算下列二元广义函数的 Fourier 变换:

(1) $H(x)H(y)$;

(2) $\dfrac{y}{(1+x^2)(1+y^2)}$;

(3) $x\mathrm{e}^{-\pi y^2}$;

(4) $\delta'(x)\mathrm{e}^{-\frac{y^2}{2}}$.

8. 若$a(x,\ \xi)=\dfrac{p(x,\ \xi)}{q(x,\ \xi)}$, 其中 $p(x,\ \xi)$, $q(x,\ \xi)$ 分别是 ξ 的 m_p, m_q 次多项式, 满足 (3.29) 式 (其中 m 分别取 m_p 与 m_q), 又 $q(x,\ \xi)\geqslant C_0>0$ 对一切 x, ξ 成立, 试证对某个整数 l, 有 $a(x,\ \xi)\in S^l$.

9. 证明: 按 (3.30) 式定义的拟微分算子 $a(x,\ D)$ 将 $\mathscr{S}(R^n)$ 映射到 $\mathscr{S}(R^n)$.

1.4　Sobolev 空间

本节介绍 Sobolev 空间, 它在现代分析理论特别是偏微分方程理论中应用十分广泛. 从历史上来说, Sobolev 空间的引入与有关理论的建立要比 Schwartz 广义函数理论更早一些, 但是广义函数理论的建立使人们可以用更简练的方式叙述 Sobolev 空间的理论, 并扩大了其应用范围. 近年来 Sobolev 空间的理论及其应用均已发展得相当成熟与深入. 特别是在偏微分方程学科领域, Sobolev 空间理论已成为必备的工具. 由于 Sobolev 空间理论的内容已十分丰富与深入, 有些书 (如 [8]) 就对此理论做了很详细的介绍. 限于篇幅, 我们在本书中只择此理论的主要思想与内容加以介绍.

1.4.1　非负整指数 Sobolev 空间 $H^{m,p}$

定义 4.1　设 $\Omega\subset R^n$ 是一给定的区域, 对 $m\geqslant 0$, $1\leqslant p\leqslant\infty$ 定义 Sobolev 空间 $H^{m,p}(\Omega)$ 为满足条件

$$D^\alpha u\in L^p(\Omega),\quad |\alpha|\leqslant m \tag{4.1}$$

的广义函数 u 的全体所构成的集合, 并装备以范数

$$\|u\|_{H^{m,p}(\Omega)} = \left(\sum_{|\alpha| \leqslant m} \|D^\alpha u\|_{L^p(\Omega)}^p \right)^{\frac{1}{p}}, \quad 1 \leqslant p < \infty, \tag{4.2}$$

$$\|u\|_{H^{m,\infty}(\Omega)} = \max_{|\alpha| \leqslant m} \|D^\alpha u\|_{L^\infty(\Omega)}. \tag{4.3}$$

特别地, 当 $p = 2$ 时, 记 $H^{m,2}(\Omega)$ 为 $H^m(\Omega)$. 这时可引进内积

$$(u,\ v)_m = \sum_{|\alpha| \leqslant m} (D^\alpha u,\ D^\alpha v)_{L^2(\Omega)}. \tag{4.4}$$

$H^{m,p}(\Omega)$ 空间在有些书中也常记为 $W^{m,p}(\Omega)$.

定理 4.1 $H^{m,p}(\Omega)$ 为 Banach 空间.

证明 从定义直接可知 $H^{m,p}(\Omega)$ 为线性赋范空间, 现在证明它是完备的. 若有 $\{u_j\}$ 为 $H^{m,p}(\Omega)$ 的 Cauchy 序列, 则 $\{D^\alpha u_j\}(|\alpha| \leqslant m)$ 都是 $L^p(\Omega)$ 的 Cauchy 序列, 由 $L^p(\Omega)$ 的完备性知

$$D^\alpha u_j \to g^\alpha(L^p(\Omega)),$$

所以在对于任意的 $\varphi \in C_c^\infty(\Omega)$ 成立的等式

$$\langle D^\alpha u_j, \varphi\rangle = (-1)^{|\alpha|}\langle u_j,\ D^\alpha \varphi\rangle,$$

两边取极限, 并记 $u = g^0$, 即可得

$$\langle g^\alpha,\ \varphi\rangle = (-1)^{|\alpha|}\langle u,\ D^\alpha \varphi\rangle.$$

所以 $D^\alpha u = g^\alpha \in L^p(\Omega)$, $u \in H^{m,p}(\Omega)$, 而且 $u_j \to u(H^{m,p}(\Omega))$. 证毕

根据 $H^{m,p}(\Omega)$ 的定义, 易得如下诸性质:

(1) $H^{0,p}(\Omega) = L^p(\Omega)$;

(2) 若 $m_1 \geqslant m_2 \geqslant 0$, 则 $H^{m_1,p}(\Omega) \subset H^{m_2,p}(\Omega)$;

又若 $p_1 \geqslant p_2 \geqslant 1$, 且 Ω 为有界区域, 则 $H^{m,p_1}(\Omega) \subset H^{m,p_2}(\Omega)$.

(3) 若 $u \in H^{m,p}(\Omega)$, $|\beta| \leqslant m$, 则

$$D^\beta u \in H^{m-|\beta|,p}(\Omega); \tag{4.5}$$

(4) 若 $P(x, D) = \sum_{|\alpha| \leqslant m} a_\alpha(x) D^\alpha$ 为具有 $C^\infty(\bar{\Omega})$ 系数的线性偏微分算子, $u \in H^{s,p}(\Omega)$, 且 Ω 为有界区域, 则当 $s \geqslant m$ 时

$$P(x, D)u \in H^{s-m,p}(\Omega); \tag{4.6}$$

(5) 若 $\tau: \Omega_x \to \omega_y$ 是一个 C^∞ 变换, 其逆变换 τ^{-1} 也属于 C^∞, 且两个变换所对应的 Jacobi 行列式在 $\bar{\Omega}_x$ 与 $\bar{\omega}_y$ 上有界, 又 $u \in H^{m,p}(\Omega_x)$, 则 $u(x)$ 经变换 τ 所导出的函数 $v(y) = u(\tau^{-1}(y))$ 属于 $H^{m,p}(\omega_y)$.

在以后的讨论中, 我们一般只要求所讨论的区域 Ω 有界, 且边界 $\partial\Omega$ 为 C^∞ 光滑. 这里 C^∞ 光滑的含义是: 对任意 $x \in \partial\Omega$, 存在 x 的邻域 U, 使 $U \cap \partial\Omega$ 可用 $x_j = \varphi(x_1, \cdots, x_{j-1}, x_{j+1}, \cdots, x_n)$ 表示, 其中 j 为满足 $1 \leqslant j \leqslant n$ 的某个正整数, 而且函数 φ 是 C^∞ 函数. 易知, 当区域 Ω 有界时, 边界 $\partial\Omega$ 是紧集, 从而可找到有限个开集 $U_1, \cdots, U_N$ 覆盖边界 $\partial\Omega$. 这个事实在以下的讨论中常会用到.

定理 4.2 若 Ω 为具有 C^∞ 边界的有界区域, 则任意的 $H^{m,p}(\Omega)$ 函数 u 都可以用 $C^\infty(\bar{\Omega})$ 函数来逼近. 亦即存在 $C^\infty(\bar{\Omega})$ 函数列 $\{u^{(\nu)}\}$, 使 $u^{(\nu)} \to u(H^{m,p}(\Omega))$.

证明 由边界$\partial\Omega$ 所满足的性质知, 存在有限个开集 $U_1, \cdots, U_N$ 覆盖边界 $\partial\Omega$. 再作 U_0 使$\Omega \Big\backslash \bigcup\limits_{i=1}^{N} U_i \subset U_0$, 且 $\overline{U}_0 \subset \Omega$, 设 $1 \equiv \sum_{i=0}^N \eta_i$ 是从属于 $\{U_i\}$ 的单位分解, $\eta_i \in C_c^\infty(U_i)$, 令 $u_i = \eta_i u$, 则 $u = \sum_{i=0}^N u_i$, 且 $u_i \in H^{m,p}(U_i)$. 如果我们对每个 u_i 都能找到 $u_i^{(\nu)}$, 使 $u_i^{(\nu)} \in C^\infty(\bar{\Omega})$, 且 $u_i^{(\nu)} \to u_i(H^{m,p}(\Omega))$ 成立, 则只要令

$$u^{(\nu)} = \sum_{i=0}^{N} u_i^{(\nu)},$$

它就是所需之序列.

当 $i = 0$ 时, U_0 对应于内部区域, 作

$$u_{0\varepsilon}(x) = \frac{1}{\varepsilon^n} \int \alpha\left(\frac{x_1 - x_1'}{\varepsilon}\right) \cdots \alpha\left(\frac{x_n - x_n'}{\varepsilon}\right) u_0(x')\mathrm{d}x', \tag{4.7}$$

式中 $\alpha(s)$ 为 1.1 节例 1.1 中引入的函数. 则当 ε 充分小时, $u_{0\varepsilon}(x) \in C^\infty(\Omega)$, 又对任意满足 $|\beta| \leqslant m$ 的重指标 β,

$$\begin{aligned}
\partial_x^\beta u_{0\varepsilon}(x) &= \frac{1}{\varepsilon^n} \int \partial_x^\beta \left(\alpha\left(\frac{x_1 - x_1'}{\varepsilon}\right) \cdots \alpha\left(\frac{x_n - x_n'}{\varepsilon}\right)\right) u_0(x')\mathrm{d}x' \\
&= \frac{(-1)^{|\beta|}}{\varepsilon^n} \int \partial_{x'}^\beta \left(\alpha\left(\frac{x_1 - x_1'}{\varepsilon}\right) \cdots \alpha\left(\frac{x_n - x_n'}{\varepsilon}\right)\right) u_0(x')\mathrm{d}x' \\
&= \frac{1}{\varepsilon^n} \int \alpha\left(\frac{x_1 - x_1'}{\varepsilon}\right) \cdots \alpha\left(\frac{x_n - x_n'}{\varepsilon}\right) \partial_{x'}^\beta u_0(x')\mathrm{d}x'.
\end{aligned}$$

因为 $\partial_{x'}^\beta u_0(x') \in L^p(\Omega)$, 且 $u_0(x')$ 在 U_0 外为 0, 所以由定理 1.1 知, 在 $L^p(\Omega)$ 中

$$\partial_x^\beta u_{0\varepsilon}(x) \to \partial_x^\beta u_0(x) \quad (|\beta| \leqslant m),$$

这就是 $u_{0\varepsilon} \to u_0(H^{m,p}(\Omega))$.

再考察边界区域 U_i 的情形, 此时 $i>0$. 当每个 U_i 足够小时, 我们可以把 Ω 位于 U_i 中的边界展平, 也即可以作一个自变量变换 $\tau: x \to y$, 使得 U_i 中区域 Ω 的边界 $x_n=\varphi(x_1,\cdots,x_{n-1})$(为确定起见, 不妨设 x_n 可以表示为 $x_1,\cdots,x_{n-1}$ 的 C^∞ 函数形式) 变为 $y_n=0$. 事实上,

$$\begin{cases} y_j = x_j, & 1 \leqslant j \leqslant n-1, \\ y_n = x_n - \varphi(x_1,\cdots,x_n). \end{cases} \tag{4.8}$$

就是欲求之变换, 至多再加一个压缩变换, 就可以把区域 $U_i \cap \Omega$ 变到 y 空间的单位半球$B_+:\left\{y;\ y_n>0,\ \sum_{j=1}^n y_j^2<1\right\}$ 中, 且将 $U_i\cap\partial\Omega$ 变换到 $y_n=0$ 上.

根据前面所述的 Sobolev 空间 $H^{m,p}(\Omega)$ 的性质知,

$$v(y)=u_i(\tau^{-1}(y))\in H^{m,p}(B_+),$$

且由于 $v(y)$ 的支集与 $\sum_{j=1}^n y_j^2=1$ 不相交, 就可以将 $v(y)$ 零延拓到 R_+^n 中, 仍有 $v(y)\in H^{m,p}(R_+^n)$. 作

$$v_\varepsilon(y)=\frac{1}{\varepsilon^n}\int \alpha\left(\frac{y_1-y_1'}{\varepsilon}\right)\cdots\alpha\left(\frac{y_{n-1}-y_{n-1}'}{\varepsilon}\right)\alpha\left(\frac{y_n-y_n'+2\varepsilon}{\varepsilon}\right)v(y')\mathrm{d}y', \tag{4.9}$$

它可视为函数 $v(y')$ 的带权积分平均. 根据函数 α 的支集特性可知, 对于固定的 $(y_1,\cdots,y_n)$ 点, 作 v 积分平均的区域是

$$y_j-\varepsilon\leqslant y_j'\leqslant y_j+\varepsilon \quad (j\leqslant n-1),$$

$$y_n+\varepsilon\leqslant y_n'\leqslant y_n+3\varepsilon.$$

由于对 v 作积分平均的区域是中心往 $y_n>0$ 方向移动了 2ε 的立方体, 故对于 R_+^n 中任一点作 (4.9) 型的积分平均时, 积分区域不会与下半平面 R_-^n 相交. 从而以 (4.9) 作为 $v_\varepsilon(y)$ 的定义是合理的, 有 $v_\varepsilon(y)\in C^\infty(\bar{R}_+^n)$.

根据以上对 (4.9) 式中被积函数支集的分析, 还可以用分部积分公式计算 $v_\varepsilon(y)$ 的导数:

$$\begin{aligned}
\partial^\beta v_\varepsilon(y) &= \frac{1}{\varepsilon^n}\int \partial_y^\beta\left(\alpha\left(\frac{y_1-y_1'}{\varepsilon}\right)\cdots\alpha\left(\frac{y_{n-1}-y_{n-1}'}{\varepsilon}\right)\alpha\left(\frac{y_n-y_n'+2\varepsilon}{\varepsilon}\right)\right)v(y')\mathrm{d}y' \\
&= \frac{(-1)^{|\beta|}}{\varepsilon^n}\int \partial_{y'}^\beta\left(\alpha\left(\frac{y_1-y_1'}{\varepsilon}\right)\cdots\alpha\left(\frac{y_{n-1}-y_{n-1}'}{\varepsilon}\right)\alpha\left(\frac{y_n-y_n'+2\varepsilon}{\varepsilon}\right)\right)v(y')\mathrm{d}y' \\
&= \frac{1}{\varepsilon^n}\int \alpha\left(\frac{y_1-y_1'}{\varepsilon}\right)\cdots\alpha\left(\frac{y_{n-1}-y_{n-1}'}{\varepsilon}\right)\alpha\left(\frac{y_n-y_n'+2\varepsilon}{\varepsilon}\right)\partial_{y'}^\beta v(y')\mathrm{d}y'.
\end{aligned}$$

利用定理 1.1 中同样方法可以证明, 若 $\partial_y^\beta v\in L^p(R_+^n)$, 则

$$\partial_y^\beta v_\varepsilon\to\partial_y^\beta v(L^p(R_+^n)),$$

因此, 由 $v \in H^{m,p}(R_+^n)$ 可以得知 $v_\varepsilon \to v(H^{m,p}(R_+^n))$ 成立. 回到变量 x, 可得

$$u_{i\varepsilon}(x) = v_\varepsilon(y(x)) \in C^\infty(\overline{U_i \cap \Omega}),$$

$$u_{i\varepsilon} \to u_i(H^{m,p}(U_i \cap \Omega)).$$

最后, 取$\varepsilon_\nu \to 0$, 并作 $u^{(\nu)} = \sum_{i=0}^N u_{i\varepsilon_\nu}$. 结合前面关于 U_0 与边界区域 $U_i(i>0)$ 的分析可知 $u^{(\nu)}$ 即本定理结论中所需之函数列.

定理 4.2 说明 $H^{m,p}(\Omega)$ 空间可以通过 $C^\infty(\overline{\Omega})$ 函数按 $\|\cdot\|_{m,p}$ 模的意义下的基本序列进行完备化得到. 这可以简称为 $H^{m,p}(\Omega)$ 是 $C^\infty(\overline{\Omega})$ 的强扩张. 而定义 4.1 中通过广义函数来定义 Sobolev 空间的方法, 称为 $C^\infty(\overline{\Omega})$ 的弱扩张. 故定理 4.2 可以简述为: 当 Ω 是具有光滑边界的有界区域时, $C^\infty(\overline{\Omega})$ 的弱扩张与强扩张一致.

定理 4.2 的证明中所用到的技巧是偏微分方程中常用的方法, 也简称为**局部化与展平**的技巧, 在本书往后的讨论中也会经常用到, 请读者细心体会与掌握. 又对于 Ω 为无界区域的情形, 可以将上述定理的证明稍作修改而得到同样的结论. 但当 Ω 的边界不光滑时, 一般来说, 结论要弱一些.

定理 4.3　对于任意的区域 $\Omega \subset R^n$, 若 $u \in H^{m,p}(\Omega)$, 则存在 $C^\infty(\Omega)$ 函数列 $\{u^{(\nu)}\}$, 使 $u^{(\nu)} \to u(H^{m,p}(\Omega))$.

证明　令 $\{\Omega_\nu\}$ 是 Ω 的相对紧的子区域序列, 它们满足

$$\Omega_1 \subset\subset \Omega_2 \subset\subset \cdots \subset\subset \Omega_\nu \subset\subset \cdots \to \Omega,$$

再令 $\Omega_1' = \Omega_1$, $\Omega_2' = \Omega_2$, 以及当 $\nu > 2$ 时 $\Omega_\nu' = \Omega_\nu - \bar{\Omega}_{\nu-2}$, 则 $\{\Omega_\nu'\}$ 构成 Ω 的一个开覆盖, 且 Ω 中任一点至多属于 $\{\Omega_\nu'\}$ 中的两个. 现在令 $\{\varphi_\nu\}$ 是从属于 $\{\Omega_\nu'\}$ 的单位分解: $1 \equiv \sum \varphi_\nu$, $\varphi_\nu \in C_c^\infty(\Omega_\nu')$, 对每个 ν 可以取 ε_ν 充分小, 使 $\operatorname{supp} \varphi_\nu$ 的 ε_ν 邻域 $\{x|\, d(x, \operatorname{supp} \varphi_\nu) < \varepsilon_\nu\}$ 的闭包含于 Ω_ν' 中, 记

$$v_\nu = \alpha_{\varepsilon_\nu} * (\varphi_\nu u),$$

其中

$$\alpha_{\varepsilon_\nu}(x) = \frac{1}{\varepsilon_\nu^n} \alpha\left(\frac{x}{\varepsilon_\nu}\right)$$

为 1.1 节中引入的 C_c^∞ 函数, 则由定理 4.2 证明的第一部分可知, 对于给定的 $\varepsilon > 0$, 可以取 ε_ν 充分小, 使得

$$\|\varphi_\nu u - v_\nu\|_{H^{m,p}} \leqslant \varepsilon \cdot 2^{-\nu-1}. \tag{4.10}$$

令 $v = \sum_{\nu=1}^\infty v_\nu$, 由于对每个 $x \in \Omega$, 至多属于两个 $\operatorname{supp} v_\nu$, 所以这个无穷和式实质上只是有限和, 故 $v \in C^\infty(\Omega)$. 又对于任一紧集 K, 它只和有限个 Ω_ν' 相交, 不妨

设仅当 $\nu < \nu(K)$ 时 $K \cap \Omega'_\nu \neq \varnothing$, 则有

$$\begin{aligned}&\left\{\sum_{|\alpha|\leqslant m}\int_K |\partial_x^\alpha(u-v)|^p \mathrm{d}x\right\}^{\frac{1}{p}}\\ \leqslant &\sum_{\nu<\nu(K)}\left\{\sum_{|\alpha|\leqslant m}\int_K |\partial_x^\alpha(\varphi_\nu u-v_\nu)|^p \mathrm{d}x\right\}^{\frac{1}{p}}\\ \leqslant &\sum_{\nu<\nu(K)}\|\varphi_\nu u-v_\nu\|_{H^{m,p}}<\varepsilon.\end{aligned}$$

由 K 的任意性即知 $u-v\in H^{m,p}(\Omega)$, 从而 $v\in H^{m,p}(\Omega)$. 至此, 我们已指出, 对任意给定的 $\varepsilon>0$, 存在 $v\in C^\infty(\Omega)\cap H^{m,p}(\Omega)$, 使 $\|u-v\|_{H^{m,p}}<\varepsilon$, 这就立刻得到定理所需的结论. 证毕

这一定理也说明, $H^{m,p}(\Omega)$ 也可定义为使范数 (4.2) 有界的 $C^\infty(\Omega)$ 函数按范数 (4.2) 完备化所得的空间.

定义 4.2 $C_c^\infty(\Omega)$ 函数按范数 (4.2) 完备化所得到的空间称为 $H_0^{m,p}(\Omega)$.

当 $\Omega=R^n$ 时 $H^{m,p}(R^n)$ 与 $H_0^{m,p}(R^n)$ 相同. 事实上, 记 $\zeta(t)$ 为 $t<1$ 等于 1 而当 $t>2$ 时等于 0 的 C^∞ 函数, 则对任意的 $u\in H^{m,p}(R^n)$, $\zeta\left(\dfrac{|x|}{A}\right)u$ 就属于 $H_0^{m,p}(R^n)$, 且当 $A\to\infty$ 时,

$$\zeta\left(\frac{|x|}{A}\right)u\to u\quad (H^{m,p}(R^n)).$$

所以 $H_0^{m,p}(R^n)$ 在 $H^{m,p}(R^n)$ 中稠密, 而由 $H_0^{m,p}(R^n)$ 的完备性知两者相同.

但是, 当 Ω 有界, $m\geqslant 1$ 时, $H_0^{m,p}(\Omega)$ 就是 $H^{m,p}(\Omega)$ 的真子空间. 下面以 $n=1$ 为例证明这个事实. 设 $\Omega=(a,b)$, 则对 $C_c^\infty(a,b)$ 函数 $u_\nu(x)$, 成立

$$u_\nu(x)=u_\nu(a)+\int_a^x u'_\nu(x)\mathrm{d}x=\int_a^x u'_\nu(x)\mathrm{d}x.$$

因此, 当 $\{u_\nu\}$ 按 $H^{1,p}(a,b)$ 的范数构成一个 Cauchy 序列时,

$$\begin{aligned}|u_\nu(x)-u_\mu(x)|&\leqslant\int_a^x\left|u'_\nu(x)-u'_\mu(x)\right|\mathrm{d}x\\&\leqslant C\left\|u'_\nu-u'_\mu\right\|_{L^p}\leqslant C\left\|u_\nu-u_\mu\right\|_{H^{1,p}}.\end{aligned}$$

故 $\{u_\nu(x)\}$ 在 (a,b) 上一致收敛. 它收敛于一个在 (a,b) 上的连续函数, 且在 a, b 两端之值是零. 换句话说, $H_0^{1,p}(a,b)$ 中任意元素几乎处处等于一个在 $a+0$ 与 $b-0$ 为零的连续函数. 故 $1\notin H_0^{1,p}(a,b)$, 但显然 $1\in H^{1,p}(a,b)$. 所以 $H_0^{1,p}(a,b)$ 是 $H^{1,p}(a,b)$ 的真子空间.

例 4.1　设 $F(s)$ 是 C^1 函数, 导数有界, Ω 为 R^n 中的一个有界区域, $u \in H^{1,p}(\Omega)$, 则 $w = F(u) \in H^{1,p}(\Omega)$, 且 $w_{x_i} = F'(u)u_{x_i}$.

事实上, 若 $\{u_n\}$ 是 $C^\infty(\Omega)$ 中按 $H^{1,p}(\Omega)$ 范数收敛于 u 的函数列, 则 $\{F(u_n)\}$ 是 $C^\infty(\Omega)$ 中按 $H^{1,p}(\Omega)$ 范数收敛于 $F(u)$ 的函数列.

例 4.2　设 Ω 为 R^n 中的一个有界区域, $u \in H^{1,p}(\Omega)$, 则 $|u| \in H^{1,p}(\Omega)$, 且令 $u^+ = \max(u, 0)$, 则有 $u^+ \in H^{1,p}(\Omega)$, 且

$$Du^+ = \begin{cases} Du, & u > 0, \\ 0, & u \leqslant 0, \end{cases}$$

以上的等式在几乎处处的意义下成立.

证明　由于 $|s| \notin C^1$, 我们引进 C^1 函数 $F_\varepsilon(s) = (\varepsilon^2 + s^2)^{1/2} - \varepsilon$ 逼近 $|s|$. 易见, $F_\varepsilon(s)$ 满足例 4.1 的要求. 于是对任意的 $\varepsilon > 0$ 有 $F_\varepsilon(u) \in H^{1,p}(\Omega)$.

由控制收敛定理知, 当 $\varepsilon \to 0$ 时

$$\int_\Omega |F_\varepsilon(u) - |u||^p \, \mathrm{d}x \to 0,$$

故 $F_\varepsilon(u) \to |u|(L^p(\Omega))$. 同样利用 $(F_\varepsilon(u))_{x_i} = (F_\varepsilon)' u_{x_i}$ 以及控制收敛定理可知 $\{F_\varepsilon(u)\}$ 为 $H^{1,p}(\Omega)$ 中的基本序列. 由 $H^{1,p}(\Omega)$ 空间的完备性知其极限仍在 $H^{1,p}(\Omega)$ 中. 再由 $L^p(\Omega)$ 空间中极限唯一性知 $|u| \in H^{1,p}(\Omega)$.

由 $u^+ = \dfrac{1}{2}(u + |u|)$ 即可得到 $u^+ \in H^{1,p}(\Omega)$. Du^+ 的表示也可从 $DF_\varepsilon(u) = (F_\varepsilon)'(u)D(u)$ 的极限得到.

1.4.2　负整指数 Sobolev 空间

以下我们讨论指数 m 为负整数的 Sobolev 空间 $H^{m,p}(\Omega)$, 一般将它称为负指数 Sobolev 空间.

定义 4.3　对正整数 m, $1 \leqslant p < \infty$, 将$H_0^{m,p}(\Omega)$ 的对偶空间 $(H_0^{m,p}(\Omega))'$ 视作 $\mathscr{D}'(\Omega)$ 的子空间, 称为 $H^{-m,p'}(\Omega)$, 其中 p' 满足 $\dfrac{1}{p} + \dfrac{1}{p'} = 1$. 它是具有负指数的 Sobolev 空间.

对这个定义需作两点说明, 首先, 由于 $C_c^\infty(\Omega)$ 在 $H_0^{m,p}(\Omega)$ 中稠密, 故 $H_0^{m,p}(\Omega)$ 上的任一线性连续泛函唯一地对应着 $C_c^\infty(\Omega)$ 上的一个线性连续泛函, 所以 $(H_0^{m,p}(\Omega))'$ 可以视为 $\mathscr{D}'(\Omega)$ 的子空间. 其次, $(H_0^{m,p}(\Omega))'$ 中的元素如何表示是重要的. 例如, 当 $p = 2$ 时, $H_0^m(\Omega) = H_0^{m,2}(\Omega)$ 是 Hilbert 空间, 所以该空间的共轭空间可以与其自身同构, 但是在这样的同构对应下, $H_0^m(\Omega)$ 函数 v 所对应的泛函应该是

$$\tilde{v}(u) = \sum_{|\alpha| \leqslant m} (D^\alpha v, \ D^\alpha u)_{L^2(\Omega)}, \quad \forall u \in H_0^m(\Omega), \tag{4.11}$$

但是, 当我们将 $H_0^m(\Omega)$ 上的线性连续泛函视为 $\mathscr{D}'(\Omega)$ 广义函数时, 已默认了将可积函数 v 与利用泛函 $v \to \int_\Omega vu\mathrm{d}x$ 所表示的广义函数视为相同的. 故在这样的观点下, $H_0^m(\Omega)$ 函数 v 所对应的泛函应当是

$$v(u) = (v,\ \overline{u})_{L^2(\Omega)}, \quad \forall u \in H_0^m(\Omega), \tag{4.12}$$

显然, 在 $m \neq 0$ 时它与 (4.11) 不同, 所以我们特别在定义 4.3 中加上 "视作 $\mathscr{D}'(\Omega)$ 的子空间", 以免误解. 对于初次接触负指数 Sobolev 空间的读者, 这一点特别需细心体会.

在 $H^{-m,p'}(\Omega)$ 中也可以引入范数

$$\|u\|_{H^{-m,p'}(\Omega)} = \sup_{v \in H_0^{m,p}(\Omega)} \frac{|\langle u, v\rangle|}{\|v\|_{H_0^{m,p}(\Omega)}}. \tag{4.13}$$

由此即得, 当 $u \in H^{-m,p'}(\Omega)$, $v \in H_0^{m,p}(\Omega)$ 时成立:

$$|\langle u, v\rangle| \leqslant \|u\|_{H^{-m,p'}} \|v\|_{H^{m,p}}. \tag{4.14}$$

若将 m 可能取负指数的情形考虑在内, 我们也可建立如下的性质:

(1) 若 $m_1 \geqslant m_2$, $1 < p < \infty$, 则 $H^{m_1,p}(\Omega) \subset H^{m_2,p}(\Omega)$. 又对有界区域 Ω, 若 $1 < p_1 < p_2 < \infty$, 则 $H^{m,p_2}(\Omega) \subset H^{m,p_1}(\Omega)$.

(2) 若 $p(x, D)$ 为具有 $C^\infty(\bar{\Omega})$ 系数的 ℓ 阶偏微分算子, $u \in H^{m,p}(\Omega)$, 其中 m 为任意整数, $1 < p < \infty$, 则

$$p(x, D)u \in H^{m-\ell,p}(\Omega). \tag{4.15}$$

这一性质的证明如下. 事实上, 我们只需对任意的重指标 β, 证明

$$D^\beta u \in H^{m-|\beta|,p}(\Omega). \tag{4.16}$$

当 $m \geqslant |\beta|$ 时, 不涉及负指数 Sobolev 空间, (4.16) 即 (4.4) 式. 因此我们只要讨论 $m < |\beta|$ 的情形即可. 对于 $\varphi \in C_c^\infty(\Omega)$, 若 $m \leqslant 0$,

$$\begin{aligned} \left|(D^\beta u, \varphi)\right| &= \left|(u, D^\beta \varphi)\right| \\ &\leqslant C \left\|D^\beta \varphi\right\|_{H^{-m,p'}} \leqslant C \|\varphi\|_{H^{|\beta|-m,p'}}. \end{aligned}$$

又若 $0 < m < |\beta|$, 可取 $\beta_1 \leqslant \beta$, $|\beta_1| = m$, 则有 $D^{\beta_1} u \in L^p(\Omega)$, 且

$$\begin{aligned} \left|(D^\beta u,\ \varphi)\right| &= \left|(D^{\beta_1} u,\ D^{\beta-\beta_1}\varphi)\right| \\ &\leqslant C \left\|D^{\beta-\beta_1}\varphi\right\|_{L^{p'}} \leqslant C \|\varphi\|_{H^{|\beta|-m,p'}}. \end{aligned}$$

所以可以由 $D^\beta u$ 定义一个 $H_0^{|\beta|-m,p'}(\Omega)$ 上的线性连续泛函, 故 $D^\beta u \in H^{m-|\beta|,p}(\Omega)$, 利用 (4.16) 式导出 (4.15) 式是显然的.

(3) $H^{m,p}(\Omega)$ 在自变量的 C^∞ 微分同胚变换下保持不变.

定理 4.4 对任意负整数 m, $1 < p < \infty$, $C_c^\infty(\Omega)$ 在 $H^{m,p}(\Omega)$ 中稠密.

证明 今若 $m_1 > 0$, $1 < p < \infty$, 我们证明 $C_c^\infty(\Omega)$ 在 $H^{-m_1,p}(\Omega)$ 中稠密. 为此只需指出: $H^{-m_1,p}(\Omega)$ 的任一线性连续泛函 f, 若在 $C_c^\infty(\Omega)$ 上为零, 则必在 $H^{-m_1,p}(\Omega)$ 上为零. 首先注意到 $H_0^{m_1,p'}(\Omega)$ 空间是自反的. 事实上, 若记 $N(m_1,n)$ 是使得 $|\alpha| \leqslant m_1$ 的 n 维数组 α 的数目, 则存在一个从 $H_0^{m_1,p'}(\Omega)$ 到 $(L^{p'}(\Omega))^N$ 的一个线性闭子空间上的同构 $i: u \mapsto (\partial^\alpha u)_{|\alpha|\leqslant m_1}$, 故由 $(L^{p'}(\Omega))^N$ 的自反性可知 $H_0^{m_1,p'}(\Omega)$ 也是自反空间. 因此, f 可以用 $H_0^{m_1,p'}(\Omega)$ 中的元素 u 表示为

$$f(v) = \langle u,\ v\rangle, \quad \forall v \in H^{-m_1,p}(\Omega).$$

显然, 若对一切 $v \in C_c^\infty(\Omega)$ 成立 $\langle u,\ v\rangle = 0$, 则必有 $u = 0$, 这就说明了 $C_c^\infty(\Omega)$ 在 $H^{-m_1,p}(\Omega)$ 中稠密. 所以定理对 m 为负整数情形也成立. 证毕

由定理 4.4 知, 负整指数 Sobolev 空间也可从 $C^\infty(\Omega)$ 函数由范数 (4.13) 进行完备化而得到.

1.4.3 实指数 Sobolev 空间

以下介绍具有一般实指数 Sobolev 空间 $H^s(R^n)$, $s \in R^1$(它也常被称为具有分指数的 Sobolev 空间). 它是利用 Fourier 变换引入的.

定义 4.4 设 s 是一个实数, 记 $H^s(R^n)$ 是适合

$$(1+|\xi|^2)^{\frac{s}{2}}\hat{u}(\xi) \in L^2(R^n) \tag{4.17}$$

的所有广义函数 $u \in \mathscr{S}'(R^n)$ 所组成的空间, 装备着内积

$$(u,v)_s = \int_{R^n} (1+|\xi|^2)^s \widehat{u}(\xi)\overline{\widehat{v}(\xi)}\mathrm{d}\xi. \tag{4.18}$$

显然, 由 (4.18) 可以定义 $H^s(R^n)$ 中的范数为

$$\|u\|_s^2 = \int_{R^n} (1+|\xi|^2)^s \left|\widehat{u}(\xi)\right|^2 \mathrm{d}\xi. \tag{4.19}$$

定理 4.5 对每个实数 s, $H^s(R^n)$ 是一个 Hilbert 空间, 且 $C_c^\infty(R^n)$ 在 $H^s(R^n)$ 中稠密.

证明 先证 $H^s(R^n)$ 空间的完备性. 若 $\{u_j\}$ 是 $H^s(R^n)$ 中的 Cauchy 序列, 则按定义, $\{(1+|\xi|^2)^{s/2}\widehat{u}_j(\xi)\}$ 是 $L^2(R^n)$ 中的 Cauchy 序列. 由 L^2 空间的完备性知

$(1+|\xi|^2)^{s/2}\widehat{u}_j(\xi)$ 在 L^2 中收敛于 $\widehat{v}(\xi)$, $v\in\mathscr{S}'(R^n)$, 再令 u 为 $(1+|\xi|^2)^{-s/2}\widehat{v}(\xi)$ 的 Fourier 逆变换. 则有

$$\hat{u}(\xi)=(1+|\xi|^2)^{-s/2}\widehat{v}(\xi),$$

且

$$u_j\to u(H^s(R^n)).$$

为证 $C_c^\infty(R^n)$ 在 $H^s(R^n)$ 中的稠密性, 我们只需证明 $\mathscr{S}(R^n)$ 在 $H^s(R^n)$ 中的稠密性. 今若 $u\in H^s(R_x^n)$, 则因为 $\mathscr{S}(R_\xi^n)$ 在 $L^2(R_\xi^n)$ 中稠密, 故对给定 $\varepsilon>0$, 存在 $h(\xi)\in\mathscr{S}(R_\xi^n)$, 使

$$\left\|(1+|\xi|^2)^{s/2}\hat{u}(\xi)-h(\xi)\right\|_{L^2}<\varepsilon,$$

但 $(1+|\xi|^2)^{-s/2}\ h(\xi)$ 仍属于 $\mathscr{S}(R_\xi^n)$, 故令 φ 为 $(1+|\xi|^2)^{-s/2}h(\xi)$ 的 Fourier 逆变换, 它属于 $\mathscr{S}(R_x^n)$, 从而有

$$\|u-\varphi\|_s<\varepsilon,$$

这就得 $\mathscr{S}(R^n)$ 在 $H^s(R^n)$ 中稠密. 证毕

所有的实指数 Sobolev 空间 $H^s(R^n)$ 中, 若 s 越大, 则空间越小, 反之, 若 s 越小, 则空间越大. 以后, 我们还会采用记号 $\bigcap\limits_{s\in R^1}H^s(R^n)=H^\infty(R^n)$, $\bigcup\limits_{s\in R^1}H^s(R^n)=H^{-\infty}(R^n)$. 其含义与上述事实相符.

定理 4.6 $H^s(R^n)$ 的对偶空间为 $H^{-s}(R^n)$.

证明 若 h 为 $H^s(R^n)$ 空间中的线性连续泛函, 则对任一 $H^s(R^n)$,

$$|\langle h,u\rangle|\leqslant C\,\|u\|_{H^s},$$

当 $u\in\mathscr{S}(R^n)$ 时此式自然成立. 因为由 $\mathscr{S}(R^n)$ 中的收敛可推出 $H^s(R^n)$ 中的收敛, 所以 h 可视为 $\mathscr{S}'(R^n)$ 广义函数, 于是 $\langle h,u\rangle$ 就可视为 $\mathscr{S}'(R^n)$ 广义函数 h 在 $\mathscr{S}(R^n)$ 函数 u 上的作用. 对两者作 Fourier 变换得到

$$\left|\langle\hat{h},\ \hat{u}\rangle\right|\leqslant C'\,\|u\|_{H^s},$$

$$\left|\langle(1+|\xi|^2)^{-\frac{s}{2}}\hat{h},\ (1+|\xi|^2)^{\frac{s}{2}}\widehat{u}\rangle\right|\leqslant C'\left\|(1+|\xi|^2)^{\frac{s}{2}}\widehat{u}\right\|_{L^2}.$$

所以

$$(1+|\xi|^2)^{-\frac{s}{2}}\hat{h}(\xi)\in L^2,$$

由此知 $h\in H^{-s}(R^n)$. 证毕

定理 4.7 当 s 为整数时, 按本小节初引入的实指数空间 $H^s(R^n)$ 的定义与空间 $H^{s,2}(R^n)$ 一致.

证明 当 $s=0$ 时, 两者均为 $L^2(R^n)$.

当 s 为正整数时,

$$\begin{aligned}\|u\|_{H^{s,2}(R^n)} &= \left(\sum_{|\alpha|\leqslant s}\|D^\alpha u\|_{L^2(R^n)}^2\right)^{\frac{1}{2}} \\ &= \left(\frac{1}{(2\pi)^n}\sum_{|\alpha|\leqslant s}\int_{R^n}|\xi^\alpha \hat{u}(\xi)|^2\,\mathrm{d}\xi\right)^{\frac{1}{2}},\end{aligned} \tag{4.20}$$

于是由不等式

$$c_1(1+|\xi|^2)^s \leqslant \sum_{|\alpha|\leqslant s}|\xi^\alpha|^2 \leqslant c_2(1+|\xi|^2)^s,$$

即得 $\|u\|_s$ 与 $\|u\|_{H^{s,2}(R^n)}$ 等价.

当 s 为负整数时, 由于

$$H_0^{m,2}(R^n)=H^{m,2}(R^n)$$

对任意正整数 m 成立, 故记 $m=-s$, 有

$$H^{s,2}(R^n)=(H^{m,2}(R^n))'.$$

利用前面已证明的事实

$$H^{m,2}(R^n)=H^m(R^n),$$

由定理 4.5 知 $(H^{-s}(R^n))'=H^s(R^n)$, 从而

$$H^s(R^n)=H^{s,2}(R^n)$$

在 s 为负整数时也成立. 证毕

于是, 以后在不致混淆时, 我们也记 $H^{s,2}(R^n)$ 为 $H^s(R^n)$.

1.4.4 $H^m(\Omega)$ 函数的延拓

以下讨论有界区域上 Sobolev 空间中元素可延拓的性质, 为书写简单起见, 我们仅限于 $H^m(\Omega)$ 进行讨论, 其结论不难推广到 $H^{m,p}(\Omega)$ 的情形. 如无特别说明, 总假设区域 Ω 的边界是光滑的.

定理 4.8 若 $m\geqslant 0$, 则 $u\in H_0^m(\Omega)$ 的充要条件是 u 的零延拓元素

$$\tilde{u}=\begin{cases} u, & \Omega, \\ 0, & R^n\backslash\Omega\end{cases}$$

属于 $H^m(R^n)$.

证明 必要性. 若 $u\in H_0^m(\Omega)$, 则必有 $u_n\in C_c^\infty(\Omega)$, 使 $u_n\to u(H^m(\Omega))$, 此时若将 u_n 作零延拓到 Ω 外, 则相应的零延拓元素 $\tilde{u}_n$ 仍为 C^∞ 函数. 由于 $\tilde{u}_n$ 在 $H^m(R^n)$ 中的范数与 u_n 在 $H^m(\Omega)$ 中的范数一致, 故 $\tilde{u}_n$ 是 $H^m(R^n)$ 中的基本序列, 且 $\tilde{u}_n\to\tilde{u}\ (H^m(R^n))$, 所以 $\tilde{u}\in H^m(R^n)$.

充分性. 应用"局部性"与"展平"的技巧, 可以把问题归结为: 若将支集有界的 $H^m(R_+^n)$ 函数 v 作零延拓到 R^n 以后仍为 $H^m(R^n)$ 函数, 则能否断定 $v\in H_0^m(R_+^n)$?

仍记 $\tilde{v}$ 为 v 作零延拓到 R_-^n 上后得到的函数, $\alpha(t)$ 为 1.1 节例 1.1 中引入的 C^∞ 函数, 令

$$v_\varepsilon(y)=\frac{1}{\varepsilon^n}\int_{R^n}\alpha\left(\frac{y_1-y_1'}{\varepsilon}\right)\cdots\alpha\left(\frac{y_{n-1}-y_{n-1}'}{\varepsilon}\right)\alpha\left(\frac{y_n-y_n'-2\varepsilon}{\varepsilon}\right)\tilde{v}(y')\mathrm{d}y',\tag{4.21}$$

则 $v_\varepsilon(y)\in C^\infty(\overline{R_+^n})$. 又当 $y_n<\varepsilon$ 时, 被积函数为零, 这是因为在被积函数支集中 $y_n'>0$, 从而当 $y_n<\varepsilon$ 时

$$\frac{y_n-y_n'-2\varepsilon}{\varepsilon}<\frac{\varepsilon-2\varepsilon}{\varepsilon}<-1,$$

所以 $\alpha\left(\dfrac{y_n-y_n'-2\varepsilon}{\varepsilon}\right)=0$. 这说明 $\operatorname{supp} v_\varepsilon$ 含于 $y_n\geqslant\varepsilon$ 的半平面中, 故 $v_\varepsilon\in C_c^\infty(R_+^n)$. 此外, 从 (4.21) 可知, 当 $\varepsilon\to0$ 时

$$v_\varepsilon\to v(L^2(R_+^n)).$$

将 (4.21) 式关于变量 y 求导, 并将积分号下关于 y 的求导转移到 y' 上, 得

$$\partial^\beta v_\varepsilon(y)=\frac{1}{\varepsilon^n}\int_{R^n}\alpha\left(\frac{y_1-y_1'}{\varepsilon}\right)\cdots\alpha\left(\frac{y_{n-1}-y_{n-1}'}{\varepsilon}\right)\alpha\left(\frac{y_n-y_n'-2\varepsilon}{\varepsilon}\right)\partial_{y'}^\beta\tilde{v}(y')\mathrm{d}y',$$

故又有 $\partial^\beta v_\varepsilon(y)\to\partial^\beta v(y)(L^2(R_+^n))$. 所以 $v_\varepsilon(y)\to v(y)(H^m(R_+^n))$, 这就说明 $v\in H_0^m(R_+^n)$. 证毕

对于一般的 $H^m(\Omega)$ 函数, 是否也能按适当方式延拓成为 $H^m(R^n)$ 函数呢? 下面的定理回答了这个问题.

定理 4.9 $u\in H^m(\Omega)$ 的充要条件是: u 可以视为 $H^m(R^n)$ 函数在 Ω 上的限制.

证明 我们先就 m 为正整数的情形来证明本定理. 由于充分性是显然的, 故以下证明必要性, 即我们需证明, 任意 $H^m(\Omega)$ 函数 u 必可延拓成一个 $H^m(R^n)$ 函数.

首先指出, 若对任一开集 Ω_1, 满足 $\Omega\subset\subset\Omega_1$, 能将 u 延拓成为 $H^m(\Omega_1)$ 函数, 则 u 必能延拓为 $H^m(R^n)$ 函数. 事实上, 将由 u 延拓成的 $H^m(\Omega_1)$ 函数记为 u_1,

并作函数 $\eta \in C_c^\infty(\Omega_1)$, 使它在 Ω 上恒等于 1, 那么 ηu_1 就是 u 在 R^n 上的延拓 (在 $R^n\backslash\Omega_1$ 上令 ηu_1 为 0), 并且显然有 $\eta u_1 \in H^m(R^n)$. 所以, 我们只要能将 $H^m(\Omega)$ 函数 u 保持 H^m 性质延拓到边界外侧一点儿, 就能将 u 保持 H^m 性质从 Ω 延拓到 R^n 中. 而利用局部化技术, 又可将问题化为对 $H^m(R_+^n)$ 函数的讨论, 即要证明, 若 $u \in H^m(R_+^n)$, u 的支集为 $\overline{R}_+^n$ 中紧集, 则 u 可延拓为 $H^m(R^n)$ 函数.

据定理 4.2, 可以找到函数列 $\{u^{(\nu)}\}$, 使 $u^{(\nu)} \in C^\infty(\overline{R}_+^n)$, 且 $u^{(\nu)} \to u(H^m(R_+^n))$. 对于每个 $u^{(\nu)}$, 定义函数 $v^{(\nu)}$ 为

$$v^{(\nu)}(x', x_n) = \begin{cases} u^{(\nu)}(x', x_n), & x_n \geqslant 0, \\ \sum_{j=1}^m C_j u^{(\nu)}(x', -jx_n), & x_n < 0, \end{cases} \tag{4.22}$$

这里的 C_j 是由下式定义的常数:

$$\sum_{j=1}^m (-j)^k C_j = 1, \quad 0 \leqslant k \leqslant m-1. \tag{4.23}$$

注意到 (4.23) 式中 C_j 的系数行列式

$$\begin{vmatrix} 1 & 1 & \cdots & 1 \\ -1 & -2 & \cdots & -m \\ \vdots & \vdots & & \vdots \\ (-1)^{m-1} & (-2)^{m-1} & \cdots & (-m)^{m-1} \end{vmatrix} \neq 0,$$

所以 C_j 可以唯一地由 (4.23) 式决定. 由此又可得由 (4.22) 所定义的函数在 $x_n = 0$ 上直至 $m-1$ 阶导数都连续. 事实上, 当 $k \leqslant m-1$ 时,

$$\begin{aligned} &\partial_{x_n}^k \left(\sum_{j=1}^m C_j u^{(\nu)}(x', -jx_n) \right) \Bigg|_{x_n=0} \\ =&\sum_{j=1}^m C_j (-j)^k \partial_{x_n}^k u^{(\nu)}(x', 0) \\ =&\partial_{x_n}^k u^{(\nu)}(x', 0). \end{aligned}$$

此外易见, 每个 $v^{(\nu)}$ 的 m 阶导数在 R_+^n, R_-^n 上均连续, 在 $x_n = 0$ 处可能有第一类间断, 因此, 每个 $v^{(\nu)}$ 属于 $H^m(R^n)$. 且由 $\{u^{(\nu)}\}$ 是 $H^m(R_+^n)$ 中的基本序列可知 $\{v^{(\nu)}\}$ 也是 $H^m(R^n)$ 中的基本序列. 从而 $\{v^{(\nu)}\}$ 在 $H^m(R^n)$ 中收敛于 v. 显然, 当 $x_n > 0$ 时, $v = u$. 这样, 我们就得到了函数 u 在 R^n 上的延拓, 且 $\|v\|_{H^m(R^n)}$ 可用 $C\|u\|_{H^m(R_+^n)}$ 来控制. 以后我们简称 v 是函数 u 保持 H^m 范数可控的延拓.

当 $m=0$ 时, $H^0(\Omega)=L^2(\Omega)$, 此时将 u 作零延拓到 Ω 外, 即得 $H^0(R^n)$ 函数.

当 $m<0$ 时, 取 $m_1=-m>0$, 则 $u\in H^m(\Omega)$ 为 $H_0^{m_1}(\Omega)$ 上的线性连续泛函. 这时, 取 $u\in H^m(\Omega)$ 在 R^n 上的延拓为按下式定义的广义函数 $\tilde{u}$, 它对 $\varphi\in C_c^\infty(R^n)$ 之作用为

$$\langle\tilde{u},\ \varphi\rangle=\sup_{E_\varphi}\langle u,\varphi-E_\varphi\rangle, \tag{4.24}$$

其中 E_φ 为一切可能的将 φ 在 $R^n\backslash\bar{\Omega}$ 上的限制且保持 H^{m_1} 范数可控的到 R^n 上的延拓, 从而 E_φ 对给定的常数 C_0 成立 $\|E_\varphi\|_{H^{m_1}(R^n)}\leqslant C_0\|\varphi\|_{H^{m_1}(R^n\backslash\bar{\Omega})}$. 由于 $\varphi-E_\varphi$ 在 $R^n\backslash\bar{\Omega}$ 上为零, 故 $\varphi-E_\varphi$ 在 Ω 上为 $H_0^{m_1}(\Omega)$ 函数, 从而 (4.24) 有意义. 易见, (4.24) 关于 φ 为线性的. 于是, 为最终说明 $\tilde{u}\in H^m(R^n)$, 只需指出由 (4.24) 定义的对偶积关于 $H^{m_1}(R^n)$ 是连续的. 事实上,

$$\begin{aligned}|\langle\tilde{u},\ \varphi\rangle|&=\sup_{E_\varphi}|\langle u,\ \varphi-E_\varphi\rangle|\\&\leqslant C\sup_{E_\varphi}\|\varphi-E_\varphi\|_{H^{m_1}(\Omega)}\\&\leqslant C(\|\varphi\|_{H^{m_1}(\Omega)}+C_0\|\varphi\|_{H^{m_1}(R^n\backslash\bar{\Omega})})\\&\leqslant C'\|\varphi\|_{H^{m_1}(R^n)},\end{aligned}$$

故 $\tilde{u}\in H^m(R^n)$. 又当 $\operatorname{supp}\varphi\subset\Omega$ 时, φ 在 $R^n\backslash\bar{\Omega}$ 上的限制为 0, 故范数被控制的 E_φ 必须取为零. 从而 $\langle\tilde{u},\ \varphi\rangle=\langle u,\ \varphi\rangle$. 这就说明 $\tilde{u}$ 在 Ω 中与 u 相等, 从而 $\tilde{u}$ 为 u 从 Ω 到 R^n 上的延拓. 证毕

注 定理 4.8 与定理 4.9 对于一般的 $H^{m,p}(\Omega)$ 函数也是成立的, 其证明也相仿. 但必须指出, 在本小段初所作的关于 Ω 具有光滑边界的说明是重要的. 否则, 定理的结论可能不成立.

例 4.3 设 Ω 为平面 Oxy 上由 $y=0$, $y=x^4$, $x=1$ 所围成的区域, $u=\dfrac{1}{x}$, 则 u 及其导数在 Ω 上平方可积, 所以 $u\in H^1(\Omega)$. 但由于 u 在边界 $y=0$ 上的取值作为变量 x 的一元函数在原点附近非平方可积, 由 1.5 节的迹定理可知, u 不可能延拓到原点的邻域中而仍保持有 H^1 的性质.

参照定理 4.9 的结论, 对于任意有界区域 Ω 与任意实数 s, 我们又可以定义 $H^s(\Omega)$ 函数为 $H^s(R^n)$ 函数在 Ω 上的限制.

1.4.5 微分流形上的 Sobolev 空间

定义于 R^n(或 R^n 的有界区域) 上的 Sobolev 空间的概念可以推广到微分流形上, 它对于实际应用, 特别是讨论相关的几何问题是十分需要的. 为叙述简单起见, 以下仅讨论紧致 C^∞ 微分流形的情形.

设 M 为一紧致 C^∞ 微分流形, 则对每一点 $P \in M$, 必存在一个邻域 ω_p, 以及 ω_p 上的一个坐标 $\tau: \omega_p \to \Omega$, 其中 Ω 是 R_x^n 中的一个区域. 而 M 的紧致性又表示, 可以取出有限个这样的邻域, 记为 ω_i $(1 \leqslant i \leqslant N)$, 它们的全体 $\bigcup \omega_i$ 覆盖整个 M, 利用 1.1 节中的作法, 可以定义一个 M 上的单位分解 $1 \equiv \sum_{i=1}^N \eta_i$, 使得每个 η_i 为 M 上的 C^∞ 函数, $\operatorname{supp} \eta_i \subset \omega_i$.

今若 u 是定义在 M 上的广义函数, 利用上述单位分解, 可以将 u 写成 $u = \sum u_i = \sum \eta_i u$. 对于每个 u_i, 它的支集在相应的 ω_i 中, 经过映射 τ, 就可得到定义在 $\Omega_i \subset R_x^n$ 中的广义函数 $\tilde{u}_i$. 对于 $\tilde{u}_i$, 可以考察它是否属于某个 Sobolev 空间, 例如是否属于 $H^{m,p}(\Omega_i)$. 今若对每个 $i(1 \leqslant i \leqslant N)$, 均有 $\tilde{u}_i \in H^{m,p}(\Omega_i)$, 则称 $u \in H^{m,p}(M)$, 且将 $\sum_{i=1}^N \|\tilde{u}_i\|_{H^{m,p}(\Omega_i)}$ 取作为 $\|u\|_{H^{m,p}(M)}$.

由于微分流形 M 上开覆盖 $\{\omega_i\}$, 以及从属于此开覆盖的单位分解可以有不同的取法, 而且在每个 ω_i 上的坐标选取也有多种方式, 所以按上面的作法, $\|u\|_{H^{m,p}(M)}$ 不是唯一的. 但是由 C^∞ 微分流形的性质可知, 所有这些不同的作法所得到的范数都是相互等价的. 因此, $u \in H^{m,p}(M)$ 的性质是由 M 和 u 的本性所确定的, 而不受上述不同作法的影响. 相应地, 在等价的意义下, $\|u\|_{H^{m,p}(M)}$ 也是唯一地确定了. 在这样的意义下, 上述空间 $H^{m,p}(M)$ 的定义是合理的.

对于一般实指数的 Sobolev 空间 $H^s(M)$ 也可以同样地定义.

习　　题

1. 证明：当 $m \geqslant 1$ 时 $C_c^\infty(R_+^n)$ 在 $H^{m,p}(R_+^n)$ 中不稠密.
2. 证明：$H^{m,p}(\Omega)$ 是一个自反空间.
3. 证明：若实数 $s > t$, 则 $H^t(R^n) \supset H^s(R^n)$.
4. 说明例 2.6 中定义 Heaviside 函数 $H(x)$ 属于何种 Sobolev 空间?
5. 试证, 当 $s < -\dfrac{n}{2}$ 时, $\alpha_\varepsilon(x) \to \delta(H^s(R^n))$, 这里 $\alpha_\varepsilon(x)$ 如 1.1 节中所定义.
6. 证明支集为有限点集的 $H^{-\frac{n}{2}}(R^n)$ 广义函数必为零.
7. 设 Ω 为 R^n 中有界区域, 边界 $\partial\Omega$ 为 C^∞ 光滑, 试叙述并证明关于 $H^{m,p}(\Omega)$ 函数的延拓定理.
8. 记 $K = I - \Delta$, Δ 为 Laplace 算子, 又若 $f \in H^{-\infty}(R^n)$, 且 $(I-\Delta)^m f \in H^t(R^n)$, 则必成立 $f \in H^{2m+t}(R^n)$.
9. 设 Ω 为 R^n 中有界区域, 边界 $\partial\Omega$ 为 C^∞ 光滑, 试对任意实数 s, 定义空间 $H^s(\partial\Omega)$.
10. 设 Ω 为 R^2 中原点为心, $\dfrac{1}{2}$ 为半径的圆, 问 α 取哪些值时, 函数 $\left|\log(x^2+y^2)\right|^\alpha$ 属于空间 $H^1(\Omega)$?
11. 设 B 为 R^n 中原点为心, $\dfrac{1}{2}$ 为半径的球, 问对哪些 α 与 n, 函数 $|\log|x||^\alpha / |x|^2$ 属于空间 $H^1(B)$? (其中 $x = (x_1, \cdots, x_n)$)

1.5 嵌入定理、迹定理

1.5.1 嵌入定理

本节中进一步讨论 Sobolev 空间的性质, 给出各类具有不同指标的 Sobolev 空间之间的关系, 以及 Sobolev 空间与其他函数空间之间的关系. 特别是, 具有某类指标的 Sobolev 空间可以是连续函数空间或连续可微函数空间的子空间. 在偏微分方程理论中这一结论就提供了从广义函数解到经典解的桥梁, 故特别受人重视.

我们从讨论 $H^{1,p}$ 开始, 当这个 Sobolev 空间的前一指标由 1 降低为 0 时, 后面一个指标 p 可以升高. 为此, 先证明以下的不等式.

引理 5.1 设 p 满足 $1 \leqslant p < n$, 对于一切 $u \in C_c^\infty(R^n)$,

$$\|u\|_{L^q} \leqslant C \sum_{i=1}^{n} \left\| \frac{\partial u}{\partial x_i} \right\|_{L^p}, \tag{5.1}$$

其中 q 由下式给出:

$$\frac{1}{q} = \frac{1}{p} - \frac{1}{n}. \tag{5.2}$$

证明 先对 $p=1$ 的情形给以证明, 即证明

$$\|u\|_{L^{\frac{n}{n-1}}} \leqslant C \|Du\|_{L^1}, \tag{5.3}$$

由于 $u = \int_{-\infty}^{x_i} \partial_{x_i} u \mathrm{d}x_i$, 故 $|u| \leqslant \int_{-\infty}^{\infty} |\partial_{x_i} u| \mathrm{d}x_i$, 从而有

$$|u|^{\frac{n}{n-1}} \leqslant \left(\prod_{i=1}^{n} \int_{-\infty}^{\infty} |\partial_{x_i} u| \mathrm{d}x_i \right)^{\frac{1}{n-1}},$$

$$\begin{aligned}
\int |u|^{\frac{n}{n-1}} \mathrm{d}x_1 &\leqslant \left(\int_{-\infty}^{\infty} |\partial_{x_1} u| \mathrm{d}x_1 \right)^{\frac{1}{n-1}} \int_{-\infty}^{\infty} \left(\prod_{i=2}^{n} \int_{-\infty}^{\infty} |\partial_{x_i} u| \mathrm{d}x_i \right)^{\frac{1}{n-1}} \mathrm{d}x_1 \\
&\leqslant \left(\int_{-\infty}^{\infty} |\partial_{x_1} u| \mathrm{d}x_1 \right)^{\frac{1}{n-1}} \left(\prod_{i=2}^{n} \int_{-\infty}^{\infty} \int_{-\infty}^{\infty} |\partial_{x_i} u| \mathrm{d}x_i \mathrm{d}x_1 \right)^{\frac{1}{n-1}},
\end{aligned}$$

将上式再逐次关于 $x_2, \cdots, x_n$ 积分, 在关于 x_2 积分时将右边乘积中关于 x_2 积分的因子移到前面, 并对其他的因子应用 Schwarz 不等式. 关于每一个变量的积分都做这样的处理, 于是可得

$$\int |u|^{\frac{n}{n-1}} \mathrm{d}x_1 \cdots \mathrm{d}x_n \leqslant \prod_{i=1}^{n} \left(\int_{-\infty}^{\infty} |\partial_{x_i} u| \mathrm{d}x_1 \cdots \mathrm{d}x_n \right)^{\frac{1}{n-1}},$$

$$\begin{aligned}\|u\|_{L^{\frac{n}{n-1}}} &\leqslant \prod_{i=1}^{n}\left(\int|\partial_{x_i}u|\mathrm{d}x_1\cdots\mathrm{d}x_n\right)^{\frac{1}{n}}\\ &\leqslant \frac{1}{n}\sum_{i=1}^{n}\int|\partial_{x_i}u|\mathrm{d}x\leqslant C\|Du\|_{L^1}.\end{aligned}\tag{5.4}$$

对于一般的 $p>1$, 记 $q=\dfrac{np}{n-p}$, 取 $\gamma=\dfrac{(n-1)p}{n-p}$ $\left(使\gamma\dfrac{n}{n-1}=q\right)$, 则由前面关于 $p=1$ 时得到的 (5.4) 式知

$$\begin{aligned}\|u^{\gamma}\|_{L^{\frac{n}{n-1}}} &\leqslant C\|D(u^{\gamma})\|_{L^1}\leqslant C\int\left|u^{\gamma-1}\right|\cdot|Du|\,\mathrm{d}x\\ &\leqslant C\left(\int|u^{\gamma-1}|^{p'}\mathrm{d}x\right)^{\frac{1}{p'}}\left(\int|Du|^{p}\mathrm{d}x\right)^{\frac{1}{p}},\end{aligned}$$

注意到 $(\gamma-1)p'=\dfrac{p(n-1)-(n-p)}{n-p}\cdot\dfrac{p}{p-1}=\dfrac{np}{n-p}=q$, 故有

$$\|u^{\gamma}\|_{L^{\frac{n}{n-1}}}=\left(\int|u|^{q}\mathrm{d}x\right)^{\frac{n-1}{n}}=\|u\|_{L^q}^{\frac{p(n-1)}{n-p}}=\|u\|_{L^q}^{\gamma},$$

代入上式即得

$$\|u\|_{L^q}^{\gamma}\leqslant C\|u\|_{L^q}^{q\cdot\frac{1}{p'}}\cdot\|Du\|_{L^p},$$

但 $\gamma-\left(q\cdot\dfrac{1}{p'}\right)=\dfrac{p(n-1)}{n-p}-\dfrac{np}{n-p}\cdot\dfrac{p-1}{p}=1$, 所以成立

$$\|u\|_{L^q}\leqslant C\|Du\|_{L^p}.$$

证毕

注　当 n,p 给定时, 常数 $\dfrac{np}{n-p}$ 在 Sobolev 空间理论诸问题的讨论中会经常出现, 人们常将它简记为 p^*.

多次应用 (5.1), 可以得到如下结论.

引理 5.2　设 p 满足$1\geqslant\dfrac{1}{p}>\dfrac{k}{n}$, $\dfrac{1}{q}=\dfrac{1}{p}-\dfrac{k}{n}$, $k\leqslant m$, 则对于一切 $u\in C_c^{\infty}(R^n)$, 有

$$\|u\|_{H^{m-k,q}(R^n)}\leqslant C\|u\|_{H^{m,p}(R^n)}.\tag{5.5}$$

(5.5) 式中的常数 C 仅依赖于 p, n, k, m. 在此不写出其具体表示式.

不等式 (5.1) 与 (5.5) 称为 **Sobolev 不等式**, 利用它可以得到以下的**嵌入定理**.

定理 5.1　设 p 满足$1\geqslant\dfrac{1}{p}>\dfrac{k}{n}$, $\dfrac{1}{q}=\dfrac{1}{p}-\dfrac{k}{n}$, $k\leqslant m$, 则 $H^{m,p}(R^n)$ 是 $H^{m-k,q}(R^n)$ 的子空间, 且恒等映射是连续的 (这样的恒等映射就称为**嵌入映射**).

证明 对于任意的 $u\in H^{m,p}(R^n)$, 取 $C_c^\infty(R^n)$ 序列 $\{u_n\}$, 使 $u_n\to u\ (H^{m,p}(R^n))$. 由 (5.5) 知, $\{u_n\}$ 也是 $H^{m-k,q}(R^n)$ 中的收敛序列, 其极限显然也是 u, 所以 $u\in H^{m-k,q}(R^n)$, 这就是定理之结论. 证毕

定理 5.1 也可以叙述为, 在定理所述的条件下, $H^{m,p}(R^n)$ 可以连续地嵌入到 $H^{m-k,q}(R^n)$, 并记作

$$H^{m,p}(R^n)\hookrightarrow H^{m-k,q}(R^n).$$

利用 1.4 节中所述的 Sobolev 空间的延拓性质可知, 若 Ω 为 R^n 中具有光滑边界的区域, 指标 p,n,k,m 满足定理 5.1 的条件, 则有

$$H^{m,p}(\Omega)\hookrightarrow H^{m-k,q}(\Omega).$$

当 $\dfrac{1}{p}=\dfrac{k}{n}$ 时, 我们有如下结论.

定理 5.2 设 p 满足 $\dfrac{1}{p}=\dfrac{k}{n}\ (k\leqslant m)$, 则对任意实数 $q\geqslant 1$, 均有 $H^{m,p}(R^n)\hookrightarrow H^{m-k,q}(R^n)$.

证明 我们仅对 $k=m=1$ 的情形来证明之, 其余的情形留作习题. 先讨论 u 具有紧支集的情形. 这时, 对任意小的 $\varepsilon>0$, 均有 $u\in H^{1,p-\varepsilon}$. 于是由定理 5.1 知 $u\in L^{q(\varepsilon)}$, 其中 $q(\varepsilon)=\left(\dfrac{1}{p-\varepsilon}-\dfrac{1}{n}\right)^{-1}$. 当 ε 任意小时, $q(\varepsilon)$ 可以大于任意确定的有限数. 所以 $u\in L^q(R^n)$ 对一切实数 q 成立.

对于 u 不具有紧支集的情形, 用上面的做法即可以说明 $u\in L^q_{\rm loc}(R^n)$ 对任意 q 成立. 为说明对一般的 $u\in L^q(R^n)$ 也成立定理的结论, 我们将 u 分解为许多 $L^q_{\rm loc}(R^n)$ 函数之和, 对每一个分项处理后再相加. 为防止相加中出现无穷和的情形出现, 在将 u 分解时得有细致的考虑. 具体来说, 作 $a(x)\in C_c^\infty(R^n)$, 并使 $a(x)$ 在 $K=[0,1]^n$ 中为 1. 记 i 为重整数指标, $a(x)$ 的支集为 Ω, 则 $a(x-c)$ 的支集为 Ω 的平移 Ω_c, 且它在 K 的平移 K_c 上恒等于 1. 又作

$$\sigma(x)=\sum_{i\in Z^n}a(x-i),\quad b(x)=\frac{a(x)}{\sigma(x)},$$

则可以得到 R^n 上的单位分解 $1=\sum_{i\in Z^n}b(x-i)$, 其中对每一点 $x_0\in R^n$, 使 $b(x_0-i)\neq 0$ 的项只有有限个, 且其最大个数 N 与 x_0 无关. 于是, 有

$$u=\sum_i b_iu_i\quad (b_i(x)=b(x-i)),$$

$$\begin{aligned}\|u\|^q_{L^q(R^n)}&=\sum_i\int_{K_i}|u|^q\,\mathrm{d}x\leqslant C\sum_i\|b_iu\|^q_{L^q(\Omega_i)}\\&\leqslant C\sum_i\|b_iu\|^q_{H^{1,p}(\Omega_i)}\leqslant C\sum_i\|b_iu\|^{p(q/p)}_{H^{1,p}(\Omega_i)}\end{aligned}$$

$$\leqslant C\left(\sum_i \|b_i u\|^p_{H^{1,p}(\Omega_i)}\right)^{\frac{q}{p}}$$

$$\leqslant CN\left(\int_{R^n}\left(|u|^p+\sum_{j=1}^n|\partial_j u|^p\right)\mathrm{d}x\right)^{\frac{q}{p}}$$

$$\leqslant CN\|u\|^q_{H^{1,p}(R^n)}.$$

证毕

注　尽管定理 5.2 的结论对任意的 $1<q<\infty$ 成立, 但 q 不能取为 ∞. 这可以从下面的例子看出. 在 R^2 中取函数$u(x,y)=\left|\log(x^2+y^2)\right|^{\frac{1}{4}}$, 则可以验证 $u\in H^{1,2}(B_{\frac{1}{2}})$, 其中 $B_{\frac{1}{2}}$ 是以原点为心, 以 $\dfrac{1}{2}$ 为半径的圆. 但显然 $u\notin L^\infty$.

剩下考察$\dfrac{1}{p}-\dfrac{k}{n}<0$ 的情形, 对于 $k=m=1$ 的情形, 我们有下述引理.

引理 5.3　设 $\dfrac{1}{p}-\dfrac{1}{n}<0$, 记 $\alpha=1-\dfrac{n}{p}$, 则存在一个常数 C, 使得对一切 $u\in C_c^\infty(R^n)$ 成立

$$|u(x)-u(y)|\leqslant C\|u\|_{H^{1,p}}|x-y|^\alpha,\quad \forall x,y\in R^n. \tag{5.6}$$

证明　设 Ω_ρ 是边长为 ρ 的立方体 (且边平行于轴), 包含原点在其内部. 用 $\Omega_{t\rho}$ 表示 Ω_ρ 的相似立方体, 其相似比例为 t. 设 $u\in C_c^\infty(R^n)$, 由等式

$$u(x)-u(0)=\int_0^1\frac{\mathrm{d}}{\mathrm{d}t}u(tx)\mathrm{d}t$$

可得, 对 $x\in\Omega_\rho$ 成立

$$|u(x)-u(0)|\leqslant\rho\int_0^1\sum_{i=1}^n|(\partial_i u)(tx)|\,\mathrm{d}t. \tag{5.7}$$

于是由

$$\left|\frac{1}{\rho^n}\int_{\Omega_\rho}u(x)\mathrm{d}x-u(0)\right|$$

$$\leqslant\frac{1}{\rho^n}\int_{\Omega_\rho}|u(x)-u(0)|\,\mathrm{d}x$$

$$\leqslant\frac{1}{\rho^{n-1}}\int_0^1\mathrm{d}t\int_{\Omega_\rho}\sum_{i=1}^n|(\partial_i u)(tx)|\mathrm{d}x$$

$$=\frac{1}{\rho^{n-1}}\int_0^1\frac{\mathrm{d}t}{t^n}\int_{\Omega_{t\rho}}\sum_{i=1}^n|(\partial_i u)(y)|\,\mathrm{d}y.$$

但

$$\int_{\Omega_{t\rho}} |\partial_i u(x)| \, \mathrm{d}x \leqslant \left(\int_{\Omega_{t\rho}} |\partial_i u|^p \, \mathrm{d}x \right)^{\frac{1}{p}} \left(\int_{\Omega_{t\rho}} \mathrm{d}x \right)^{\frac{1}{p'}},$$

其中 p' 满足 $\dfrac{1}{p}+\dfrac{1}{p'}=1$. 因此

$$\int_{\Omega_{t\rho}} |\partial_i u(x)| \, \mathrm{d}x \leqslant C \, (t\rho)^{\frac{n}{p'}} \, \|u\|_{H^{1,p}},$$

从而有

$$\left| \frac{1}{\rho^n} \int_{\Omega_\rho} u(x) \mathrm{d}x - u(0) \right| \leqslant C \rho^{1-n+\frac{n}{p'}} \int_0^1 t^{\frac{n}{p'}-n} \mathrm{d}t \cdot \|u\|_{H^{1,p}}.$$

注意到 $1-n+\dfrac{n}{p'}=1-\dfrac{n}{p}=\alpha$, 即得

$$\left| \frac{1}{\rho^n} \int_{\Omega_\rho} u(x) \mathrm{d}x - u(0) \right| \leqslant C \, \rho^{\alpha} \, \|u\|_{H^{1,p}}. \tag{5.8}$$

(5.8) 式表示, 区域 Ω_ρ 中 $u(x)$ 的积分平均值与该区域中任一点函数值之差被 $C\rho^\alpha \|u\|_{H^{1,p}}$ 所控制. 现若 x 及 y 为任意的两点, $|x-y|=\rho$, 则总可将它们视为边长不超过 ρ 的立方体中的两点. 故利用 (5.8) 即知, (5.6) 对 $C_c^\infty(R^n)$ 函数成立. 证毕

定理 5.3 设 $\dfrac{1}{p}-\dfrac{1}{n}<0$, 则 $u \in H^{1,p}(R^n)$ 几乎处处等于一个连续函数. 以 $C^0(R^n)$ 记在 R^n 的连续函数空间, 装备以在所有紧致集上一致收敛的拓扑, 则有 $H^{1,p}(R^n) \subset\!\!\to C^0(R^n)$. 又记 $\alpha = 1-\dfrac{n}{p}$, 则还有 $H^{1,p}(R^n) \subset\!\!\to C^\alpha(R^n)$.

证明 对于任一紧集 $K \subset R^n$, 取 $x_0 \notin K$, 作 $C_c^\infty(R^n)$ 函数 $\zeta(x)$, 使 $\zeta(x_0)=0$ 且 $\zeta(x)$ 在 K 上恒等于 1. 显然 $\zeta u \in H^{1,p}(R^n)$, 将 (5.6) 应用于函数 ζu, 即得

$$|u(y)| \leqslant C \, \|\zeta u\|_{H^{1,p}(R^n)} \cdot |y-x_0|^\alpha, \quad \forall y \in K,$$

$$\|u\|_{C^0(K)} \leqslant C_1 \, \|u\|_{H^{1,p}(R^n)}.$$

于是, 容易如定理 5.1 的证明那样, 利用完备化的方法得到 $H^{1,p}(R^n) \to C^0(R^n)$. 又由 (5.6) 式那样

$$\sup_{x,y \in R^n} \frac{|u(x)-u(y)|}{|x-y|^\alpha} \leqslant C \, \|u\|_{H^{1,p}(R^n)}.$$

故有 $H^{1,p}(R^n) \subset\!\!\to C^\alpha(R^n)$. 证毕

注 由于 $H^{m,p}$ 函数可以在一个零测度集上任意改变其值, 所以我们说一个 $H^{m,p}$ 函数等同于一个连续函数是指它可以在改变一个零测度集上的值以后等于一个连续函数.

将定理 5.3 推广到一般指标的情形, 有如下定理.

定理 5.4　设 $\dfrac{k-1}{n} \leqslant \dfrac{1}{p} < \dfrac{k}{n}$, $k \leqslant m$, 则 $H^{m,p}(R^n) \subset\!\!\to C^{m-k}(R^n)$. 又记 $\alpha = k - \dfrac{n}{p}$ $(0 < \alpha \leqslant 1)$, 则当 $0 < \alpha < 1$ 时还有 $H^{m,p}(R^n) \subset\!\!\to C^{m-k,\alpha}(R^n)$. 而当 $\alpha = 1$ 时, 对任意 $0 < \beta < 1$, 有 $H^{m,p}(R^n) \subset\!\!\to C^{m-k,\beta}(R^n)$.

定理的证明留作习题.

利用 1.4 节中所述的 Sobolev 空间中元素的延拓性质可知, 若 Ω 为 R^n 中具有光滑边界的区域, 我们有相似于定理 5.1 到定理 5.4 的结论如下:

(1) 若 $1 \geqslant \dfrac{1}{p} > \dfrac{k}{n}$, $\dfrac{1}{q} = \dfrac{1}{p} - \dfrac{k}{n}$, $k \leqslant m$, 则

$$H^{m,p}(\Omega) \subset\!\!\to H^{m-k,q}(\Omega).$$

(2) 若 $\dfrac{1}{p} = \dfrac{k}{n}$, $k \leqslant m$, 则对于任意实数 q

$$H^{m,p}(\Omega) \subset\!\!\to H^{m-k,q}(\Omega).$$

(3) 若 $\dfrac{k-1}{n} \leqslant \dfrac{1}{p} < \dfrac{k}{n}$, $k \leqslant m$, 记 $\alpha = k - \dfrac{n}{p}$, 则当 $0 < \alpha < 1$ 时

$$H^{m,p}(\Omega) \subset\!\!\to C^{m-k,\alpha}(\Omega).$$

当 $\alpha = 1$ 时, 对任意的 $0 < \beta < 1$, 有

$$H^{m,p}(\Omega) \subset\!\!\to C^{m-k,\beta}(\Omega).$$

由于 Sobolev 空间的定义中可蕴涵几个指标, 基于源空间与目标空间的不同组合, 可以写出许多不同形式的 Sobolev 嵌入定理, 我们不在此一一列出, 有兴趣的读者可参见 Adams 的专著 [8].

读者可能注意到, 在定理 5.4 中 $\alpha = 1$ 的情形与 $\alpha < 1$ 的情形下定理结论的叙述有所不同, $\alpha = 1$ 的情形称为临界情形. 定理 5.2 相对于定理 5.1 来说也是如此. 在临界情形下, Sobolev 嵌入定理往往会出现更复杂的情况, 从而导致更精细的研究, 所以尽管 Sobolev 嵌入定理的基本结果在 20 世纪中叶已经建立, 以后人们仍根据各种应用问题的需要不断丰富这方面的研究成果, 特别是在各种临界指数情形下的探讨.

当 $p = 2$ 时, 可以利用 Fourier 变换给出 $m > \dfrac{n}{2} + k$ 时 $H^{m,2}(R^n) \subset\!\!\to C^k(R^n)$ 的一个简单证明. 事实上, 对一般的实指数 s, 我们有如下定理.

定理 5.5　设 $s > \dfrac{n}{2} + k$, 则 $H^s(R^n)$ 可以连续地嵌入到 $C^k(R^n)$ 中.

证明 以下仅就 $k=0$ 的情形给出证明. 若 $f\in H^s(R^n)$, 则

$$(1+|\xi|^2)^{\frac{s}{2}}\hat{f}(\xi)\in L^2(R^n),$$

又因为 $s>\dfrac{n}{2}$, 所以 $(1+|\xi|^2)^{-\frac{s}{2}}\in L^2(R^n)$, 从而由 Schwarz 不等式可知

$$\hat{f}(\xi)=(1+|\xi|^2)^{-\frac{s}{2}}\cdot(1+|\xi|^2)^{\frac{s}{2}}\hat{f}(\xi)\in L^1(R^n).$$

于是

$$\begin{aligned}|f(x)-f(x_0)|&=\left|\int_{R^n}(\mathrm{e}^{\mathrm{i}x\xi}-\mathrm{e}^{\mathrm{i}x_0\xi})\hat{f}(\xi)\text{đ}\xi\right|\\&\leqslant\int_{R^n}\left|\mathrm{e}^{\mathrm{i}(x-x_0)\xi}-1\right|\left|\hat{f}(\xi)\right|\text{đ}\xi\\&\leqslant\int_{|\xi|\leqslant A}\left|\hat{f}(\xi)\right|\text{đ}\xi\cdot\max_{|\xi|\leqslant A}\left|\mathrm{e}^{\mathrm{i}(x-x_0)\xi}-1\right|\\&\quad+2\int_{|\xi|>A}\left|\hat{f}(\xi)\right|\text{đ}\xi,\end{aligned}$$

因为 $\hat{f}(\xi)$ 为 L^1 可积, 所以对任意 $\varepsilon>0$, 可以取充分大的 A, 使不等式右端第二项小于 $\dfrac{\varepsilon}{2}$, 然后对此给定的 A, 在 x 充分接近于 x_0 时, 第一项也可小于 $\dfrac{\varepsilon}{2}$, 这就得到了 $f(x)$ 在 x_0 点是连续的. 于是 $H^s(R^n)$ 中每个元素都是连续函数. 而且, 从

$$\begin{aligned}|f(x)-g(x)|^2&=\left|\int_{R^n}\mathrm{e}^{\mathrm{i}x\xi}(\hat{f}(\xi)-\hat{g}(\xi))\text{đ}\xi\right|^2\\&\leqslant\left(\int_{R^n}\left|\hat{f}(\xi)-\hat{g}(\xi)\right|\text{đ}\xi\right)^2\\&\leqslant C\int_{R^n}(1+|\xi|^2)^s\left|\hat{f}(\xi)-\hat{g}(\xi)\right|^2\text{đ}\xi\cdot\int_{R^n}(1+|\xi|^2)^{-s}\text{đ}\xi\\&\leqslant C_1\|f-g\|_s^2\end{aligned}$$

可知, 从 $H^s(R^n)$ 到 $C^0(R^n)$ 的嵌入映射为连续的. 证毕

1.5.2 紧嵌入定理

在某些指标相互关系下, 我们不仅可得到上面所述的连续的嵌入映射, 而且这个嵌入映射是紧映射.

与嵌入定理相仿, 紧嵌入定理也有很多不同的形式, 下面我们仅讨论一种情形: $H^{m,p}(\Omega)$ 到 $L^q(\Omega)$ 的紧嵌入.

定理 5.6 设 Ω 为 R^n 中具有光滑边界的有界开集, $1\leqslant q<p^*$, 则 $H^{1,p}(\Omega)$ 到 $L^q(\Omega)$ 的嵌入映射为紧映射.

我们将先证明 $H^{1,p}(\Omega)$ 到 $L^1(\Omega)$ 的嵌入映射为紧映射. 然后再利用插值不等式证明定理中的结论. 为此先在此介绍 L^p 空间的插值不等式.

引理 5.4 (插值不等式) 设实数 s,r,t 满足 $1\leqslant s\leqslant r\leqslant t$, θ 满足 $\dfrac{1}{r}=\dfrac{\theta}{s}+\dfrac{1-\theta}{t}$, 又 $u\in L^s(\Omega)\cap L^t(\Omega)$, 则 $u\in L^r(\Omega)$, 且

$$\|u\|_{L^r(\Omega)}\leqslant\|u\|_{L^s(\Omega)}^{\theta}\|u\|_{L^t(\Omega)}^{1-\theta}. \tag{5.9}$$

证明 由 s,r,t 与 θ 满足的条件知 $\dfrac{\theta r}{s}+\dfrac{(1-\theta)r}{t}=1$, 因此由 Hölder 不等式知

$$\begin{aligned}&\int|u|^r\,\mathrm{d}x=\int|u|^{\theta r}\,|u|^{(1-\theta)r}\,\mathrm{d}x\\
=&\left(\int|u|^{\theta r\frac{s}{\theta r}}\mathrm{d}x\right)^{\frac{\theta r}{s}}\left(|u|^{(1-\theta)r\frac{t}{(1-\theta)r}}\,\mathrm{d}x\right)^{\frac{(1-\theta)r}{t}}\\
=&\|u\|_{L^s(\Omega)}^{\theta r}\|u\|_{L^t(\Omega)}^{(1-\theta)r},\end{aligned}$$

由此即得 (5.9) 式.

定理 5.6 的证明 由紧映射的定义我们需证明对于 $H^{1,p}(\Omega)$ 中任意的有界序列 $\{u_m\}$, 必有子序列 $\{u_{m_k}\}$ 收敛. 而由 Sobolev 空间元素的可延拓性质 (见定理 4.9 及其后的注), 可以认为 $\{u_m\}$ 是 $H^{1,p}(R^n)$ 中的有界序列, 且具有一致的紧支集 V.

记 J_ε 为 1.1 节中引入的磨光算子, 记 $J_\varepsilon u_m=u_m^\varepsilon$, 并设 u_m^ε 的支集也都含于 V 中. 由 1.1 节知当 $\varepsilon\to0$ 时在 $H^{1,p}(V)$ 中有 $u_m^\varepsilon\to u_m$, 现在还可以说明这个收敛关于 m 是一致的. 事实上, 若 u_m 也是光滑的, 则若 $\alpha(x)$ 为 1.1 节例 1.1 中给出的 C_c^∞ 函数, 可以有

$$\begin{aligned}u_m^\varepsilon(x)-u_m(x)&=\frac{1}{\varepsilon^n}\int_{B(x,\varepsilon)}\alpha\left(\frac{x-z}{\varepsilon}\right)(u_m(z)-u_m(x))\,\mathrm{d}z\\
&=\int_{B(0,1)}\alpha(y)(u_m(x-\varepsilon y)-u_m(x))\mathrm{d}y\\
&=\int_{B(0,1)}\alpha(y)\int_0^1\frac{\mathrm{d}}{\mathrm{d}t}(u_m(x-\varepsilon ty))\mathrm{d}t\mathrm{d}y\\
&=-\varepsilon\int_{B(0,1)}\alpha(y)\int_0^1 Du_m(x-\varepsilon ty)\cdot y\mathrm{d}t\mathrm{d}y,\end{aligned}$$

因此

$$\int_V|u_m^\varepsilon(x)-u_m(x)|\mathrm{d}x\leqslant\varepsilon\int_{B(0,1)}\alpha(y)\int_0^1\int_V|Du_m(x-\varepsilon ty)|\mathrm{d}x\mathrm{d}t\mathrm{d}y$$

$$\leqslant \varepsilon \int_V |Du_m(z)|\mathrm{d}z. \tag{5.10}$$

利用逼近法可知上式在 $u_m \in H^{1,p}(V)$ 时也成立. 故由 V 为确定的有界区域可知

$$\|u_m^\varepsilon - u_m\|_{L^1(V)} \leqslant \varepsilon \|Du_m\|_{L^1(V)} \leqslant \varepsilon C \|Du_m\|_{L^p(V)}, \tag{5.11}$$

而由于 u_m 为 $H^{1,p}$ 中的有界集, 就得知 $u_m^\varepsilon \to u_m$ 是关于 m 为一致的.

利用插值不等式 (5.9) 有

$$\|u_m^\varepsilon - u_m\|_{L^q(V)} \leqslant \|u_m^\varepsilon - u_m\|_{L^1(V)}^\theta \|u_m^\varepsilon - u_m\|_{L^{p^*}(V)}^{1-\theta},$$

其中 θ 满足 $\dfrac{1}{q} = \theta + \dfrac{1-\theta}{p^*}$. 于是由定理 5.1 知, $\varepsilon \to 0$ 时 $u_m^\varepsilon \to u_m(L^q(V))$ 关于 m 是一致的.

另一方面, 对每个固定的 $\varepsilon > 0$ 序列 $\{u_m^\varepsilon\}$ 时是一致有界与等度连续的. 这时因为有估计式

$$\begin{aligned}|u_m^\varepsilon(x)| &\leqslant \int_{B(x,\varepsilon)} \alpha_\varepsilon(x-y)\,|u_m(y)|\,\mathrm{d}y \\ &\leqslant \|D\alpha_\varepsilon\|_{L^\infty(R^n)} \|u_m\|_{L^1(V)} \leqslant \frac{C}{\varepsilon^{n+1}} < \infty, \\ |Du_m^\varepsilon(x)| &\leqslant \int_{B(x,\varepsilon)} |D\alpha_\varepsilon(x-y)|\,|u_m(y)|\,\mathrm{d}y \\ &\leqslant \|D\alpha_\varepsilon\|_{L^\infty(R^n)} \|u_m\|_{L^1(V)} \leqslant \frac{C}{\varepsilon^{n+1}} < \infty.\end{aligned}$$

于是, 由 Arzerà-Ascoli 定理知对每个固定的 $\varepsilon > 0$ 序列 $\{u_m^\varepsilon\}$ 是 $C^0(V)$ 中的紧序列.

现在我们来指出对每个 $\delta > 0$, 都能选取 $\{u_m\}$ 的子序列 $\{u_{m_j}\}_{j=1}^\infty \subset \{u_m\}_{m=1}^\infty$, 使得

$$\overline{\lim_{j,k\to\infty}} \|u_{m_j} - u_{m_k}\|_{L^q(V)} \leqslant \delta. \tag{5.12}$$

事实上, 由于 $u_m^\varepsilon \to u_m(L^q(V))$ 关于 m 是一致的, 故可选取 $\varepsilon > 0$, 使

$$\|u_m^\varepsilon - u_m\|_{L^q(V)} \leqslant \frac{\delta}{2}, \tag{5.13}$$

而由序列 $\{u_m^\varepsilon\}$ 在 $C^0(V)$ 上的紧性知可以选取子序列 $\{u_{m_j}^\varepsilon\}_{j=1}^\infty \subset \{u_m^\varepsilon\}_{m=1}^\infty$, 使

$$\overline{\lim_{j,k\to\infty}} \left\|u_{m_j}^\varepsilon - u_{m_k}^\varepsilon\right\|_{L^q(V)} = 0, \tag{5.14}$$

与 (5.13) 相结合, 即知有 (5.12) 所要求的

$$\overline{\lim_{j,k\to\infty}} \|u_{m_j} - u_{m_k}\|_{L^q(V)} \leqslant \delta$$

成立. 然后取 $\delta = 1, \frac{1}{2}, \frac{1}{3}, \cdots$, 并利用标准的取对角序列的方法就可得到子序列 $\{u_{m_s}\}_{s=1}^{\infty} \subset \{u_m\}_{m=1}^{\infty}$, 使

$$\overline{\lim_{j,k\to\infty}} \left\|u_{m_j} - u_{m_k}\right\|_{L^q(V)} = 0.$$

这就说明序列 $\{u_m\}$ 在空间 L^q 中的紧性. 于是定理 5.6 得证.　证毕.

由于连续性映射与紧映射的复合映射仍为紧映射, 故对于一般的 $H^{m,p}(\Omega)$ 空间, 成立结论:

若 $1 \geqslant \frac{1}{p} > \frac{k}{n}$, $k \leqslant m$, $\frac{1}{q_0} = \frac{1}{p} - \frac{k}{n}$, $q < q_0$, 则从 $H^{m,p}(\Omega)$ 从 $H^{m-k,q}(\Omega)$ 的嵌入映射为紧映射.

若 $\frac{1}{p} \leqslant \frac{k}{n}$, $k \leqslant m$, 则对任意实数 q, 从 $H^{m,p}(\Omega)$ 到 $H^{m-k,q}(\Omega)$ 的嵌入映射为紧映射.

系　作为上述结论的特例, 对于非负整数 m_1, m_2, 若 $m_1 > m_2$, 则 $H^{m_1,p}(\Omega)$ 到 $H^{m_2,p}(\Omega)$ 的嵌入映射是紧映射.

我们特别强调指出, 在紧嵌入定理中, 区域 Ω 的有界性十分重要. 否则, 还必须对区域是如何延伸到无穷远处的方式加限制条件.

关于紧嵌入定理的其他各种形式, 有兴趣的读者可参见 [8].

1.5.3　迹定理

以下讨论 Sobolev 空间中的元素在低维流形上的取值, 因为在特定区域中考察偏微分方程时, 经常与未知函数在边界上的取值相关联. 所以当我们在 Sobolev 空间中讨论偏微分方程的求解时, 先阐明 Sobolev 空间中的元素在低维流形上的取值的含义就尤为重要. 为叙述简单起见, 我们在本节中研究 $H^m(\Omega)$ 函数边界取值的性质. 由于边界 $\partial\Omega$ 对于 Ω 来说是零测度集, 所以以后凡述及 $H^m(\Omega)$ 函数在边界上的取值都得按下面定理中所述的 C^∞ 函数空间中迹映射连续扩张的意义来理解. 下面先考察 Ω 为 R_+^n 的情形.

定理 5.7　设 γ 是 $C^\infty(\overline{R}_+^n)$ 函数 $\varphi(x_1, \cdots, x_n)$ 到边界 $x_n = 0$ 上的取值 $\varphi(x_1, \cdots, x_{n-1}, 0)$ 的映射, 则它可连续地扩张到整个 $H^1(R_+^n)$ 上, 且 $\gamma(H^1(R_+^n)) \subset H^{\frac{1}{2}}(R^{n-1})$.

证明　设 $u \in H^1(R_+^n)$, 则存在 $C^\infty(\overline{R}_+^n)$ 中具紧支集的函数列 $\{u_\nu\}$, 使 $u_\nu \to u(H^1(R_+^n))$. 今以 $\widehat{u}_\nu(\xi', x_n)$ 记 $u_\nu(x)$ 关于 $x' = (x_1, \cdots, x_{n-1})$ 的部分 Fourier 变换, 有

$$\left|\widehat{u}_\nu(\xi', 0)\right|^2 = -2\mathrm{Re}\int_0^{+\infty} \frac{\partial \widehat{u}_\nu}{\partial x_n}(\xi', x_n)\overline{\widehat{u}_\nu(\xi', x_n)}\,\mathrm{d}x_n. \tag{5.15}$$

两边乘以 $(1+|\xi'|^2)^{\frac{1}{2}}$, 并关于 ξ' 在 R^{n-1} 上积分, 则根据 Schwarz 不等式, 即得

$$\begin{aligned}
\|\gamma u_\nu\|^2_{H^{\frac{1}{2}}(R^{n-1}_{x'})} \leqslant & 2\left(\int_{R^{n-1}_{\xi'}}\int_0^{+\infty}\left|\frac{\partial \widehat{u}_\nu}{\partial x_n}(\xi',\, x_n)\right|^2 \mathrm{d}x_n\mathrm{d}\xi'\right)^{\frac{1}{2}} \\
& \times\left(\int_{R^{n-1}_{\xi'}}\int_0^{+\infty}(1+|\xi'|^2)\,|\widehat{u}_\nu(\xi',\, x_n)|^2\,\mathrm{d}x_n\mathrm{d}\xi'\right)^{\frac{1}{2}} \\
\leqslant & C\left(\int_{R^{n-1}_{x'}}\int_0^{+\infty}\left|\frac{\partial u_\nu}{\partial x_n}(x',\, x_n)\right|^2 \mathrm{d}x_n\mathrm{d}x'\right. \\
& +\int_{R^{n-1}_{x'}}\int_0^{+\infty}|u_\nu(x',\, x_n)|^2\,\mathrm{d}x_n\mathrm{d}x' \\
& \left.+\sum_{i=1}^{n-1}\int_{R^{n-1}_{x'}}\int_0^{+\infty}\left|\frac{\partial u_\nu}{\partial x_i}(x',\, x_n)\right|^2 \mathrm{d}x_n\mathrm{d}x'\right) \\
= & C\,\|u_\nu\|^2_{H^1(R^n_+)}\,.
\end{aligned}$$

故由 $u_\nu \to u\ (H^1(R^n_+))$, 即知 γu_ν 在 $H^{\frac{1}{2}}(R^{n-1})$ 中构成一个 Cauchy 序列, 它的极限元素就记为 γu, 并称为 u 在边界 $x_n=0$ 上的迹. 显然, $\gamma u\in H^{\frac{1}{2}}(R^{n-1})$. 证毕

不难进一步证明: 若 $u\in H^m(R^n_+)$, 则可以定义 u 在边界 $x_n=0$ 上的迹 $\gamma_0 u$, $\gamma_1 u, \cdots, \gamma_{m-1}u$. 对每个 $j(0\leqslant j\leqslant m-1)$, γ_j 是从 $H^m(R^n_+)$ 到 $H^{m-j-\frac{1}{2}}(R^{n-1})$ 的线性连续映射. 特别当 u 是 $C^\infty(\overline{R}^n_+)$ 函数时, 有

$$\gamma_j u=\frac{\partial^j u}{\partial x_n^j}.$$

定理 5.7 称为**迹定理**. 利用流形上 Sobolev 空间的定义, 可以得到如下迹定理的一个较一般的形式.

定理 5.8 设 Ω 为具有光滑边界的有界区域, $u\in H^m(\Omega)$, 则可以定义 u 在边界 $\partial\Omega$ 上的迹 $\gamma_0 u$, $\gamma_1 u$, $\cdots$, $\gamma_{m-1}u$, 其中γ_j $(0\leqslant j\leqslant m-1)$ 是 $H^m(\Omega)$ 到 $H^{m-j-\frac{1}{2}}(\partial\Omega)$ 的线性连续映照, 且对于 $C^\infty(\overline{R}^n_+)$ 函数 u, $\gamma_j u$ 就是 $\dfrac{\partial^j u}{\partial\nu^j}$ 在边界 $\partial\Omega$ 上的取值, 这里 $\dfrac{\partial}{\partial\nu}$ 表示对 Ω 的外法向求导.

我们在此指出, 当 m 为正整数时, $H^m_0(\Omega)$ 函数 u 在边界 $\partial\Omega$ 上的迹 $\gamma_0 u$, $\gamma_1 u, \cdots, \gamma_{m-1}u$ 均为 0. 当 $p\neq 2$ 时, 对于 Sobolev 空间 $H^{m,p}(\Omega)$ 中元素在 $\partial\Omega$ 上迹的讨论比较复杂些. 若放弃最佳结果的要求, 可采用较简单的推导得到如下的结论.

定理 5.9 设 Ω 是具有光滑边界的有界区域, $u\in H^{1,p}(\Omega)$, γ 是 $C^\infty(\overline{\Omega})$ 函数到边界 $\partial\Omega$ 上取值的映射, 则它可连续地扩张到整个 $H^{1,p}(\Omega)$ 上, 且 $\gamma u\in L^p(\partial\Omega)$

$$\|\gamma u\|_{L^p(\partial\Omega)}\leqslant C\,\|u\|_{H^{1,p}(\Omega)}\,. \tag{5.16}$$

证明　我们只需证明对 $C^\infty(\overline{\Omega})$ 函数成立 (5.16) 式. 又利用局部化与展平的技巧, 只需对 Ω 为 R_+^n, $u\in C_c^\infty(\overline{R_+^n}\cap B_1)$ 的情形加以证明, 其中 B_r 是以原点为圆心以 r 为半径的圆.

作 $\zeta\in C_c^\infty(B_2)$, 使它在 B_1 中恒等于 1, 则记 $x'=(x_1,\cdots,x_{n-1})$, 有

$$\begin{aligned}\int_{x_n=0}|u|^p\mathrm{d}x' &= \int_{x_n=0}\zeta\,|u|^p\mathrm{d}x' = -\int_{B_2^+}(\zeta\,|u|^p)_{x_n}\mathrm{d}x\\ &= -\int_{B_1^+}|u|^p\,\zeta_{x_n}+p\,|u|^{p-1}\,(\mathrm{sgn}u)u_{x_n}\zeta\mathrm{d}x,\end{aligned}$$

再利用

$$|u|^{p-1}|u_{x_n}|\leqslant C((|u|^{p-1})^{\frac{p}{p-1}}+|u_{x_n}|^p)\leqslant C(|u|^p+|Du|^p),$$

即有

$$\int_{x_n=0}|u|^p\mathrm{d}x'\leqslant C\int_{B_1^+}(|u|^p+|Du|^p)\mathrm{d}x,$$

从而可得到 (5.16).

定理 5.9 的结论不是最佳的. 因为当 $p=2$ 时, 它只给出 $\gamma u\in L^2(\partial\Omega)$, 而事实上从定理 5.8 可知有 $\gamma u\in H^{\frac{1}{2}}(\partial\Omega)$. 但为得到最佳的结果, 需要更复杂的分析. 对此, 有兴趣的读者可参见 [8], [13].

下面, 我们给出迹定理的一个应用, 指出在什么条件下, 两个相邻区域中的 H^1 函数可以保持 H^1 性质而衔接起来.

定理 5.10　设 $u_1\in H^1(R_+^n)$, $u_2\in H^1(R_-^n)$, 在 $x_n=0$ 上有 $\gamma u_1=\gamma u_2$, 则若定义 L^2 函数

$$u=\begin{cases}u_1, & x_n>0,\\ u_2, & x_n<0,\end{cases}$$

u 必为 $H^1(R^n)$ 函数.

证明　我们首先指出, 对任意具有紧支集的 $C^\infty(\overline{R}_+^n)$ 函数 φ, 成立

$$\int_{R_+^n}\frac{\partial u_1}{\partial x_i}\varphi\mathrm{d}x=-\int_{R_+^n}u_1\frac{\partial\varphi}{\partial x_i}\mathrm{d}x,\quad 1\leqslant i\leqslant n-1, \tag{5.17}$$

$$\int_{R_+^n}\frac{\partial u_1}{\partial x_n}\varphi\mathrm{d}x=-\int_{R^{n-1}}(\gamma u_1)\varphi(x',\,0)\mathrm{d}x'-\int_{R_+^n}u_1\frac{\partial\varphi}{\partial x_n}\mathrm{d}x.$$

事实上, 由于 $u_1\in H^1(R_+^n)$, 故有

$$u_1^{(\nu)}\in C^\infty(\overline{R}_+^n),\quad u_1^{(\nu)}\to u_1(H^1(R_+^n)).$$

对 $u_1^{(\nu)}$ 显然成立

$$\int_{R_+^n} \frac{\partial u_1^{(\nu)}}{\partial x_i}\varphi \mathrm{d}x = -\int_{R_+^n} u_1^{(\nu)}\frac{\partial \varphi}{\partial x_i}\mathrm{d}x, \quad 1 \leqslant i \leqslant n-1,$$

$$\int_{R_+^n} \frac{\partial u_1^{(\nu)}}{\partial x_n}\varphi \mathrm{d}x = -\int_{R^{n-1}} (\gamma u_1^{(\nu)})\varphi(x',\ 0)\mathrm{d}x' - \int_{R_+^n} u_1^{(\nu)}\frac{\partial \varphi}{\partial x_n}\mathrm{d}x.$$

令 $\nu \to \infty$, 并利用 γ: $H^1(R_+^n) \to L^2(R^{n-1})$ 的连续性, 即得到 (5.17) 式.

类似地, 在下半空间可以导出关于 u_2 的积分等式

$$\int_{R^n} \frac{\partial u_2}{\partial x_i}\varphi \mathrm{d}x = -\int_{R^n} u_2\frac{\partial \varphi}{\partial x_i}\mathrm{d}x, \quad 1 \leqslant i \leqslant n-1, \tag{5.18}$$

$$\int_{R_-^n} \frac{\partial u_2}{\partial x_n}\varphi \mathrm{d}x = \int_{R^{n-1}} (\gamma u_2)\varphi(x',\ 0)\mathrm{d}x' - \int_{R_-^n} u_2\frac{\partial \varphi}{\partial x_n}\mathrm{d}x.$$

将 (5.17) 与 (5.18) 两式相加, 并利用条件 $\gamma u_1 = \gamma u_2$, 即得

$$\int_{R_+^n} \frac{\partial u_1}{\partial x_i}\varphi \mathrm{d}x + \int_{R_-^n} \frac{\partial u_2}{\partial x_i}\varphi \mathrm{d}x = -\int_{R^n} u\frac{\partial \varphi}{\partial x_i}\mathrm{d}x, \quad 1 \leqslant i \leqslant n,$$

所以将上半空间为 $\dfrac{\partial u_1}{\partial x_i}$、下半空间为 $\dfrac{\partial u_2}{\partial x_i}$ 的两个 L^2 函数拼起来所得到的 L^2 函数恰为 u 的导数. 从而 u 在 R^n 中的导数属于 $L^2(R^n)$, 故 $u \in H^1(R^n)$. 证毕

利用局部化技巧即可得如下结论: 若有一个光滑超曲面 Γ 将给定的区域 Ω 分成两个子区域 Ω_1 与 Ω_2, 又若 u 在 Ω_1, Ω_2 中均为 H^1 函数, 且在 Γ 上两侧的迹相等, 那么 u 也是整个区域 Ω 中的 H^1 函数.

最后, 我们证明一个命题, 它可视为迹定理的逆形式, 从而也说明定理 5.7 中所示的结果是最佳的.

定理 5.11 设 $f_j \in H^{m-j-\frac{1}{2}}(R^{n-1})(0 \leqslant j \leqslant m-1)$, 则存在函数 $u \in H^m(\overline{R}_+^n)$, 使 $\gamma_j u = f_j(0 \leqslant j \leqslant m-1)$.

证明 我们就 $m=1$ 的情形进行证明之. 先设 $f \in \mathscr{S}(R^{n-1})$, 取函数 $\psi \in C_c^\infty(R^1)$, 使 ψ 在 0 的某邻域中恒等于 1, 记 $x' = (x_1, \cdots, x_{n-1})$, $\xi' = (\xi_1, \cdots, \xi_{n-1})$, $\lambda = (1+|\xi'|^2)^{\frac{1}{2}}$, $\hat{f}(\xi')$ 为 $f(x')$ 的部分 Fourier 变换. 令

$$v(\xi',\ x_n) = \psi(\lambda x_n)\hat{f}(\xi'), \tag{5.19}$$

则 $v \in \mathscr{S}(R_{\xi'}^{n-1} \times R_{x_n}^1)$.

记 $u(x)$ 为 $v(\xi',\ x_n)$ 的部分 Fourier 逆变换, 即

$$u(x',\ x_n) = \int \mathrm{e}^{\mathrm{i}x'\cdot\xi'} v(\xi',\ x_n)\text{đ}\xi',$$

则 $u \in \mathscr{S}(R_x^n)$, 且 $u(x',0)=f(x')$. 为了将 $f(x')$ 与 $u(x)$ 的对应扩充到空间 $H^{\frac{1}{2}}(R^{n-1})$ 上, 需要建立此映射的有界性. 由于

$$\begin{aligned}\|u\|_{H^1(R_x^n)}^2 &= \|u\|_{L^2(R_x^n)}^2 + \sum_{k=1}^{n-1}\|u_{x_k}\|^2 + \|u_{x_n}\|^2 \\ &= \int_{R_{\xi'}^{n-1}\times R_{x_n}^1} (v^2(1+|\xi'|^2)+v_{x_n}^2)\text{đ}\xi'\mathrm{d}x_n \\ &= \int_{R_{\xi'}^{n-1}\times R_{x_n}^1} (1+|\xi'|^2)\left|\hat{f}(\xi')\right|^2((\psi(\lambda x_n))^2+(\psi'(\lambda x_n))^2)\text{đ}\xi'\mathrm{d}x_n \\ &= \int_{R_{\xi'}^{n-1}} (1+|\xi'|^2)^{\frac{1}{2}}\left|\hat{f}(\xi')\right|^2\text{đ}\xi'\cdot\int_{R_{x_n}^1}(\psi^2+\psi'^2)(\lambda x_n)\mathrm{d}(\lambda x_n) \\ &\leqslant C\|f\|_{H^{\frac{1}{2}}(R^{n-1})}^2.\end{aligned}$$

并注意到 $\mathscr{S}(R^{n-1})$ 在 $H^{\frac{1}{2}}(R^{n-1})$ 中稠密, 就可以利用完备化的方法将映射扩充到全空间, 事实上, 对任意 $f\in H^{\frac{1}{2}}(R^{n-1})$, 必定存在 $\mathscr{S}(R^{n-1})$ 中的序列 $\{f_n\}$, 使 $f_n \to f(H^{\frac{1}{2}}(R^{n-1}))$. 对每个 f_n 有 $u_n\in\mathscr{S}(R^n)$ 使 $u_n\to u(H^1(R^n))$, 故 $u\in H^1(R^n)$(从而 u 在 $\overline{R}_+^n$ 上的限制属于 $H^1(\overline{R}_+^n)$), 于是 $\gamma u = f$. 证毕

对于 $m>1$ 情形下证明的详细叙述留给读者.

注 定理 5.11 中将 R^{n-1} 中的函数延拓到 R^n 中的技巧是很值得体会的. 它在从边界往内区延拓的过程中可升高被延拓函数的正则性, 这是十分重要的. 在非线性偏微分方程边值问题的求解中常采用迭代法从一个近似解出发逐步地逼近问题的真解. 于是, 在迭代过程中往往会反复地出现 "延拓" 与 "取边值" 的过程. 由于在迹定理中一个在区域内部为 H^s 正则的函数, 在边界上的值只能属于 $H^{s-\frac{1}{2}}$, 故在将边界的取值往区域内部延拓时, 必须要提高$\dfrac{1}{2}$ 阶的正则性, 才能将前一步损失的正则性补偿回来, 而使整个迭代过程是可持续的. 我们注意到, 如果简单地直接令 $f(x',x_n)=f(x',0)$ 将边界上定义的函数延拓到内区, 是不可能升高函数的正则性的.

利用局部化技术, 容易从定理 5.11 得到如下结论.

定理 5.12 设 Ω 是具有 C^∞ 光滑边界的区域, $f_j\in H^{m-j-\frac{1}{2}}(\partial\Omega)(0\leqslant j\leqslant m-1)$, 则存在函数 $u\in H^m(\Omega)$, 使在 $\partial\Omega$ 上 $\gamma_j u = f_j(0\leqslant j\leqslant m-1)$.

习 题

1. 试对于 $m\geqslant k>1$ 的情形证明定理 5.2.
2. 试证明定理 5.4.
3. 证明紧映射与连续映射的复合映射仍为紧映射.

4. 试直接利用 Fourier 变换证明定理 5.7 后面的结论.

5. 证明 $H_0^1(\Omega)$ 函数在 $\partial\Omega$ 上的迹必为零. 反之, 若 $H^1(\Omega)$ 函数 $u(x)$ 在 $\partial\Omega$ 上的迹为零, 则它属于 $H_0^1(\Omega)$.

6. 记 R_+^n 为$\{x\,|x_n>0\}$, 试证明：若 $u\in H_0^1(R_+^n)\cap H^2(R_+^n)$, 则对 $1\leqslant i\leqslant n-1$, 有 $\dfrac{\partial u}{\partial x_i}\in H_0^1(R_+^n)$.

7. 证明对任意实数 $s>t$, $H^s(R^n)$ 到 $H^t(R^n)$ 的嵌入映射是连续的.

8. 证明当 $s>\dfrac{n}{2}$ 时, 由 $u\in H^s(R^n)$, $v\in H^s(R^n)$ 可推知 $uv\in H^s(R^n)$.

9. 对一般 $m>1$ 的情形, 证明定理 5.11 成立.

10. 试证明：对 $s>\dfrac{1}{2}$ 可定义 $H^s(R^n)$ 到 $H^{s-\frac{1}{2}}(R^{n-1})$ 的连续迹映射.

第 2 章　偏微分方程的一般理论

从本章开始我们就讨论偏微分方程的各类问题. 首先在这一章中介绍与偏微分方程一般理论相关的一些概念与结论. 然后在其后的各章中分别对椭圆型、双曲型、抛物型等几种主要类型的方程进行讨论. 这些讨论一般都在广义函数的框架中进行.

2.1　一般概念、特征与分类

2.1.1　偏微分方程的一般概念

给定一个形如

$$F\left(x_1,\cdots,x_n,u,\frac{\partial u}{\partial x_1},\cdots,\frac{\partial^{|\alpha|}u}{\partial x^\alpha},\cdots\right)=0 \tag{1.1}$$

的等式, 其中 α 为重指标 $(\alpha_1,\cdots,\alpha_n)$, 每个 α_j 为非负整数, $|\alpha|=\alpha_1+\cdots+\alpha_n$, $x_1,\cdots,x_n$ 为自变量, 一般取实值, u 为未知函数, $\dfrac{\partial^{|\alpha|}u}{\partial x^\alpha}$ 是 $\dfrac{\partial^{\alpha_1+\cdots+\alpha_n}u}{\partial x_1^{\alpha_1}\cdots\partial x_n^{\alpha_n}}$ 的简写. F 是 $x_1,\cdots,x_n,u$ 以及 u 的偏导数的已知函数. 有时, F 可以不显含 x_i 或 u, 但必须含 u 的偏导数, 这样的等式 (1.1) 称为**偏微分方程**. 如果有一组这样的方程且它们所涉及的未知函数一般也不止一个, 则这一组方程就构成**偏微分方程组.**

出现在偏微分方程 (组) 中未知函数的偏导数的最高阶数称为该偏微分方程 (组) 的**阶**. 如果方程 (组) 对未知函数及所有偏导数都是线性的, 则称其为**线性偏微分方程 (组)**, 否则, 称为**非线性偏微分方程 (组)**. 在非线性偏微分方程 (组) 中, 如果方程 (组) 只对未知函数的最高阶偏导数是线性的, 称为**拟线性偏微分方程 (组)**.

若函数 u(在方程组的情形下是一组函数) 在指定的区域中连续, 且具有偏微分方程 (组) 中所出现的一切导数, 且将它代入这个 (这些) 方程时, 使方程化为恒等式, 则称 u 是该偏微分方程 (组) 的**解**或**古典解**(也称为**经典解**). 由于实际应用的需要, 除研究古典解外, 人们还常常需要研究各种广义意义下的解. 它们将按较弱的意义满足方程, 称为**广义解**. 广义解的定义将按不同场合的需要而异. 特别地, 当所考察的偏微分方程 (组) 为线性时, 可以在广义函数类中定义偏微分方程的解, 本书第 1 章就为讨论这种广义函数作了准备.

由于在一般情形下, 一个偏微分方程 (组) 可以允许有很多解. 例如, 好多来自于物理学的偏微分方程, 如波动方程、热传导方程、位势方程、流体力学中的欧拉方程组等, 都分别表达了一大类物理运动的规律. 故任何一种表示相应的运动形式的函数都应该是有关偏微分方程的解. 因此, 为了确定一个偏微分方程 (组) 的特定的解, 常常还需要加上一些辅助条件以协助决定解, 它们称为**定解条件**. 例如未知函数在初始时刻 (如果自变量中有某个变量有时间的意义) 应满足的初始条件, 在所考察区域的边界上应满足的边界条件等. 相应地, 可以研究偏微分方程 (组) 初值问题、边值问题、初边值问题等, 并定义这些定解问题的古典解或广义解.

2.1.2 特征

在偏微分方程理论中特征 (如特征面、特征线等) 是一个十分重要的概念. 它决定了方程的分类、定解问题的提法, 也对于偏微分方程解的性质以至求解方法有很大的影响.

为介绍偏微分方程特征的概念. 先考察线性方程的情形. 线性偏微分方程的一般形式为

$$\sum_{|\alpha|\leqslant m} a_\alpha(x)\partial_x^\alpha u = f(x). \tag{1.2}$$

其左边微分算子的主部为

$$\sum_{|\alpha|=m} a_\alpha(x)\partial_x^\alpha, \tag{1.3}$$

今若有曲面 π: $\varphi(x_1,\cdots,x_n)=0$, 其中函数 $\varphi(x_1,\cdots,x_n)\in C^1$ 满足

$$\sum_{|\alpha|=m} a_{\alpha_1\cdots\alpha_n}(x)\left(\varphi_{x_1}\right)^{\alpha_1}\cdots\left(\varphi_{x_n}\right)^{\alpha_n}=0,\quad \forall x\in\pi. \tag{1.4}$$

则称 π 为方程 (1.2) 的**特征曲面 (特征面)**或**特征流形.** 当 $n=2$ 时, 特征曲面就是**特征曲线 (特征线)**. 特征曲面上每一点的法方向称为**特征方向**. 易见, 若 $\overrightarrow{\ell}\,(\ell_1,\cdots,\ell_n)$ 为 x 点的特征方向, 它应满足

$$\sum_{|\alpha|=m} a_{\alpha_1\cdots\alpha_n}(x)\ell_1^{\alpha_1}\cdots\ell_n^{\alpha_n}=0. \tag{1.5}$$

特征曲面的概念在偏微分方程理论中十分重要, 例如, 特征曲面是偏微分方程弱间断解的弱间断奇性的载体. 下面来说明之.

先介绍弱间断解的概念, 对于一个 m 阶方程来说, 若有函数 u 在自变量变化的某个区域中连续且具有直至 $m-1$ 阶连续偏导数, 在此区域中除了一个 (或有限个) 低一维的光滑曲面 π 以外有 m 阶连续偏导数, 且处处满足方程. m 阶导数在 π 上有第一类间断, 则函数 u 称为原方程的**弱间断解**. 而 π 就称为**弱间断曲面**.

今若 π: $\varphi(x_1,\cdots,x_n)=0$ 是偏微分方程弱间断解的弱间断曲面, 可以证明它必为特征曲面. 以下对 π 上每一点的邻域来证明这一点. 若 π 在 x^0 点非退化, 则 $\dfrac{\partial\varphi}{\partial x_1},\cdots,\dfrac{\partial\varphi}{\partial x_n}$ 中至少有一个不为零, 不妨设 $\dfrac{\partial\varphi}{\partial x_n}\neq 0$. 于是, 令

$$\begin{cases}\xi_i=x_i-x_i^0, & 1\leqslant i\leqslant n-1,\\ \xi_n=\varphi(x_1,\cdots,x_n)\end{cases}\tag{1.6}$$

就是 x^0 邻域的一个可逆变换, 且曲面 $\varphi(x_1,\cdots,x_n)=0$ 经此变换变成了 $\xi_n=0$.

在坐标变换 (1.6) 下, 方程 (1.2) 就化成形式

$$H(\varphi_{x_1},\cdots,\varphi_{x_n})\frac{\partial^m u}{\partial\xi_n^m}+\cdots=f,\tag{1.7}$$

其中

$$H(\varphi_{x_1},\cdots,\varphi_{x_n})=\sum_{|\alpha|=m}a_{\alpha_1\cdots\alpha_n}(x)\,(\varphi_{x_1})^{\alpha_1}\cdots(\varphi_{x_n})^{\alpha_n}.$$

(1.7) 式中被省略的项中求导数阶数不超过 m, 且其中关于 ξ_n 求导数的阶数不超过 $m-1$. 于是, 若在 π 上给出了 u 以及 u 的直到 $m-1$ 阶导数值, 则 (1.7) 式除左边第一项外都是已知的. 是否能从此式进一步决定 $\dfrac{\partial^m u}{\partial\xi_n^m}$ 之值, 就取决于它的系数 $H(\varphi_{x_1},\cdots,\varphi_{x_n})$ 是否为零. 若 $H\neq 0$, 则 $\dfrac{\partial^m u}{\partial\xi_n^m}$ 以及其他所有 m 阶导数都可以唯一的确定, 从而不可能有以 $\varphi=0$ 为弱间断面的弱间断解. 反之, 若 $H=0$, 则 m 阶导数 $\dfrac{\partial^m u}{\partial\xi_n^m}$ 可以任意给定而不影响 (1.6) 式的成立, 从而可以存在以 $\varphi=0$ 为弱间断面的弱间断解. 注意到 $H=0$ 就是特征曲面的方程 (1.4), 故知只有特征曲面上才可能产生弱间断.

在近代偏微分方程理论中常常通过微分算子的象征来研究微分算子. 方程 (1.2) 左边的微分算子对应的象征是 (参见 1.3 节)

$$\sum_{|\alpha|\leqslant m}a_\alpha(x)\,(\mathrm{i}\xi)^\alpha.$$

其主象征是 $\sum_{|\alpha|=m}a_\alpha(x)\,(\mathrm{i}\xi)^\alpha$.

注意到 $\sum_{|\alpha|=m}a_\alpha(x)\xi^\alpha$ 与 (1.5) 式左边的表达式完全一致 (将 (1.5) 式左边的 ℓ^α 替换成 ξ^α). 因此, 我们也将 $R_x^n\times R_\xi^n$ 中的集合

$$\Lambda=\left\{(x,\xi)\,\middle|\,\xi\neq 0,\ \sum_{|\alpha|=m}a_\alpha(x)\xi^\alpha=0\right\}\tag{1.8}$$

称为方程 (1.2) 左边偏微分算子的**特征集**. 利用特征集的概念也可以重新定义特征曲面如下. 若在 x 空间中的曲面 π 满足条件: 其上任何一点及其携带的曲面法向

系数均落在特征集 Λ 之中, 则称 π 为**特征曲面**. 反之若曲面 S 上任何一点及其携带的曲面法向系数恒不在 Λ 之中, 则称 S 为**非特征曲面**.

对于非线性偏微分方程, 也可以定义 x 空间中的特征曲面与 $(x,\ \xi)$ 空间中的特征集, 但这时特征曲面或特征集都是与解有关的. 例如, 就如下形式的拟线性方程

$$\sum_{|\alpha|\leqslant m} a_\alpha(x,\ u)\partial_x^\alpha u = f(x) \tag{1.9}$$

来说. 它的特征方程为

$$\sum_{|\alpha|=m} a_{\alpha_1,\cdots,\alpha_n}(x,\ u)\left(\varphi_{x_1}\right)^{\alpha_1}\cdots\left(\varphi_{x_n}\right)^{\alpha_n} = 0. \tag{1.10}$$

从而只有在解 u 知道后, 将 $u(x)$ 代入 (1.10), 才能判定一个给定的曲面 $\varphi(x_1,\cdots,x_n)=0$ 是否为特征曲面.

2.1.3 偏微分方程的分类

偏微分方程形式多种多样, 形式上不同的方程可以具有相近的性质, 也可以相差甚远. 因此, 对偏微分方程分类进行研究是十分重要的. 本节初引进的 “线性” “阶” 等概念都是分类的依据, 而利用 “特征” 也可以对偏微分方程 (或偏微分算子) 进行分类, 以后我们会看到, 这种分类, 抓住了偏微分方程的本质的性质, 在偏微分方程研究中尤为重要.

现在讨论对线性偏微分算子的分类. 记 $D_j=\dfrac{1}{\mathrm{i}}\partial_{x_j}, P=p(x,\ D)=\sum_{|\alpha|\leqslant m} a_\alpha(x)D^\alpha$, 并记 $p_m(x,\ D)=\sum_{|\alpha|=m} a_\alpha(x)D^\alpha$ 为偏微分算子 $p(x,\ D)$ 的主部. 记 (1.8) 式中定义的特征集 Λ 为 $\mathrm{Char}\ (P)$.

定义 1.1 若 $p(x,\ D)$ 为定义在区域 Ω 中的偏微分算子, 若对某一点 $x\in\Omega$ 及任意的 $\xi\in R^n\backslash\{0\}$, $p_m(x,\ \xi)\neq 0$, 则称算子 $p(x,\ D)$**在x点为椭圆型算子.** 若 $p(x,\ D)$ 对任意 $x\in\Omega$ 都是椭圆型的, 则称 $p(x,\ D)$**在Ω中为椭圆型算子.**

易见, 若 $p(x,\ D)$ 在 Ω 中为椭圆型, 则 $\mathrm{Char}(p)=\varnothing$, 反之亦然.

例 1.1 Laplace 算子 $\Delta=\sum_{j=1}^n \dfrac{\partial^2}{\partial x_j^2}$ 是椭圆型的, Cauchy-Riemann 算子 $\partial_x+\mathrm{i}\partial_y$ 也是椭圆型的.

定义 1.2 设 $p(x,\ D)$ 为在 Ω 上给定的 m 阶偏微分算子, 若存在某个方向 $\tau\in R^n\backslash\{0\}$, 使得对一切 $x\in\Omega$, 以及任一不平行于 τ 的方向 ξ, 方程

$$p_m(x,\ \lambda\tau+\xi)=0 \tag{1.11}$$

关于 λ 有 m 个两两互异的实根, 则称 $p(x,\ D)$ 为**关于方向τ的严格双曲型算子.** 有时就简称为**严格双曲型算子.**

例 1.2　波动算子 $\dfrac{\partial^2}{\partial t^2}-\sum_{j=1}^n\dfrac{\partial^2}{\partial x_j^2}$ 是关于方向 $(1,\ 0,\cdots,\ 0)$ 的严格双曲型算子.

定义 1.3　设 $P=p(x,\ D)$ 为在 Ω 上给定的 m 阶偏微分算子, 若在特征集 $\mathrm{Char}(P)$ 上 $\nabla_\xi p_m(x,\ \xi)\neq 0$, 则称 $p(x,\ D)$ 为**主型算子**.

例 1.3　严格双曲型算子都是主型算子.

例 1.4　二阶偏微分算子的一般形式为

$$p(x,\ D)=\sum_{j,k=1}^n a_{jk}(x)\partial_{x_j}\partial_{x_k}+\sum_{j=1}^n b_j(x)\partial_{x_j}+c(x),\tag{1.12}$$

它的主象征为 $-\sum_{j,k=1}^n a_{jk}\xi_j\xi_k$. 于是有:

(1) 若矩阵 (a_{jk}) 满秩, 则 $p(x,\ D)$ 为主型算子.

(2) 若矩阵 (a_{jk}) 满秩, 其正惰性指数为 1, 负惰性指数为 $n-1$, 则 $p(x,\ D)$ 为严格双曲型算子.

(3) 若矩阵 (a_{jk}) 正定, 则 $p(x,\ D)$ 为椭圆型算子.

这里要指出的是, 以上的定义只从一般形式的偏微分算子中分类出重要的一部分, 还有许多其他常见的算子未予涉及. 例如, 在 R^{n+1} 中形为

$$\partial_{x_0}-\sum_{j,k=1}^n a_{jk}(x)\partial_{x_j}\partial_{x_k}+\sum_{j=1}^n b_j(x)\partial_{x_j}+c(x)\tag{1.13}$$

的二阶偏微分算子, 当矩阵 (a_{jk}) 为正定时, 称为**抛物型算子**, 它是一类重要而常见的算子. 又如 R^2 中的 Tricomi 算子

$$y\frac{\partial^2}{\partial x^2}+\frac{\partial^2}{\partial y^2}\tag{1.14}$$

在 $y>0$ 时为椭圆型的, 在 $y<0$ 时为双曲型的, 这样的算子称为**混合型算子**. 它在研究空气动力学的跨音速流问题时会遇到.

习　题

1. 求下列方程的特征方程和特征方向.

(1) $\dfrac{\partial^2 u}{\partial x_1^2}+\dfrac{\partial^2 u}{\partial x_2^2}=\dfrac{\partial^2 u}{\partial x_3^2}+\dfrac{\partial^2 u}{\partial x_4^2}$;

(2) $\dfrac{\partial^2 u}{\partial t^2}=\dfrac{\partial^2 u}{\partial x_1^2}+\dfrac{\partial^2 u}{\partial x_2^2}+\dfrac{\partial^2 u}{\partial x_3^2}$;

(3) $y\dfrac{\partial^2 u}{\partial x^2}+\dfrac{\partial^2 u}{\partial y^2}=0$.

2. 证明方程 $\dfrac{\partial^2 u}{\partial t^2}=a^2\left(\dfrac{\partial^2 u}{\partial x^2}+\dfrac{\partial^2 u}{\partial y^2}\right)$ 关于锥面 $a^2t^2=x^2+y^2$ 中的任意方向 ℓ 都是严格双曲型的.

3. 证明算子 $\frac{\partial^2}{\partial x^2}-2\frac{\partial^2}{\partial x\partial y}-4\frac{\partial^2}{\partial x\partial z}+8\frac{\partial^2}{\partial y\partial z}-\frac{\partial^2}{\partial y^2}-3\frac{\partial^2}{\partial z^2}$ 关于 x 方向为严格双曲型算子. 又问该算子是否关于 y 方向或 z 方向为严格双曲型的?

4. 对波动方程 $\frac{\partial^2 u}{\partial t^2}=a^2\left(\frac{\partial^2 u}{\partial x^2}+\frac{\partial^2 u}{\partial y^2}\right)$, 求过直线 $\ell=0, x=3y$ 的特征曲面.

5. 设 u 为方程 (1.2) 的古典解, u 的 $m+1$ 阶导数在曲面 π 上有第一类间断, 则 π 必为特征曲面.

6. 证明例 1.4 中的结论.

7. 证明定义 1.1 到定义 1.3 中所述的偏微分方程类型不随自变量可逆变换而改变.

8. 证明偏微分方程的特征曲面、特征方向的概念都是与自变量的可逆变换无关的.

2.2 存在性定理

2.2.1 Cauchy-Kowalevskaya 定理

本节中我们介绍一个普遍的存在性定理——**Cauchy-Kowalevskaya 定理**. 对于一个很广泛的一类解析偏微分方程组 (出现在方程组中一切函数在所考察的范围中均为解析的), 可以得到其在非特征解析曲面上给出 Cauchy 资料的 Cauchy 问题的局部解析解的存在性.

我们称以下形式的方程组为**Kowalevskaya 型方程组**:

$$\frac{\partial^{n_i}u_i}{\partial t^{n_i}}=F_i\left(t,\ x_1,\cdots,x_n,\ u_1,\cdots,u_N,\cdots,\frac{\partial^k u_j}{\partial t^{k_0}\partial x_1^{k_1}\cdots\partial x_n^{k_n}},\cdots\right)$$

$$(i,\ j=1,\ 2,\ \cdots,\ N;\ k_0+k_1+\cdots+k_n=k\leqslant n_j;\ k_0<n_j),\tag{2.1}$$

其中方程的个数等于未知量的个数, 自变量为 $t,\ x_1,\ \cdots,\ x_n$, 但自变量 t 与其余自变量不同, 起着特殊的作用. 首先, 出现在给定方程组中的每一个函数 u_i, 其最高阶导数必须包含有 $\frac{\partial^{n_i}u_i}{\partial t^{n_i}}$; 其次, 方程组对这些导数是解出的. 对于方程组 (2.1), 我们取定解条件为

$$\left.\frac{\partial^k u_i}{\partial t^k}\right|_{t=t_0}=\varphi_i^{(k)}(x_1,\ x_2,\ \cdots,\ x_n)\qquad (k=0,\ 1,\ 2,\ \cdots,\ n_i-1),\tag{2.2}$$

若在某一点 $(x_1^0,\ \cdots,\ x_n^0)$ 邻近, 给出了 $\varphi_i^{(k)}$ 为其自变量的解析函数; 又根据 $\varphi_i^{(k)}$ 可以确定出方程组 (2.1) 右端函数中诸变元的值, 简记为 $(t^0,\ x^0,\ u^0,\cdots,(\partial^k u)^0,\cdots)$, 而函数 F_i 在这些点的邻域中为解析的; 此时, 成立如下的基本定理.

定理 2.1(Cauchy-Kowalevskaya 定理) 如果所有函数 $\varphi_i^{(k)}$ 在某点 x^0 邻域内解析, 又所有函数 F_i 在相应的点 $(t^0,\ x^0,\ u^0,\cdots,\ (\partial^k u)^0,\cdots)$ 的邻域内解析, 那么 Cauchy 问题 (2.1)、(2.2) 在 $(t^0,\ x^0)$ 的某邻域中有唯一的解析解存在.

为了证明这个定理, 我们将先通过引入新未知函数和附加方程的办法将 Cauchy 问题 (2.1)、(2.2) 化成一个一阶拟线性方程组的 Cauchy 问题, 然后证明后者解析解的存在唯一性.

首先要说明, 任何高阶非线性 Kowalevskaya 方程组的 Cauchy 问题均能化为某一个一阶非线性 Kowalevskaya 方程组的 Cauchy 问题. 要做到这一点, 只需把最高阶导数以外的各阶导数都取为新的未知函数就行了. 为了叙述的简便, 我们以两个自变量二阶非线性方程的 Cauchy 问题为例来说明之. 设有 Cauchy 问题:

$$\begin{cases} \dfrac{\partial^2 u}{\partial t^2} = F\left(t,\ x,\ u,\ \dfrac{\partial u}{\partial t},\ \dfrac{\partial u}{\partial x},\ \dfrac{\partial^2 u}{\partial t \partial x},\ \dfrac{\partial^2 u}{\partial x^2}\right), & (2.3) \\ u|_{t=0} = \varphi_0(x), \quad \left.\dfrac{\partial u}{\partial t}\right|_{t=0} = \varphi_1(x). & (2.4) \end{cases}$$

如果函数 $u(t,\ x)$ 满足方程 (2.3) 与初始条件 (2.4), 那么函数 u, $u_0 = \dfrac{\partial u}{\partial t}$, $u_1 = \dfrac{\partial u}{\partial x}$ 满足如下的一阶方程组

$$\begin{cases} \dfrac{\partial u_0}{\partial t} = F\left(t,\ x,\ u,\ u_0,\ u_1,\ \dfrac{\partial u_0}{\partial x},\ \dfrac{\partial u_1}{\partial x}\right), \\ \dfrac{\partial u_1}{\partial t} = \dfrac{\partial u_0}{\partial x}, \\ \dfrac{\partial u}{\partial t} = u_0 \end{cases} \tag{2.5}$$

和初始条件

$$u|_{t=0} = \varphi_0(x), \quad u_0|_{t=0} = \varphi_1(x), \quad u_1|_{t=0} = \varphi_0'(x). \tag{2.6}$$

反之, 设函数 u, u_0, u_1 为问题 (2.5)、(2.6) 的解, 则其中的函数 $u(t,\ x)$ 就一定满足 (2.3)、(2.4). 事实上, u 满足 (2.4) 是显然的. 而利用 (2.5) 的第二、三式, 可得

$$\frac{\partial}{\partial t}\left(u_1 - \frac{\partial u}{\partial x}\right) = 0,$$

因此, $u_1 - \dfrac{\partial u}{\partial x}$ 与 t 无关. 而根据条件 (2.6), 当 $t = 0$ 时, 此式的值为 0, 故 $u_1 = \dfrac{\partial u}{\partial x}$ 成立. 以 $u_0 = \dfrac{\partial u}{\partial t}$ 与 $u_1 = \dfrac{\partial u}{\partial x}$ 代入 (2.5) 第一式, 即知 (2.3) 式成立.

这样, 我们就证明了 Cauchy 问题 (2.3)、(2.4) 可以化成等价的一阶非线性方程组的 Cauchy 问题 (2.5)、(2.6) 来解决.

其次, 任何一阶非线性的 Kowalevskaya 方程组的 Cauchy 问题均能化为某个一阶拟线性的 Kowalevskaya 方程组的 Cauchy 问题. 要做到这一点, 只需对原方程组进行微分, 然后把所有的一阶偏导数视为新的未知函数, 并引入附加方程就行了.

同样为了叙述的简便, 我们以如下的例子来说明这个方法. 考察

$$\begin{cases} \dfrac{\partial u}{\partial t} = F\left(t,\ x,\ u,\ \dfrac{\partial u}{\partial x}\right), & (2.7)\\ u|_{t=0} = \varphi(x). & (2.8) \end{cases}$$

若函数 $u(t,\ x)$ 满足方程 (2.7) 及初始条件 (2.8), 将方程 (2.7) 关于 t 微分, 并令 $u_0 = \dfrac{\partial u}{\partial t}$, $u_1 = \dfrac{\partial u}{\partial x}$, 则成立

$$\begin{cases} \dfrac{\partial u}{\partial t} = F(t,\ x,\ u,\ u_1), \\ \dfrac{\partial u_0}{\partial t} = F_t(t,\ x,\ u,\ u_1) + F_u(t,\ x,\ u,\ u_1)F(t,\ x,\ u,\ u_1) + F_{u_1}(t,\ x,\ u,\ u_1)\dfrac{\partial u_0}{\partial x}, \\ \dfrac{\partial u_1}{\partial t} = \dfrac{\partial u_0}{\partial x} \end{cases} \tag{2.9}$$

和初始条件

$$\begin{cases} u|_{t=0} = \varphi(x), \\ u_0|_{t=0} = F(0,\ x,\ \varphi(x),\ \varphi'(x)), \\ u_1|_{t=0} = \varphi'(x). \end{cases} \tag{2.10}$$

反之, 也可证明, 若 $u,\ u_0,\ u_1$ 满足 (2.9)、(2.10), 那么函数 $u(t,\ x)$ 就一定满足 (2.7)、(2.8). 事实上此时需要验证的就是 (2.7) 式. 我们将 (2.9) 的第一式关于 t 求导, 得

$$\frac{\partial^2 u}{\partial t^2} = F_t + F_u \cdot \frac{\partial u}{\partial t} + F_{u_1}\frac{\partial u_1}{\partial t}.$$

利用 (2.9) 中诸式, 可得

$$\frac{\partial}{\partial t}\left(\frac{\partial u}{\partial t} - u_0\right) = 0,$$

但 $t = 0$ 时成立

$$\frac{\partial u}{\partial t} = F(0,\ x,\ \varphi(x),\ \varphi'(x)) = u_0,$$

所以 $\dfrac{\partial u}{\partial t} = u_0$ 恒成立.

又将 $\dfrac{\partial u}{\partial t} = u_0$ 代入 (2.9) 第三式, 即得

$$\frac{\partial}{\partial t}\left(u_1 - \frac{\partial u}{\partial x}\right) = 0,$$

但 $t = 0$ 成立

$$u_1 = \varphi'(x) = \frac{\partial u}{\partial x},$$

所以 $u_1 = \dfrac{\partial u}{\partial x}$ 恒成立. 代入 (2.9) 的第一式, 就得 (2.7).

于是, 为证明定理 2.1, 只需考虑方程组 (2.1) 为一阶拟线性方程组的情形就足够了.

2.2.2　Cauchy-Kowalevskaya 定理的证明

现在我们就来考虑一阶拟线性偏微分方程组

$$\frac{\partial u_i}{\partial t} = \sum_{j=1}^{N}\sum_{k=1}^{n} a_{ij}^{(k)} \frac{\partial u_j}{\partial x_k} + f_i \qquad (i = 1, \cdots, N), \tag{2.11}$$

带初始条件

$$u_i(0,\ x_1, \cdots, x_n) = \varphi_i(x_1, \cdots, x_n) \qquad (i = 1, \cdots, N) \tag{2.12}$$

的 Cauchy 问题解的存在性. 在 (2.11) 中, $a_{ij}^{(k)}, f_i$ 均为 $t, x_1, \cdots, x_n, u_1, \cdots, u_N$ 的函数. 若简记 $x^0 = (x_1^0, \cdots, x_n^0), u^0 = (u_1^0, \cdots, u_N^0) = (\varphi_1(x^0), \cdots, \varphi_N(x^0))$, 这时 Cauchy-Kowalevskaya 定理的形式如下.

定理 2.2　如果函数 φ_i 在 x^0 的邻域内解析, 又 $a_{ij}^{(k)}$, f_j 在 $(0,\ x^0,\ u^0)$ 的邻域中解析, 那么 Cauchy 问题 (2.11)、(2.12) 在 $(0,\ x^0)$ 的某一邻域内有唯一的解析解存在.

以下不妨设 x^0 就在原点, 且 $\varphi_i(x_1, \cdots, x_n) = 0$. 因为前者可以通过坐标变换 (坐标轴的平移) 达到, 后者可以通过将 $u_i - \varphi_i$ 视为新的未知函数来达到.

以下的证明思路是先用**幂级数法**来构造问题 (2.11)、(2.12) 的形式解, 然后证明这个幂级数形式解是收敛的, 所以是一个解析函数, 且就是原 Cauchy 问题的真解. 从 (2.12) 式可以得知在原点, 函数 u_i 的所有形如

$$\frac{\partial^{\alpha_1+\cdots+\alpha_n} u_i}{\partial x_1^{\alpha_1} \cdots \partial x_n^{\alpha_n}} \tag{2.13}$$

的偏导数的值等于函数 φ_i(实际上我们已将它化为零) 的偏导数在原点的值. 此后, 将 (2.11) 关于 x_1 求导 α_1 次, $\cdots$, 关于 x_n 求导 α_n 次, 在左边就得到形如

$$\frac{\partial^{1+\alpha_1+\cdots+\alpha_n} u_i}{\partial t \partial x_1^{\alpha_1} \cdots \partial x_n^{\alpha_n}} \tag{2.13$'$}$$

的偏导数. 而右边只含未知函数 u 及其关于 x 的导数, 因此在 $t = 0, x = 0$(此时有 $u = 0$) 时其值为已知, 故所有形如 (2.13)$'$ 的导数在原点的值是已知的. 若将 (2.11) 式关于 t 求导二次, 关于 x_1 求导 α_1 次, $\cdots$, 关于 x_n 求导 α_n 次, 可得形如

$$\frac{\partial^{2+\alpha_1+\cdots+\alpha_n} u_i}{\partial t^2 \partial x_1^{\alpha_1} \cdots \partial x_n^{\alpha_n}} \tag{2.13$''$}$$

的偏导数, 而在右边只包含未知函数及其形如 (2.13)、(2.13)′ 的偏导数, 于是 (2.13)″ 的值是已知的. 继续做下去, 可以得到 u_i 的所有各阶偏导数在原点的值, 从而可构造形式幂级数

$$u_i(t,\ x_1,\cdots,x_n)=\sum_{\alpha_0\alpha_1\cdots\alpha_n} c^i_{\alpha_0\alpha_1\cdots\alpha_n} t^{\alpha_0}x_1^{\alpha_1}\cdots x_n^{\alpha_n}\qquad (i=1,\cdots,n),\tag{2.14}$$

其中

$$c^i_{\alpha_0\alpha_1\cdots\alpha_n}=\frac{1}{\alpha_0!\alpha_1!\cdots\alpha_n!}\left(\frac{\partial^{\alpha_0+\alpha_1+\cdots+\alpha_n}u_i}{\partial t^{\alpha_0}\partial x_1^{\alpha_1}\cdots\partial x_n^{\alpha_n}}\right)_0.\tag{2.15}$$

显然, 如果定理 2.2 中所要求的解析解 u 在原点的某一邻域中存在, 那么在原点附近它必可展开成一个幂级数, 但是, 我们已经能够利用方程组 (2.11) 与初始条件 (2.12) 唯一地将 u_i 在原点的各阶导数确定下来, 故解析解若存在的话, 必定唯一.

现在证明解析解的存在性, 也就是要证明幂级数 (2.14) 的收敛性. 为此将利用**强函数法** (也称**强级数法**). 首先介绍强函数的概念与构造方法. 如果函数 $\psi(z_1,\cdots,z_l)$ 在原点某一邻域内为解析函数, 则它可以有收敛的幂级数展开式

$$\psi(z_1,\cdots,z_l)=\sum c_{\alpha_1\cdots\alpha_l}z_1^{\alpha_1}\cdots z_l^{\alpha_l},$$

又如果另有一个函数 $\varPsi(z_1,\cdots,z_l)$, 它在这个邻域内也是解析的, 具有展开式

$$\varPsi(z_1,\cdots,z_l)=\sum C_{\alpha_1\cdots\alpha_l}z_1^{\alpha_1}\cdots z_l^{\alpha_l},$$

如果

$$|c_{\alpha_1\cdots\alpha_l}|\leqslant C_{\alpha_1\cdots\alpha_l}$$

对一切 $\alpha_1,\cdots,\alpha_l$ 均成立, 那么称 $\varPsi$ 为 ψ 的一个**强函数** (也称**强级数**).

设级数 $\sum c_{\alpha_1\cdots\alpha_l}z_1^{\alpha_1}\cdots z_l^{\alpha_l}$ 在某一点 $z_i=\rho_i(i=1,\ \cdots,\ l)$ 绝对收敛 (所有 $|\rho_i|>0$), 则必有正数 M 存在, 使

$$|c_{\alpha_1\cdots\alpha_l}\rho_1^{\alpha_1}\cdots\rho_l^{\alpha_l}|\leqslant M,$$

从而, 对所有的

$$|c_{\alpha_1\cdots\alpha_l}|\leqslant\frac{M}{|\rho_1|^{\alpha_1}\cdots|\rho_l|^{\alpha_l}},$$

因此函数

$$\varPsi(z_1,\cdots,z_l)=\frac{M}{\prod\limits_{i=1}^{l}\left(1-\dfrac{z_i}{|\rho_i|}\right)}$$

$$=M\cdot\prod_{i=1}^{l}\left[\sum_{\alpha_i=0}^{\infty}\left(\frac{z_i}{|\rho_i|}\right)^{\alpha_i}\right]$$

$$=\sum_{\alpha_1\cdots\alpha_l}\frac{M}{|\rho_1|^{\alpha_1}\cdots|\rho_l|^{\alpha_l}}z_1^{\alpha_1}\cdots z_l^{\alpha_l}$$

为 $\psi(z_1,\cdots,z_l)$ 的一个强函数. 又若取 $\rho=\min\limits_{1\leqslant i\leqslant l}|\rho_i|$, 则令

$$\Psi_1(z_1,\cdots,z_l)=\frac{M}{1-\dfrac{z_1+\cdots+z_l}{\rho}}=M\sum_{\alpha=0}^{\infty}\left(\frac{z_1+\cdots+z_l}{\rho}\right)^{\alpha}$$

$$=M\sum_{\alpha=0}^{\infty}\frac{1}{\rho^{\alpha}}\sum_{\alpha_1+\cdots+\alpha_l=\alpha}\frac{\alpha!}{\alpha_1!\alpha_2!\cdots\alpha_l!}z_1^{\alpha_1}\cdots z_l^{\alpha_l}.$$

由于

$$\frac{1}{\rho^{\alpha}}\frac{\alpha!}{\alpha_1!\alpha_2!\cdots\alpha_n!}\geqslant\frac{1}{\rho_1^{\alpha_1}\rho_2^{\alpha_2}\cdots\rho_n^{\alpha_n}},$$

故 $\Psi_1(z_1,\cdots,z_l)$ 也是 $\psi(z_1,\cdots,z_l)$ 的强函数. 同样, 容易说明, 如果 $\lambda>1$, 则

$$\Psi_2(z_1,\cdots,z_l)=\frac{M}{1-\dfrac{\lambda z_1+z_2+\cdots+z_l}{\rho}}$$

也是 $\psi(z_1,\cdots,z_l)$ 的一个强函数.

现在用强函数法来证明问题 (2.11)、(2.12) 解析解的存在性, 根据前面的说明, 它可以写成

$$\frac{\partial u_i}{\partial t}=\sum_{j=1}^{N}\sum_{k=1}^{n}a_{ij}^{(k)}\frac{\partial u_j}{\partial x_k}+f_i,\quad u_i|_{t=0}=0\quad(i=1,\cdots,N),$$

我们称之为问题 I , 又如果我们找到 $\alpha_{ij}^{(k)}$ 的强函数 $A_{ij}^{(k)}$, f_i 的强函数 F_i, 以及初始条件中函数 φ_i 的强函数 Φ_i, 那么可以构造一个新的 Cauchy 问题:

$$\frac{\partial U_i}{\partial t}=\sum_{j=1}^{N}\sum_{k=1}^{n}A_{ij}^{(k)}\frac{\partial U_j}{\partial x_k}+F_i,\quad U_i|_{t=0}=\Phi_i\quad(i=1,\cdots,N),\tag{2.16}$$

称它为问题 II . 利用前面构造形式幂级数 (2.14) 的办法, 可以得到问题 I 的形式幂级数解为

$$\sum c_{\alpha_0\alpha_1\cdots\alpha_n}^{(i)}t^{\alpha_0}x_1^{\alpha_1}\cdots x_n^{\alpha_n}\qquad(i=1,\cdots,N),\tag{2.17}$$

问题 II 的形式幂级数解为

$$\sum C_{\alpha_0\alpha_1\cdots\alpha_n}^{(i)}t^{\alpha_0}x_1^{\alpha_1}\cdots x_n^{\alpha_n}\qquad(i=1,\cdots,N),\tag{2.18}$$

可以说明两个级数的系数之间成立不等式

$$\left|c^{(i)}_{\alpha_0\alpha_1\cdots\alpha_n}\right| \leqslant C^{(i)}_{\alpha_0\alpha_1\cdots\alpha_n}. \tag{2.19}$$

事实上, 在 $\alpha_0 = 0$ 的情形, 这可以由 Φ_i 是 $\varphi_i(=0)$ 的强函数得到, 在 $\alpha_0 > 0$ 时, 系数 $c^{(i)}_{\alpha_0\cdots\alpha_n}(C^{(i)}_{\alpha_0\cdots\alpha_n})$ 可由具有较小的下标 α_0 的系数 $c^{(i)}(C^{(i)})$ 以及问题 I, II 的方程组中诸系数及其导数在 $u=0$ 处的值经过加法与乘法运算得到. 因此, 如果当 $\alpha_0 < \alpha_0^*$ 时, 不等式 (2.19) 成立, 那么此式在 $\alpha_0 = \alpha_0^*$ 时也成立. 这样就归纳地导出了结论: (2.19) 式对一切 $c^{(i)}(C^{(i)})$ 均成立. 从而说明, 如果级数 (2.18) 收敛, 则它就是 (2.17) 的强级数, 故 (2.17) 也收敛. 下面就来选择 $A^{(k)}_{ij}$ 与 F_i, Φ_i, 并希望使相应的解 U_i 的形式也尽可能简单.

取 $A^{(k)}_{ij}$ 与 F_i 具同一形式:

$$\frac{M}{1-\dfrac{U_1+\cdots+U_N+\lambda t+x_1+\cdots+x_n}{\rho}},$$

将它代入问题 II 中, 则方程组中诸方程均取同一形式. 现寻求它们的具有下列形式的解:

$$\begin{aligned}U_1(t,\ x_1,\cdots,x_n) &= U_2(t,\ x_1,\cdots,x_n) = \cdots = U_N(t,\ x_1,\cdots,x_n)\\ &= U(\lambda t+x_1+\cdots+x_n) = U(z).\end{aligned}$$

其中 $z=\lambda t+x_1+\cdots+x_n$, 则可以得到函数 $U(z)$ 应该满足的方程

$$\lambda\frac{\mathrm{d}U}{\mathrm{d}z} = \frac{M}{1-\dfrac{NU+z}{\rho}}\left(Nn\frac{\mathrm{d}U}{\mathrm{d}z}+1\right).$$

记 $A(U,z) = \dfrac{M}{1-\dfrac{NU+z}{\rho}}$, 在 z, U 的一个确定邻域中, 可取 λ 充分大, 使 $\lambda - NnA(U,\ z) > 0$, 从而有

$$\frac{\mathrm{d}U}{\mathrm{d}z} = \frac{A(U,z)}{\lambda-NnA(U,z)},$$

或写为

$$\frac{\mathrm{d}U}{\mathrm{d}z} = B(U,z), \tag{2.20}$$

此处 $B(U,z) = \dfrac{A(U,z)}{\lambda-NnA(U,z)}$. 根据 $A(U,\ z)$ 的表达式知, 当 z,U 均落在原点的充分小的邻域 $|z|<\delta$, $|U|<\delta$ 中时 $A(U,z)$ 可以展开为 z, U 的具有正系数的幂级

数, 从 $B(U,\ z)$ 的表达式知, 它可展开为

$$\frac{1}{\lambda}A(U,\ z)\left\{1+\frac{Nn}{\lambda}A(U,\ z)+\frac{N^2n^2}{\lambda^2}A^2(U,\ z)+\cdots\right\},$$

从而也可以展开为 z, U 的具有正系数的幂级数. 我们取方程 (2.20) 具有初始条件

$$U|_{z=0}=0 \tag{2.21}$$

的解, 则由常微分方程的理论知道, 这个解在 $z=0$ 的邻域 $|z|<\delta_1$ 中存在而且解析, 如果 δ_1 充分小, 就可以有 $|U(z)|<\delta$, 于是, 我们以上关于 $A(U,\ z)$, $B(U,\ z)$ 的要求是合理的, 即 $A(U,\ z)$, $B(U,\ z)$ 可以展开为具有非负系数的幂级数. 相应地, (2.20)、(2.21) 的解 $U(z)$ 也可展开为具有非负系数的幂级数

$$U(z)=\sum_{\alpha=1}^{\infty}C_\alpha z^\alpha,$$

在将 $z=\lambda t+x_1+\cdots+x_n$ 代入后, 并注意到 $t=0$ 时

$$\begin{aligned}U_i(0,\ x_1,\cdots,x_n)=&U(x_1+\cdots+x_n)\\=&\sum_{\alpha=1}^{\infty}\sum_{\alpha_1+\cdots+\alpha_n=\alpha}C_{\alpha_1\cdots\alpha_n}x_1^{\alpha_1}\cdots x_n^{\alpha_n}\end{aligned}$$

是具有非负系数的幂级数, 它可以被取为 $\varPhi_i$, 从而 $|\lambda t|+|x_1|+\cdots+|x_n|<\delta_1$ 时

$$U_i(t,\ x_1,\cdots,x_n)=U(\lambda t+x_1+\cdots+x_n)\quad(i=1,\cdots,N)$$

就可以作为问题 II 的解. 于是, 根据前面的分析知道, 在同样的邻域中, 问题 I 的解析解存在.

这样, 我们就证明了定理 2.2, 即一阶拟线性方程组局部解析解存在且唯一的 Cauchy-Kowalevskaya 定理. 根据 2.2.1 节中的分析, 对于更一般的非线性方程的情形, 即定理 2.1 也是成立的.

2.2.3　初始资料给在一般曲面上的情形

无论是定理 2.1 或定理 2.2, 初始资料都是给在 $t=0$ 平面上的, 如果初始资料给在 t, x 空间的一般曲面上, 有没有相应的结论? 为简单起见, 考虑一阶拟线性方程组的情形. 由于此时变量 t 已无特殊的地位, 将它写成 x_0, 而方程组可写成

$$\sum_{j=1}^{N}\sum_{k=0}^{n}a_{ij}^k\frac{\partial u_j}{\partial x_k}+f_i=0\qquad(i=1,\cdots,N). \tag{2.22}$$

若在空间有一曲面 π：$\varphi(x_0,x_1,\cdots,x_n)=0$, $P_0(x_0^0,x_1^0,\cdots,x_n^0)$ 点落在此曲面上, $\mathrm{grad}\varphi(P_0)\neq 0$, 且在该点的邻域 $\varphi(x_0,x_1,\cdots,x_n)$ 解析, 这样的曲面在 P_0 点邻域称为**解析曲面.** 这时, 可以在曲面 π 上引入参数 $\xi_1,\cdots,\xi_n$, 将超曲面表示成

$$\begin{cases} x_0=x_0(\xi_1,\cdots,\xi_n), \\ x_1=x_1(\xi_1,\cdots,\xi_n), \\ \cdots\cdots \\ x_n=x_n(\xi_1,\cdots,\xi_n), \end{cases} \tag{2.23}$$

其中的函数都是解析函数. 以下讨论方程组 (2.22) 在 π 上给出定解条件的定解问题. 我们讨论这样的情形, 在 π 上的定解条件为给定所有函数 u_i 的值, 这样的定解条件称为广义 Cauchy 条件, 而方程组 (2.22) 取这种条件的定解问题称为**广义 Cauchy 问题**.

由于曲面 π 已用参数形式 (2.23) 表示, 故 u_i 也可以表示为 $\xi_1,\cdots,\xi_n$ 的函数 $\widetilde{u}_i(\xi_1,\cdots,\xi_n)$ $(i=1,\cdots,N)$, 在此要求在 P_0 点附近 u_i 也是其变元的解析函数.

为了应用定理 2.2 来说明在 P_0 点附近方程组 (2.22) 有满足条件

$$u_i|_{\varphi=0}=\widetilde{u}_i(\xi_1,\cdots,\xi_n) \tag{2.24}$$

的解析解存在, 就需要将方程组 (2.22) 化成 (2.21) 的形式. 这将决定于曲面 π 在 P_0 点是不是方程组 (2.22) 的特征. 事实上, 如 2.1 节中所做的那样引入变量 $\xi_0=\varphi$, 并作坐标变换

$$\begin{aligned} &x_0=x_0(\xi_0,\xi_1,\cdots,\xi_n), \\ &x_1=x_1(\xi_0,\ \xi_1,\cdots,\xi_n), \\ &\cdots\cdots \\ &x_n=x_n(\xi_0,\xi_1,\cdots,\xi_n), \end{aligned} \tag{2.25}$$

可以将 (2.22) 化成

$$\sum_{j=1}^{N}\left(\sum_{k=0}^{n}a_{ij}^{k}\frac{\partial\varphi}{\partial x_k}\right)\frac{\partial u_j}{\partial\xi_0}+\sum_{j=1}^{N}\sum_{l=1}^{n}\left(\sum_{k=0}^{n}a_{ij}^{k}\frac{\partial\xi_l}{\partial x_k}\right)\frac{\partial u_j}{\partial\xi_l}=f_i\quad(i=1,\cdots,N), \tag{2.26}$$

如果 π 在 P_0 点不是方程组 (2.21) 的特征, 那么

$$\det\left|\sum_{k=0}^{n}a_{ij}^{k}\frac{\partial\varphi}{\partial x_k}\right|_{\widetilde{P}_0}\neq 0,$$

这里 $\widetilde{P}_0$ 是 P_0 经坐标变换 (2.25) 后在 ξ 空间中的对应点, 于是在 $\widetilde{P}_0$ 点的某邻域中这个行列式也不等于零. 这样 (2.26) 就可以关于 $\dfrac{\partial u_i}{\partial\xi_0}$ 解出, 得到

$$\frac{\partial u_i}{\partial\xi_0}+\sum_{j=1}^{N}\sum_{l=1}^{n}b_{ij}^{l}\frac{\partial u_j}{\partial\xi_l}=\overline{f}_i\qquad(i=1,\cdots,N), \tag{2.27}$$

相应的初始条件为

$$u_i|_{\xi_0=0} = \widetilde{u}_i(\xi_1, \cdots, \xi_n), \tag{2.28}$$

且根据所给的条件可知, b_{ij}^{β}, $\overline{f}_i$ 以及初始资料 $\widetilde{u}_i$ 都是其变量的解析函数. 于是利用定理 2.2 可以得知 $\widetilde{P}_0$ 点邻域有唯一的解析解 $u_i(\xi_0, \xi_1, \cdots, \xi_n)$ 存在. 由于变换 (2.25) 是可逆的, 故对于原坐标系 $(x_0, x_1, \cdots, x_n)$ 来说, 在 P_0 点的邻域也有唯一的解析解存在. 这样我们就建立了:

定理 2.3　若在 $x_0, x_1, \cdots, x_n$ 空间某点 P_0 的邻域, 方程 (2.22) 的系数解析. 过 P_0 点有一解析曲面 π, π 在点 P_0 的某邻域中不为特征曲面, 在 π 上给定了解析的初始条件, 那么广义 Cauchy 问题的解析解在 P_0 点的某邻域中存在, 而且是唯一的.

注　当曲面 $\varphi = 0$ 在 P_0 点为方程组 (2.22) 的特征流形时, (2.22) 无法化到 (2.27) 的形式, 因此得不到相应于定理 2.3 中的结论. 从这里也可以看到特征的概念对于偏微分方程定解问题提法的重要作用.

2.2.4　Lewy 反例*

从 Cauchy-Kowalevskaya 定理可见, 一个解析的偏微分方程 (组), 在一点邻域可以有无穷多个解. 事实上, 过一个给定点作一个非特征平面, 在上面任意给定未知函数的解析初值, 就可以有解析解. 对于非解析的偏微分方程 (组), 在许多常见的情形, 特别是对于具体物理背景的偏微分方程 (组), 通常也会有无穷多个解, 从而需要加上辅助的定解条件, 来确定满足这些定解条件的解. 但是, 需要注意的是, 对于非解析的偏微分方程 (组), 即使它是线性的, 且具有 C^∞ 系数, 也并非总是有解的. 1957 年 H. Lewy 用一个反例说明了这一点.

H. Lewy 的例子是定义在 R^3 上的微分算子

$$L = \frac{\partial}{\partial x} + \mathrm{i}\frac{\partial}{\partial y} - 2\mathrm{i}(x + \mathrm{i}y)\frac{\partial}{\partial t}, \tag{2.29}$$

他得到如下的结论.

定理 2.4　设 f 是仅依赖于 t 的实值连续函数, 若存在一个关于 (x, y, t) 的 C^1 函数 u 在原点的某个邻域中满足方程 $Lu = f$, 那么 $f(t)$ 关于 t 在原点附近是解析的.

证明　设 $u \in C^1$ 在集合 $\{(x, y, t); x^2 + y^2 < R^2, |t| < R\}$ $(R > 0)$ 中满足方程 $Lu = f$. 记 $z = x + \mathrm{i}y$, 它也可以写成极坐标形式 $r\mathrm{e}^{\mathrm{i}\theta}$, 其中 $r^2 = x^2 + y^2$, $\theta = \arctan\dfrac{y}{x}$. 设 $s = r^2$, 定义

$$V = \int_{|z|=r} u(x, y, t)\mathrm{d}z = \mathrm{i}r\int_0^{2\pi} u(r\cos\theta,\ r\sin\theta, t)\mathrm{e}^{\mathrm{i}\theta}\mathrm{d}\theta.$$

则由 Green 公式,

$$
\begin{aligned}
V =& \mathrm{i} \iint\limits_{|z|\leqslant r} \left(\frac{\partial u}{\partial x} + \mathrm{i}\frac{\partial u}{\partial y}\right)(x,y,t)\mathrm{d}x\mathrm{d}y \\
=& \mathrm{i}\int_0^r \int_0^{2\pi} \left(\frac{\partial u}{\partial x} + \mathrm{i}\frac{\partial u}{\partial y}\right)(\rho\cos\theta,\ \rho\sin\theta,\ t)\rho\mathrm{d}\rho\mathrm{d}\theta.
\end{aligned}
$$

于是

$$
\begin{aligned}
\frac{\partial V}{\partial r} =& \mathrm{i}\int_0^{2\pi} \left(\frac{\partial u}{\partial x} + \mathrm{i}\frac{\partial u}{\partial y}\right)(r\cos\theta,\ r\sin\theta,\ t)r\mathrm{d}\theta \\
=& \int_{|z|=r} \left(\frac{\partial u}{\partial x} + \mathrm{i}\frac{\partial u}{\partial y}\right)(x,y,t)\, r\frac{\mathrm{d}z}{z},
\end{aligned}
$$

当 $0 \leqslant s < R^2$, $|t| < R$ 时, 由方程 $Lu = f$ 得

$$
\begin{aligned}
\frac{\partial V}{\partial s} =& \frac{1}{2r}\frac{\partial V}{\partial r} = \int_{|z|=r} \left(\frac{\partial u}{\partial x} + \mathrm{i}\frac{\partial u}{\partial y}\right)(x,y,t)\frac{\mathrm{d}z}{2z} \\
=& \mathrm{i}\int_{|z|=r} \frac{\partial u}{\partial t}(x,y,t)\mathrm{d}z + f(t)\int_{|z|=r}\frac{\mathrm{d}z}{2z} = \mathrm{i}\frac{\partial V}{\partial t} + \pi\mathrm{i}f(t).
\end{aligned}
$$

再令 $F(t) = \int_0^t f(\tau)\mathrm{d}\tau$, $U(t,s) = V(t,s) + \pi F(t)$, 则 $U(t,\ s)$ 满足 Cauchy-Riemann 方程

$$
\frac{\partial U}{\partial t} + \mathrm{i}\frac{\partial U}{\partial s} = 0.
$$

所以在区域 $\{(s,t);\quad 0 < s < R^2,\ |t| < R\}$ 中 U 是 $w = t + \mathrm{i}s$ 的一个全纯函数, 且 U 一直连续到直线 $\{s = 0\}$. 又因 $U(t,0) = \pi F(t)$ 是实值函数, 所以由 Schwartz 反射原理, 公式 $U(t,\ -s) = \overline{U(t,s)}$ 给出了 U 在 $\{s = 0\}$ 附近的解析延拓, 特别 $U(t,0) = \pi F(t)$ 关于 t 是解析的, 故 $f(t) = F'(t)$ 也是解析的. 证毕

由此定理即可推知, 若 $f(t)$ 不是解析的 (即使是 C^∞ 的), 方程 $Lu = f$ 一定没有古典解.

不但如此, 还可证明 $Lu = f(t)$ 连广义解都不存在. 这就表明算子 L 是非局部可解的. 一个偏微分算子在什么条件是局部可解的, 这个问题研究已成了偏微分方程理论研究的一个重要课题, 吸引了许多数学家从事专门的研究. 特别在 H.Lewy 发现这个反例后的二十年间, 它成为线性偏微分方程理论研究的热点. 但这些已属于很专门的领域, 本书就不详细讨论了.

习 题

1. 试将 n 维 Laplace 方程与波动方程化为等价的一阶方程组.

2. 用幂级数法求方程组

$$\begin{cases} \dfrac{\partial u}{\partial t}+\dfrac{\partial u}{\partial x}=v, \\ \dfrac{\partial v}{\partial t}-\dfrac{\partial v}{\partial x}=u, \end{cases}$$

带初始条件

$$u\big|_{t=0}=\sin x, \quad v\big|_{t=0}=\cos x$$

的 Cauchy 问题在点 $(t=0,\ x=1)$ 附近的近似解 (算到级数的三次项).

3. 用强级数法证明方程 (2.20) 有唯一的满足初始条件 $U\big|_{z=0}=0$ 的解析解存在.

4. 用强级数法直接证明, 对于高阶偏微分方程的 Cauchy 问题

$$\begin{cases} \dfrac{\partial^m u}{\partial t^m}+\displaystyle\sum_{\substack{|\nu|+j\leqslant m\\ j\leqslant m-1}} a_{\nu,j}(x,\ t)\dfrac{\partial^{|\nu|+j}u}{\partial x^\nu \partial t^j}=f(t,\ x), \\ \left.\dfrac{\partial^j u}{\partial t^j}\right|_{t=0}=\varphi_j(x) \qquad (j=0,\ 1,\ \cdots,\ m-1), \end{cases}$$

当方程的系数与初始资料均在原点邻域解析时, 在原点邻域存在唯一的解析解.

2.3 唯一性与稳定性*

2.3.1 Holmgren 定理

2.2 节所介绍的 Cauchy-Kowalevskaya 定理是一个重要而且相当一般的定理, 它指出若在一个处处非特征方向的解析曲面上给定了解析的初值资料, 那么 Cauchy 问题的解在解析函数类中是存在且唯一的. 但是, 对于同样的初始值是否还有其他非解析的解呢？1901 年 Holmgren 讨论了具解析系数的线性方程组的情形, 证明了在更广函数类中初始值问题的唯一性. 他的基本思想是利用对偶问题的存在性来证明原始问题解的唯一性. 这一思想以后被广泛地应用于唯一性的证明. 在详细介绍这一证明之前, 我们先对 Cauchy-Kowalevskaya 定理中解的存在范围作一点分析.

引理 3.1 设线性齐次一阶偏微分方程组的 Cauchy 问题

$$(Lu)_i\equiv\frac{\partial u_i}{\partial t}-\sum_{j=1}^{N}\sum_{k=1}^{n}a_{ij}^k\frac{\partial u_j}{\partial x_k}-\sum_{j=1}^{N}b_{ij}u_j=0 \quad (i=1,\cdots,N), \tag{3.1}$$

$$u_i\big|_{t=0}=\varphi_i$$

中, 系数 a_{ij}^k, b_{ij} 以及初值 φ_i 都是所考察区域中的解析函数. 又初始资料 φ_i 的幂级数展开式对变元的一切值收敛, 则解的幂级数展开式收敛半径与初值 φ_i 的特定形式无关.

证明 令 $v=u-\varphi$, 将 (3.1) 化为

$$\begin{cases} (Lv)_i=(L\varphi)_i, \\ v_i|_{t=0}=0 \end{cases} \quad (i=1,\cdots,N). \tag{3.2}$$

从 2.2 节的讨论知, 每个解析函数总可以用某个形为 $\dfrac{M}{1-\dfrac{z_1+\cdots+z_n}{\rho}}$ 的展开式为控制它的强级数. 而 (3.2) 的解析解 v 的存在范围将由控制 (3.2) 的诸系数的强级数中有关常数 M 与 ρ 来决定, 从而 (3.1) 的解析解 u 也是如此. 记控制算子 L 的系数的强级数的有关常数为 M_1, ρ_1, 控制 φ_i 的强级数的有关常数为 M_2, ρ_2. 那么, 控制 $L\varphi$ 的强级数的有关常数将只依赖于 $\min(\rho_1,\rho_2)$ 与 $\max(M_1,M_2)$. 从而解析解 v 或 u 的幂级数收敛半径 r 也只依赖于该两个量. 注意到在 (3.1) 中方程组为齐次, 故 cu 是一个以 $c\varphi$ 为初值的解, 它与 u 有同样收敛半径. 这样, 对于任意给定的初值 φ(从而相应地给定), 总可以取 c 足够小, 使 $cM_2<M_1$, 于是以 φ 为初值的解 u 收敛半径 r 实际上与 M_2 无关. 引理 3.1 的条件又说明 ρ_2 为任意大, 从而引理之结论成立. 证毕

定理 3.1(Holmgren 定理) 设在原点的邻域中给定一个具有解析系数的一阶线性方程组

$$\frac{\partial U}{\partial t}=\sum_{\alpha=1}^{n} A_\alpha \frac{\partial U}{\partial x_\alpha}+BU+f, \tag{3.3}$$

考察它满足 C^1 初始条件

$$U|_{t=0}=\varphi(x_1,\cdots,x_n) \tag{3.4}$$

的 Cauchy 问题, 则存在原点的某邻域, 在此邻域中此 Cauchy 问题的 C^1 解是唯一的.

这里 C^1 表示函数本身及其一阶偏导数均为连续的函数类, 又 A_α, B 为 $N\times N$ 矩阵, u, f 为 $N\times 1$ 向量. 显然, 用矩阵形式记偏微分方程组, 其形式显得更简洁.

证明 我们只要证明相应的齐次方程满足齐次初始条件的 C^1 解必为零解就可以了, 即要证明如果 $U(t,x_1,\cdots,x_n)$ 满足

$$\frac{\partial U}{\partial t}=\sum_{\alpha=1}^{n} A_\alpha \frac{\partial U}{\partial x_\alpha}+BU, \tag{3.5}$$

$$U|_{t=0}=0, \tag{3.6}$$

又 $U\in C^1$, 则必有 $U\equiv 0$.

作自变量变换

$$t'=t+\sum_{\alpha=1}^{n} x_\alpha^2,$$

$$x'_\alpha = x_\alpha \qquad (\alpha = 1, \cdots, n), \tag{3.7}$$

又引入记号 $\widetilde{U}(t', x'_1, \cdots, x'_n) = U\left(t' - \sum_{\alpha=1}^n x'^2_\alpha, x'_1, \cdots, x'_n\right)$, 可得

$$\left(I - \sum_{\alpha=1}^n 2x'_\alpha \widetilde{A}_\alpha\right)\frac{\partial \widetilde{U}}{\partial t'} = \sum_{\alpha=1}^n \widetilde{A}_\alpha \frac{\partial \widetilde{U}}{\partial x'_\alpha} + \widetilde{B}\widetilde{U}. \tag{3.8}$$

在所考虑的自变量变化范围充分小时, 矩阵 $I - \sum_{\alpha=1}^n 2x'_\alpha \widetilde{A}_\alpha$ 的逆阵存在. 于是 (3.8) 式可以写成

$$\frac{\partial \widetilde{U}}{\partial t'} = \sum_{\alpha=1}^n a_\alpha \frac{\partial \widetilde{U}}{\partial x'_\alpha} + b\widetilde{U}, \tag{3.9}$$

记 ${}^t a_\alpha$, ${}^t b$ 为 a_α, b 的转置矩阵, 又记

$$F\left[\widetilde{U}\right] \equiv \frac{\partial \widetilde{U}}{\partial t'} - \sum_{\alpha=1}^n a_\alpha \frac{\partial \widetilde{U}}{\partial x'_\alpha} - b\widetilde{U},$$

$$G[W] \equiv -\frac{\partial W}{\partial t'} + \sum_{\alpha=1}^n \frac{\partial}{\partial x'_\alpha}({}^t a_\alpha W) - {}^t bW,$$

对适当小的正数 λ, 将平面 $t' = \lambda$ 与曲面 $t' = \sum_{\alpha=1}^n x^2_\alpha$ 所围成的区域记成 H_λ, 并将 H_λ 在此平面与曲面上的边界分别记为 l_λ 与 K_λ (图 3.1), 于是对 $\widetilde{U}$ 以及任意的 C^1 函数 W, 成立

$$\begin{aligned}&\int_{H_\lambda} (WF[\widetilde{U}] - \widetilde{U}G[W])\mathrm{d}t'\mathrm{d}x'_1 \cdots \mathrm{d}x'_n \\ =&\int_{H_\lambda} \left[\frac{\partial}{\partial t'}(W \cdot \widetilde{U}) - \sum_{\alpha=1}^n \frac{\partial}{\partial x'_\alpha}(W \cdot a_\alpha \widetilde{U})\right] \mathrm{d}t'\mathrm{d}x'_1 \cdots \mathrm{d}x'_n,\end{aligned}$$

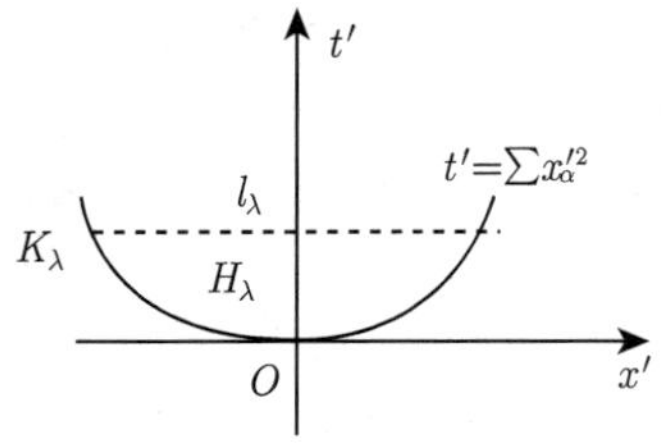

图 3.1

这里 “·” 表示 N 维欧氏空间中两个向量的内积, 利用分部积分公式, 上式又可化成

$$\int_{l_\lambda} W \cdot \widetilde{U}\mathrm{d}x'_1 \cdots \mathrm{d}x'_n + \int_{K_\lambda} W \cdot \widetilde{U}\cos(n,\ t)\mathrm{d}S - \sum_{\alpha=1}^n \int_{K_\lambda} W \cdot a_\alpha \widetilde{U}\cos(n, x'_\alpha)\,\mathrm{d}S.$$

由于 $F[\widetilde{U}]=0, \widetilde{U}$ 在 K_λ 上取值为零, 所以得到

$$-\int_{H_\lambda} \widetilde{U} G[W] \mathrm{d}t' \mathrm{d}x_1' \cdots \mathrm{d}x_n' = \int_{l_\lambda} W \cdot \widetilde{U} \mathrm{d}x_1' \cdots \mathrm{d}x_n',$$

因此若能取 W 满足方程

$$G[W]=0,$$

就可以有

$$\int_{l_\lambda} W \cdot \widetilde{U} \mathrm{d}x_1' \cdots \mathrm{d}x_n' = 0 \tag{3.10}$$

成立. 当 λ 很小时, H_λ 将落在方程组 (3.9) 系数的解析范围中, 此时若在 l_λ 上给出 W 的初值为某个多项式, 则根据定理 2.2, 在 l_λ 附近有一个满足 $G[W]=0$ 的解析解存在. 又根据引理 3.1 知, 在 l_λ 附近用幂级数法构造解析解时收敛半径仅与 (3.9) 的系数有关, 因此解析解 W 的存在范围也可取得仅与 (3.9) 的系数有关. 于是, 如有必要的话可进一步减小 λ, 而使整个 H_λ 被包含于 $G[W]=0$ 的解析解存在范围之中, 从而对于任何定义在 l_λ 上的多项式 W, 均有 (3.10) 式成立. 于是我们可以根据多项式全体在平方可积函数类中的稠密性, 从 (3.10) 式对任意 W 成立得到

$$\left.\widetilde{U}\right|_{l_\lambda} = 0.$$

但 λ 是任意的, 故在整个 H_λ 中 $\widetilde{U}=0$. 这说明原方程组 (4.5) 取零初始条件的 C^1 解 U 在 $t>0$ 的某个邻域中为零. 自然, 对于 $t<0$ 的区域中可作相仿的讨论. 这样就证明了 U 在原点的一个邻域中为零. 证毕

利用自变量变换, 容易把 Holmgren 定理推广到初始条件给在一个解析曲面上的情形, 这就是如下定理.

定理 3.2 设一阶偏微分方程组

$$\sum_{\alpha=1}^{n} A_\alpha(x) \frac{\partial u}{\partial x_\alpha} + B(x)u + f(x) = 0 \tag{3.11}$$

的系数 $A_\alpha(x)$, $B(x)$ 为 $N \times N$ 矩阵, 其元素是在 x^0 的邻域解析的函数. S 为过 x^0 点的解析曲面, 在 x^0 点非特征. 在 S 上给出了 C^1 初始条件

$$u = \varphi(x), \tag{3.12}$$

那么, 在 x^0 点的某一邻域中, Cauchy 问题 (3.11)、(3.12) 的 C^1 解是唯一的.

Holmgren 定理对于具有解析系数的高阶线性方程组也是成立的, 它可以通过将高阶方程化成一阶方程组的办法, 并利用定理 3.2 或定理 3.3 得到所需要的结论, 也可以直接证明之.

Holmgren 定理中关于系数为解析的条件虽然是一个很强的限制, 但是它不能轻易地去掉. 事实上, Plis 在 1954 年曾给出一个偏微分方程组的例子, 它的系数是无限次连续可微的, 但是齐次初始条件的 Cauchy 问题却有一个非零的无限次连续可微解.①

2.3.2 Holmgren 定理的应用

在此我们给出 Holmgren 定理对于椭圆型方程组的一个应用. 与 2.1 节中给出的椭圆型方程的定义相仿, 对于方程组 (3.11) 来说, 如果对任意实向量 ξ, 都有

$$\det\left|\sum_{\alpha=1}^{n} A_\alpha(x^0)\xi^\alpha\right| \neq 0, \tag{3.13}$$

则称 (3.11) 在 x^0 点为**椭圆型**的, 又若在区域 Ω 中的每一点, 方程组 (3.11) 为椭圆型的, 则称 (3.11) 在区域 Ω 中为**椭圆型**的.

定理 3.3 若在连通区域 Ω 中具解析系数的线性偏微分方程组 (3.11) 是椭圆型的, 在 Ω 中给出了 (3.11) 的两个 C^1 解, 则若此两解在一点近旁恒同的话, 在整个区域也必恒同.

证明 记两个解的差为 u, 则我们只需证明: 若在 x^0 的某邻域中 $u\equiv 0$, 必可推得在整个区域 Ω 中 $u\equiv 0$.

先指出, 若 u 在以 x^* 为心、ρ 为半径的闭球 $\overline{S_\rho(x^*)}$ 中恒为零, 而 $\overline{S_\rho(x^*)}$ 完全含于 Ω 中, 那么必有 $\varepsilon>0$, 使 u 在 $\overline{S_{\rho+\varepsilon}(x^*)}$ 中也恒为零.

事实上, $\overline{S_\rho(x^*)}$ 的表面 $\partial S_\rho(x^*)$ 在任意点都不是特征, 所以由 Holmgren 定理. 对于任一 $y\in\partial S_\rho(x^*)$, 必有以 y 为心, δ 为半径的球 $S_\delta(y)$, 使在其中 $u\equiv 0$, 从这样的球的集合 $\{S_\delta(y)\}$ 中可以选出有限个球 $S_{\delta_1}(y_1),\cdots,S_{\delta_\ell}(y_l)$ 覆盖 $\partial S_\rho(x^*)$. 于是 $\bigcup\limits_{i=1}^{l} S_{\delta_i}(y_i)$ 是包含 $\overline{S_\rho(x^*)}$ 的一个开集, 从而可找到 $\varepsilon>0$, 使 u 在 $S_{\rho+\varepsilon}(x^*)$ 中为零.

现在对任一不与 x^0 相重的点 $x^1\in\Omega$, 作一条连接 x^0, x^1 的连续曲线 $L:\ x=x(t)(0\leqslant t\leqslant 1)$, 使它完全含于 Ω 中. 并记 d 为该曲线与 Ω 的边界 $\partial\Omega$ 的最小距离. 已知 u 在 x^0 的某一邻域中为零, 故不妨假设它在闭球 $\overline{S_\rho(x^0)}$ 中为零, 并可以认为 $\rho<d$.

作出 $[0,\ 1]$ 中满足如下条件的 τ 的集合 T: 若 $\tau\in T$, 则对一切 $\tau'\in[0,\ \tau]$, u 在 $\overline{S_\rho(x(\tau'))}$ 中恒等于零. 由于 $x(t)$ 为连续曲线, u 又为连续函数, 所以 T 是闭集. 又由前面的证明可知, 若 $\tau\in T$, 则可以有 $\varepsilon>0$, 使 $S_{\rho+\varepsilon}(x(\tau))$ 中 u 也恒为零, 从而有 ε_1, 使得 $(\max(\tau-\varepsilon_1,\ 0),\min(\tau+\varepsilon_1,\ 1))\subset T$, 所以 T 必为开集. 但是由

① Plis A. The problem of uniqueness for the solution of a system of partial differential equations. Bulletin de 1'Acad, Polonaise des Sci., 1954, 2: 55–57.

$\overline{S_\rho(x^0)}$ 中 $u \equiv 0$ 知道 $0 \in T$, 故 T 非空集, 因而 T 必为整个区间 [0, 1], 这就说明在 x^1 点必有 $u = 0$. 但是 x^1 为 Ω 中的任意点, 所以 u 在 Ω 中恒为零. 证毕

定理 3.3 可以与解析函数的唯一延拓定理相比较. 事实上, 一个复解析函数的实部与虚部都满足 Laplace 方程, 它也是一个椭圆型方程. 所以定理 3.3 可以视为解析函数的唯一延拓定理的推广.

2.3.3 稳定性

在偏微分方程理论中, 除了解的存在性与唯一性这两个基本问题外, 解的稳定性也是一个十分重要的概念. 下面来说明之.

先考察一个例子, 它是 Hadamard 首先引进的. 考虑 Laplace 方程

$$\frac{\partial^2 u}{\partial x^2} + \frac{\partial^2 u}{\partial y^2} = 0, \tag{3.14}$$

满足如下初始条件的 Cauchy 问题.

$$u(x,\ 0) = 0, \tag{3.15}$$

$$\frac{\partial u}{\partial y}(x,\ 0) = \frac{1}{n^k}\sin nx.$$

容易验证, 这个问题有如下形式的解

$$u(x,\ y) = \frac{1}{n^{k+1}}\sin nx\ \ \mathrm{sh} ny. \tag{3.16}$$

又由 Holmgren 定理知这个解析解是唯一的. 但是, 这个解不具有稳定性. 事实上,

$$\left|\frac{\partial u}{\partial y}(x,\ 0)\right| \leqslant \frac{1}{n^k},$$

所以, 当 n 充分大时, u 及其导数在 $y = 0$ 时的值可以任意小, 但是根据 $\mathrm{sh} ny$ 的性质知, n 充分大时, 不管 y 怎么小, u 都可以取到很大的值.

这个例子说明, 对于 Laplace 方程 (3.14), 初始条件的微小误差将引起解的很大改变. 这种现象自然是我们所不希望产生的. 因为 Laplace 方程或其他许多偏微分方程往往是一些物理规律的数学表示形式, 定解条件就是某种物理现象存在的条件, 定解条件的获得往往需要通过测量或数值计算得到, 它很可能是带有某种误差的. 如果初始条件的微小误差会引起解的很大改变, 那么, 即使我们知道了问题的解是存在唯一的, 甚至已经用某些方法得到了这个解, 仍然很难说这个解能真实地反映所考察的物理现象.

以上的事实促使我们引入稳定性的概念. 如果一个偏微分方程 (组), 它的某个定解问题存在唯一的解, 而且在定解条件中原始资料变化微小时, 解也仅作微小的变化, 这时我们称该定解问题为**稳定的**.

可是以上关于稳定性概念的说明还不能作为一个数学定义, 因为什么是 “微小的变化” 并未确切地加以定义. 以下我们对此作进一步的说明.

假设出现在定解条件中作为初始资料的函数为 φ, 它可能为一个函数, 也可能为几个函数. 我们将它看成某个函数空间 Φ 中的元素, 定解问题的解 u 也可看成另一个函数空间 U 中的元素, 则从 φ 求得 u 就是空间 Φ 到空间 U 的一个映射. 今如果我们在空间 Φ 与空间 U 中分别规定了某种拓扑结构, 如果按这样的拓扑结构映射 T 是连续的, 就称原定解问题是**稳定的**. 此时, 若有序列 φ_n, 使 $\varphi_n \to \varphi$, $T(\varphi_n) = u_n$, $T(\varphi) = u$, 则必有 $u_n \to u$.

由此可见, 稳定性的概念依赖于初始资料空间 Φ 和解空间 U 中拓扑的选择, 怎样的选择是恰当的, 要视具体问题而定, 不能一概而论. 在许多定解问题的讨论中, 常取 Φ、U 为连续函数空间 C^0, 函数本身及其直至 k 阶导数都是连续的函数空间 C^k, Sobolev 空间 H^k 等. 前面我们指出 Laplace 方程 Cauchy 问题的不稳定性时, 就是将 Φ 与 U 都视为 C^0 空间来讨论的.

在一般情形下, 我们总认为偏微分方程 (组) 的合理的定解问题应当满足解的存在性、唯一性、稳定性三个要求, 并将存在性、唯一性、稳定性统称为定解问题的**适定性**. Hadamard 的例子说明虽然 Laplace 方程的 Cauchy 问题有存在性、唯一性, 但仍然是不适定的.

习　题

1. 试直接对高阶方程的情形, 写出并证明 Holmgren 定理.

2. 给出 n 个空间变量的波动方程

$$\frac{\partial^2 u}{\partial t^2} - \sum_{i=1}^{n} \frac{\partial^2 u}{\partial x_i^2} = 0,$$

作它过空间一点 $(a,\ 0,\ \cdots,\ 0)$ 的特征锥 K_a: $(t-a)^2 - \sum_{i=1}^n x_i^2 = 0$, K_a 截 $t=0$ 平面得 S_a: $t=0$, $\sum_{i=1}^n x_i^2 \leqslant a^2$, 试用 Holmgren 定理证明: 若在 S_a 上给定了 u 与 u_t 的值, 则在 S_a 与 K_a 所围成的区域中的二次连续可微解是唯一的.

3. 若方程组 (3.11) 具有常系数, 又 $c_1x_1 + c_2x_2 + \cdots + c_nx_n = 0$ 为非特征平面, 若 (3.11) 的解 u 在该平面一侧等于零, 则 u 必在全空间 R^n 中恒等于零.

4. 试证明: 对于常系数一阶线性偏微分方程组

$$\frac{\partial u_k}{\partial t} + \sum_{j=1}^{N} A_{kj}\frac{\partial u_j}{\partial x} = 0 \qquad (k = 1,\ \cdots,\ N),$$

若其特征方程

$$\det|A_{kj} - \lambda\delta_{kj}| = 0$$

有一个复根, 那么初始条件给在 $t=0$ 上的 Cauchy 问题不适定.

2.4 基 本 解

2.4.1 基本解的概念

正如序言中所说, 基本解方法是偏微分方程理论中常用的一种方法. 其主要想法为, 对于给定的偏微分方程, 先寻找它的一类具特定形式的, 且一般是带有奇性的解. 然后再将这种解加以叠加, 以得到所需要的定解问题的解. 由于广义函数理论的建立, 我们就可以利用广义函数理论给出基本解的严格定义. 以常系数微分方程为例. 设已知 R^n 中一个 m 阶常系数微分方程

$$P(\partial)u = \sum_{|\alpha|\leqslant m} a_\alpha \partial^\alpha u = 0, \tag{4.1}$$

如果能够找到一个广义函数 $E \in \mathscr{D}'(R^n)$, 使

$$P(\partial)E = \delta \tag{4.2}$$

成立, 则称 E 为微分方程 (4.1) 的**基本解**, 或微分算子 $P(\partial)$ 的**基本解**.

如果已经知道了方程 (4.1) 的基本解 E, 那么, 对于一般的非齐次方程

$$P(\partial)u = f, \tag{4.3}$$

往往可以通过卷积方法来得到它的解. 例如, 如果 E 与 f 可以作卷积, 则由第 1 章所述的关于卷积的性质知

$$P(\partial)\,(E * f) = (P(\partial)E) * f = \delta * f = f, \tag{4.4}$$

从而 $E * f$ 就是 (4.3) 的解.

如果作为 $\mathscr{D}'(R^n)$ 的广义函数 E 与 f 的卷积不存在, 则对任意的相对紧区域 $\varOmega \subset R^n$ (即 $\bar{\varOmega}$ 为紧集), 可作一个 $C_c^\infty(R^n)$ 函数 ζ, 使 ζ 在 $\varOmega$ 上恒等于 1. 于是 ζf 有意义, 且 ζf 在 $\varOmega$ 上与 f 相等, 作 $E * \zeta f$, 它满足

$$P(\partial)\,(E * \zeta f) = \zeta f,$$

就是说, 局限在 $\varOmega$ 上来看, $E * \zeta f$ 满足 (4.3) 式, 即在局部的意义上得到了 (4.3) 的解.

由线性偏微分方程的性质知, 齐次方程 $P(\partial)u = 0$ 的解的叠加仍然是该齐次方程的解. 卷积就是将一族含参数的解乘以特定的权函数再做积分意义下的叠加. 所以, 若基本解 E 不含有奇性, 就不可能通过叠加的方式仅利用右端为零的齐次方

程的解得到非齐次方程右端为给定函数 f 的解. 所以基本解得取为右边为含奇性的广义函数的方程 $P(\partial)E=\delta$ 的解, 而这会使得基本解本身也可能含有奇性.

我们还得注意的是, 一个微分方程的基本解可能是很多的. 例如, 如果 E 是 (4.2) 的解, 而 F 是 (4.1) 的任意解, 则容易得到

$$P(\partial)\,(E+F)=P(\partial)E+P(\partial)F=\delta+0=\delta,$$

所以 $E+F$ 也是 (4.1) 的基本解.

基本解在偏微分方程理论中起着重要的作用. 可以用它来构造其他解, 也可以用它来讨论解的性质. 现给出一些特定方程的基本解的例子如下.

例 4.1　在 1.2 节中曾指出 Heaviside 函数 $H(x)$ 满足

$$\frac{\mathrm{d}H}{\mathrm{d}x}=\delta, \tag{4.5}$$

所以 $H(x)$ 是方程 $\dfrac{\mathrm{d}y}{\mathrm{d}x}=0$ 的基本解.

例 4.2　求方程

$$\frac{\mathrm{d}y}{\mathrm{d}x}+ay=0 \tag{4.6}$$

的基本解, 其中 a 为常数.

我们要求方程

$$\frac{\mathrm{d}y}{\mathrm{d}x}+ay=\delta$$

的解, 为此在两边乘以 e^{ax}, 得到

$$\frac{\mathrm{d}}{\mathrm{d}x}(y\mathrm{e}^{ax})=\mathrm{e}^{ax}\delta, \tag{4.7}$$

由于对 $C_c^\infty(R^n)$ 中的任意函数 $\varphi(x)$ 有

$$\begin{aligned}\langle \mathrm{e}^{ax}\delta,\ \varphi(x)\rangle =&\langle\delta,\ \mathrm{e}^{ax}\varphi(x)\rangle = \mathrm{e}^{ax}\varphi(x)\big|_{x=0}\\ =&\varphi(0)=\langle\delta,\ \varphi(x)\rangle,\end{aligned}$$

所以 $\mathrm{e}^{ax}\delta=\delta$, 于是 (4.7) 化为

$$\frac{\mathrm{d}}{\mathrm{d}x}(y\mathrm{e}^{ax})=\delta.$$

由例 1.1 知可以取 $y\mathrm{e}^{ax}=H(x)$, 从而

$$y=\mathrm{e}^{-ax}H(x) \tag{4.8}$$

就是所求的基本解.

例 4.3 考察 R^n 中方程

$$\frac{\partial^n u}{\partial x_1 \cdots \partial x_n} = 0 \tag{4.9}$$

的基本解.

由定义, 若 U 为基本解, 则它满足 $\dfrac{\partial^n U}{\partial x_1 \cdots \partial x_n} = \delta$, 从而对任一 $\varphi \in C_c^\infty(R^n)$ 有

$$\langle \delta, \varphi \rangle = \varphi(0, \cdots, 0) = (-1)^n \int_0^\infty \cdots \int_0^\infty \frac{\partial^n \varphi}{\partial x_1 \cdots \partial x_n} \mathrm{d}x_1 \cdots \mathrm{d}x_n.$$

故若取 U 为

$$U = \begin{cases} 1, & x_1 > 0, \cdots, x_n > 0, \\ 0, & \text{其他}, \end{cases} \tag{4.10}$$

则成立

$$\langle \delta, \varphi \rangle = \left\langle U, (-1)^n \frac{\partial^n \varphi}{\partial x_1 \cdots \partial x_n} \right\rangle = \left\langle \frac{\partial^n U}{\partial x_1 \cdots \partial x_n}, \varphi \right\rangle,$$

所以 U 为所求之基本解.

2.4.2 偏微分方程的基本解

以下我们介绍几个用 Fourier 变换来求得几个常见的偏微分方程基本解的例子.

例 4.4 求 Cauchy-Riemann 算子 $\dfrac{\partial}{\partial x} + \mathrm{i}\dfrac{\partial}{\partial y}$ 的基本解.

若广义函数 T 满足右端为 δ 函数的方程

$$\frac{\partial T}{\partial x} + \mathrm{i}\frac{\partial T}{\partial y} = \delta(x, y), \tag{4.11}$$

两边作关于 y 的 Fourier 变换, 记 $F_y[T] = \hat{T}$, 得

$$\frac{\partial \hat{T}}{\partial x} - \eta \hat{T} = \delta(x).$$

由例 1.2 知, 它的解为

$$\hat{T} = \mathrm{e}^{\eta x} H(x) + C(\eta) \mathrm{e}^{\eta x}.$$

为了求 $F_y^{-1}[\hat{T}]$, 必须要求 $\hat{T}$ 关于 η 是 $\mathscr{S}'$ 广义函数, 但上式右边在 $x > 0$ 时 $\eta \to +\infty$ (或 $x < 0$ 时 $\eta \to -\infty$), 故可能出现按 $\mathrm{e}^{\eta x}$ 速度增长的项. 为了遏制这种增长, 取

$$C(\eta) = \begin{cases} -1, & \eta > 0, \\ 0, & \eta < 0. \end{cases}$$

于是有

$$\hat{T}=\begin{cases}-H(-x)\mathrm{e}^{\eta x}, & \eta>0,\\ H(x)\mathrm{e}^{\eta x}, & \eta<0.\end{cases}$$

当 $x\neq 0$ 时

$$\begin{aligned}T(x,\ y)=&H(x)\int_{-\infty}^{0}\mathrm{e}^{(x+\mathrm{i}y)\eta}\mathrm{đ}\eta-H(-x)\int_{0}^{+\infty}\mathrm{e}^{(x+\mathrm{i}y)\eta}\mathrm{đ}\eta\\ =&\frac{1}{2\pi}\cdot\frac{1}{x+\mathrm{i}y}.\end{aligned}\tag{4.12}$$

以下验证 $\frac{1}{2\pi}\cdot\frac{1}{x+\mathrm{i}y}$ 确实是 Cauchy-Riemann 算子的基本解. 事实上, 任意取一个函数 $\psi(x,\ y)\in C_c^\infty(R^2)$, 则 $\psi(x,\ y)$ 的支集含于某个圆 $\{r<A\}$ 中. 于是

$$\begin{aligned}&\iint\limits_{R^2}\frac{1}{x+\mathrm{i}y}\left(\frac{\partial\psi}{\partial x}+\mathrm{i}\frac{\partial\psi}{\partial y}\right)\partial x\partial y\\ =&\int_0^{2\pi}\int_0^A\frac{1}{r}\mathrm{e}^{-\mathrm{i}\theta}\left(\frac{\partial\psi}{\partial r}\mathrm{e}^{\mathrm{i}\theta}+\frac{1}{r}\frac{\partial\psi}{\partial\theta}\mathrm{i}\mathrm{e}^{\mathrm{i}\theta}\right)r\mathrm{d}r\mathrm{d}\theta\\ =&\int_0^{2\pi}\int_0^A\left(\frac{1}{r}\frac{\partial\psi}{\partial r}+\frac{\mathrm{i}}{r^2}\frac{\partial\psi}{\partial\theta}\right)r\mathrm{d}r\mathrm{d}\theta\\ =&-2\pi\,\psi(0).\end{aligned}$$

所以 $\left\langle\left(\frac{\partial}{\partial x}+\mathrm{i}\frac{\partial}{\partial y}\right)\left(\frac{1}{2\pi}\frac{1}{x+\mathrm{i}y}\right),\ \psi\right\rangle=\psi(0)$, 即 $T=\frac{1}{2\pi}\cdot\frac{1}{x+\mathrm{i}y}$.

例 4.5　热传导方程的基本解.

考虑

$$\frac{\partial T}{\partial t}-a^2\frac{\partial^2 T}{\partial x^2}=\delta(t,\ x),\tag{4.13}$$

两边作关于 x 的 Fourier 变换, 得

$$\frac{\mathrm{d}\hat{T}}{\mathrm{d}t}+a^2\xi^2\hat{T}=\delta(t),$$

由例 1.2 知, 它的解为

$$\hat{T}=\mathrm{e}^{-a^2\xi^2t}H(t).$$

再求 $\hat{T}$ 关于 ξ 的 Fourier 逆变换. 由于 $\mathrm{e}^{-a^2\xi^2t}$ 的 Fourier 逆变换为 $\frac{1}{2a\sqrt{\pi t}}\mathrm{e}^{-\frac{x^2}{4a^2t}}$, 所以热传导方程的基本解是

$$T(x,\ t)=\frac{1}{2a\sqrt{\pi t}}\mathrm{e}^{-\frac{x^2}{4a^2t}}H(t).\tag{4.14}$$

例 4.6　调和方程的基本解.

先考虑二维 Laplace 方程, 即求 E, 使其满足

$$\Delta E=\delta. \tag{4.15}$$

下面我们不利用 Fourier 变换, 而直接利用基本解的定义来求得它. 由于 Laplace 算子与 δ 函数在平面坐标的旋转变换下形式不变, 所以我们可以求仅依赖于向径 r 的基本解, 并希望 E 是 r 的局部可积函数. 在极坐标系 $(r,\ \theta)$ 中, Δ 算子的形式为

$$\frac{\partial^2}{\partial r^2}+\frac{1}{r}\frac{\partial}{\partial r}+\frac{1}{r^2}\frac{\partial^2}{\partial\theta^2}.$$

对于任意的 C_c^∞ 函数 $\varphi(r,\theta)$, 记

$$\bar\varphi(r)=\frac{1}{2\pi}\int_0^{2\pi}\varphi(r,\ \theta)\mathrm{d}\theta,$$

它表示 $\varphi(r,\ \theta)$ 在半径为 r 的圆周上的平均. 显然, $\bar\varphi(r)$ 与 θ 无关, 且在 r 充分大时 $\bar\varphi(r)=0$. 又成立

$$\begin{aligned}\Delta\bar\varphi&=\left(\frac{\partial^2}{\partial r^2}+\frac{1}{r}\frac{\partial}{\partial r}\right)\frac{1}{2\pi}\int_0^{2\pi}\varphi(r,\ \theta)\mathrm{d}\theta\\&=\frac{1}{2\pi}\int_0^{2\pi}\left(\frac{\partial^2}{\partial r^2}+\frac{1}{r}\frac{\partial}{\partial r}\right)\varphi(r,\ \theta)\mathrm{d}\theta\\&=\frac{1}{2\pi}\int_0^{2\pi}\left(\frac{\partial^2}{\partial r^2}+\frac{1}{r}\frac{\partial}{\partial r}+\frac{1}{r^2}\frac{\partial^2}{\partial\theta^2}\right)\varphi(r,\ \theta)\mathrm{d}\theta\\&=\overline{\Delta\varphi}.\end{aligned}$$

如果 E 是一个仅依赖于 r 的局部可积函数, 则

$$\begin{aligned}\langle\Delta E,\ \varphi\rangle&=\langle E,\ \Delta\varphi\rangle=\int_{R^2}E(r)\Delta\varphi\mathrm{d}x\\&=2\pi\int_0^\infty E(r)\,\overline{\Delta\varphi}\,r\,\mathrm{d}r\\&=2\pi\int_0^\infty E(r)\left(\frac{\mathrm{d}^2}{\mathrm{d}r^2}+\frac{1}{r}\frac{\mathrm{d}}{\mathrm{d}r}\right)\bar\varphi\,r\,\mathrm{d}r\\&=2\pi\int_0^\infty E(r)\frac{\mathrm{d}}{\mathrm{d}r}\left(r\frac{\mathrm{d}}{\mathrm{d}r}\bar\varphi\right)\mathrm{d}r\\&=2\pi\left\{\left[E(r)r\frac{\mathrm{d}}{\mathrm{d}r}\bar\varphi\right]_0^\infty-\int_0^\infty E'(r)r\frac{\mathrm{d}}{\mathrm{d}r}\bar\varphi(r)\mathrm{d}r\right\}.\end{aligned}$$

如果 $E(r)$ 在原点的奇性低于一阶, 则括号内第一项为零, 又若 $E'(r)r=\dfrac{1}{2\pi}$, 则括号内第二项化成

$$-\frac{1}{2\pi}\int_0^\infty\frac{\mathrm{d}}{\mathrm{d}r}\bar\varphi(r)\mathrm{d}r=\frac{1}{2\pi}\bar\varphi(0)=\frac{1}{2\pi}\varphi(0),$$

这正说明

$$\langle \Delta E,\ \varphi\rangle = \varphi(0) = \langle \delta,\ \varphi\rangle.$$

因此, 为求得 E, 只需解 $rE'(r) = \dfrac{1}{2\pi}$, 从而得到

$$E(r) = \frac{1}{2\pi}\log r, \tag{4.16}$$

它在原点处的奇性确实低于一阶. 所以 (4.16) 就是二维 Laplace 算子的基本解.

类似地可以推得 $n > 2$ 时, Laplace 方程的基本解为

$$E = -\frac{1}{(n-2)\omega_{n-1}} \cdot \frac{1}{r^{n-2}}, \tag{4.17}$$

其中 ω_{n-1} 表示 $n-1$ 维单位球面的面积.

例 4.7　常系数椭圆算子的基本解.

设 $P(D)$ 为 $D_1, \cdots, D_n$ 的常系数多项式, 考察椭圆算子 $P(D)$ 的基本解. 若 u 为

$$P(D)u = \delta \tag{4.18}$$

的解, 在等式两边关于 x 作 Fourier 变换, 可得

$$P(\xi)\,\hat{u}\,(\xi) = 1.$$

如果 $P(\xi)$ 在全空间没有零点 $\left(\text{例如 } P(\xi) = \dfrac{1}{1+|\xi|^2}\right)$, 则 (4.18) 的解可以形式地通过除法与 Fourier 逆变换写出:

$$u(x) = \int_{R^n_\xi} \mathrm{e}^{\mathrm{i}x\cdot\xi} \frac{1}{P(\xi)} đ\xi, \tag{4.19}$$

但如果 $P(\xi)$ 有零点存在, $\dfrac{1}{P(\xi)}$ 不是 $\mathscr{S}'$ 广义函数, 这样的写法没有意义. 为此, 我们首先得设法把 $P(\xi)$ 的零点集除去.

据 $P(D)$ 为椭圆算子的性质可以断定, $P(\xi)$ 的实零点集含于 R^n_ξ 的一个紧集中. 事实上, $P(D)$ 的主部 $P_m(D)$ 的象征多项式 $P_m(\xi)$ 是 m 次齐次函数, 它仅以原点为其实零点. 故在球面 $|\,\xi\,| = 1$ 上, $|\,P_m(\xi)\,| \geqslant b > 0$, 于是由齐次性知

$$|\,P_m(\xi)\,| \geqslant b\,|\,\xi\,|^m, \qquad \forall \xi \in R^n_\xi.$$

另一方面, $|\,\xi\,| > 1$ 时, $|\,P(\xi) - P_m(\xi)\,| \leqslant C\,|\,\xi\,|^{m-1}$, 从而若 $P(\xi) = 0$, 则有

$$b\,|\,\xi\,|^m \leqslant |\,P_m(\xi)\,| = |\,P(\xi) - P_m(\xi)\,| \leqslant C\,|\,\xi\,|^{m-1},$$

由此可知 $|\xi| \leqslant \dfrac{C}{b}$, 这说明 $P(\xi)$ 的零点与原点之距离不超过 $\rho = 1 + \dfrac{C}{b}$.

现在作 $\chi(\xi) \in C^\infty(R^n_\xi)$, 使得当 $|\xi| \leqslant \rho$ 时 $\chi(\xi) \equiv 0$, $|\xi| \geqslant \rho' > \rho$ 时 $\chi(\xi) \equiv 1$, 并由此作出

$$v(x) = F^{-1}\left[\frac{\chi(\xi)}{P(\xi)}\right]. \tag{4.20}$$

因为在 $P(\xi)$ 的零点邻域中 $\chi(\xi) \equiv 0$, 故 $v(x)$ 有意义. 而且

$$\begin{aligned} P(D)v(x) =& F^{-1}\left[P(\xi)F\left[v(x)\right]\right] \\ =& F^{-1}\left[\chi(\xi)\right] \\ =& \delta(x) - h(x), \end{aligned} \tag{4.21}$$

这里 $h(x)$ 是 $1-\chi(\xi)$ 的 Fourier 逆变换, 由于 $1-\chi(\xi) \in C_c^\infty(R^n_\xi)$, 所以 $h(x)$ 是 C^∞ 函数.

满足 (4.21) 式的 $v(x)$ 与 $P(D)$ 的基本解还相差一点, 它经微分算子作用后所得到的分布与 $\delta(x)$ 相差一个 C^∞ 函数. $v(x)$ 称为**拟基本解**. 为了最终得到基本解, 可以求方程

$$P(D)w = h \tag{4.22}$$

的解. 注意到 $h(x)$ 还是个解析函数, 而算子 $P(D)$ 的系数是常系数, 它们当然是解析的. 于是根据 Cauchy-Kowalevskaya 定理知, 这个方程存在解析解 w, 这样 $u = v + w$ 就满足 (4.18), 它就是算子 $P(D)$ 的基本解.

一般的常系数偏微分算子基本解的存在定理已被 Malgrange, Ehrenpreis, Hörmander 等得到, 读者可参考文献 [9], [18] 等.

2.4.3 Cauchy 问题的基本解

为了将基本解方法应用于偏微分方程 Cauchy 问题的求解, 我们介绍 Cauchy 问题基本解的概念. 例如在上半平面考虑常系数偏微分方程 Cauchy 问题

$$\frac{\partial u}{\partial t} = P\left(\frac{\partial}{\partial x}\right)u, \tag{4.23}$$

$$u(0,\ x) = u_0(x). \tag{4.24}$$

这里 $u_0(x)$ 可以是一个广义函数, 希望求得的 Cauchy 问题的解 u 是 $C_t(\mathscr{D}'(R^n_x))$ 中的元素, 即对于每个 $t \in R^1$, $u(t,\ \cdot)$ 为 $\mathscr{D}'(R^n_x)$ 中元素, 且这样的映射 $R^1 \to \mathscr{D}'(R^n_x)$ 是连续的. $u(t,\ \cdot)$ 当 $t=0$ 时取值为 $u_0(x)$.

我们称方程 (4.23) 满足初始条件 $u(0,\ x) = \delta(x)$ 的解为 **Cauchy 问题的基本解**. 与方程的基本解作用一样, 如果知道了 Cauchy 问题的基本解是 $E(t,\ x)$, 那么

Cauchy 问题 (4.23), (4.24) 的解就是

$$u(t,\ x)=E(t,\ x)*u_0(x). \tag{4.25}$$

以上卷积是将 $E(t,\ x)$ 与 $u_0(x)$ 均视为 $\mathscr{D}'(R_x^n)$ 广义函数来作出的, 当然我们得假定这个卷积存在.

直接验证即知 (4.25) 满足 (4.23)、(4.24), 事实上

$$\begin{aligned}\left(\frac{\partial}{\partial t}-P\left(\frac{\partial}{\partial x}\right)\right)u(t,\ x)&=\left(\frac{\partial}{\partial t}-P\left(\frac{\partial}{\partial x}\right)\right)(E(t,\ x)*u_0(x))\\&=\left[\left(\frac{\partial}{\partial t}-P\left(\frac{\partial}{\partial x}\right)\right)E(t,x)\right]*u_0(x)\\&=0*u_0(x)=0,\end{aligned}$$

$$u(0,x)=E(0,x)*u_0(x)=\delta(x)*u_0(x)=u_0(x).$$

例 4.8　热传导方程 Cauchy 问题的基本解.

考察 Cauchy 问题

$$\begin{cases}\dfrac{\partial E}{\partial t}=a^2\displaystyle\sum_{i=1}^{n}\dfrac{\partial^2 E}{\partial x_i^2},\\ E(0,x)=\delta(x).\end{cases} \tag{4.26}$$

在 (4.26) 两式的两边均作关于 x 的 Fourier 变换, 得到

$$\frac{\mathrm{d}\hat{E}}{\mathrm{d}t}=-a^2\,|\,\xi\,|^2\,\hat{E},$$

它的解是

$$\hat{E}(t,\ \xi)=\mathrm{e}^{-a^2|\,\xi\,|^2t},$$

求其逆变换, 即得热传导方程 Cauchy 问题基本解为

$$E(t,\ x)=\frac{1}{(2a\sqrt{\pi t}\,)^n}\mathrm{e}^{-\frac{|\,x\,|^2}{4a^2t}}. \tag{4.27}$$

我们指出, (4.27) 与热传导方程的基本解 (4.14) 仅差一个因子 $H(t)$.

例 4.9　三维波动方程 Cauchy 问题基本解.

考察如下的 Cauchy 问题

$$\begin{cases}\dfrac{\partial^2 E}{\partial t^2}=a^2\left(\dfrac{\partial^2 E}{\partial x_1^2}+\dfrac{\partial^2 E}{\partial x_2^2}+\dfrac{\partial^2 E}{\partial x_3^2}\right),\\ E|_{t=0}=0,\\ \left.\dfrac{\partial E}{\partial t}\right|_{t=0}=\delta(x_1,x_2,x_3).\end{cases} \tag{4.28}$$

称 E 为三维波动方程 Cauchy 问题的基本解, 将这些等式关于变量 x_1, x_2, x_3 进行 Fourier 变换, 得到

$$\begin{cases} \dfrac{\mathrm{d}^2\hat{E}}{\mathrm{d}t^2}+a^2(s_1^2+s_2^2+s_3^3)\hat{E}=0, \\ \hat{E}\Big|_{t=0}=0, \\ \dfrac{\mathrm{d}\hat{E}}{\mathrm{d}t}\Big|_{t=0}=1. \end{cases}$$

这个问题的解是

$$\hat{E}=\frac{\sin a\rho t}{a\rho} \qquad (\rho=|\,s\,|=\sqrt{s_1^2+s_2^2+s_3^2}).$$

今求其 Fourier 逆变换:

$$\begin{aligned} E(t,x_1,x_2,x_3)=&\frac{1}{(2\pi)^3}\int_{R^3}\frac{\sin a\rho t}{a\rho}\,\mathrm{e}^{\mathrm{i}(s_1x_1+s_2x_2+s_3x_3)}\mathrm{d}s_1\mathrm{d}s_2\mathrm{d}s_3 \\ =&\frac{1}{(2\pi)^3}\int_0^{\infty}\int_{S^2}\frac{\sin a\rho t}{a\rho}\,\mathrm{e}^{\mathrm{i}s\cdot x}\rho^2\mathrm{d}\omega\,\mathrm{d}\rho. \end{aligned}$$

在球面上以 x 方向为北极方向建立球面坐标 $(\theta,\ \varphi)$, 则

$$\begin{aligned} &s\cdot x=\rho r\cos\theta \quad (r=|\,x\,|=\sqrt{x_1^2+x_2^2+x_3^2}), \\ &\mathrm{d}\omega=\sin\theta\mathrm{d}\theta\mathrm{d}\varphi. \end{aligned}$$

从而有

$$\begin{aligned} E(t,x_1,x_2,x_3)=&\frac{1}{(2\pi)^3}\int_0^{\infty}\int_0^{2\pi}\int_0^{\pi}\frac{\rho\sin a\rho t}{a}\mathrm{e}^{\mathrm{i}\rho r\cos\theta}\sin\theta\mathrm{d}\theta\mathrm{d}\varphi\mathrm{d}\rho \\ =&\frac{1}{(2\pi)^2a}\int_0^{\infty}\sin a\rho t\left(\int_0^{\pi}\mathrm{e}^{\mathrm{i}\rho r\cos\theta}\rho\sin\theta\mathrm{d}\theta\right)\mathrm{d}\rho \\ =&\frac{1}{4\pi^2ar}\int_0^{\infty}2\sin a\rho t\cdot\sin\rho r\mathrm{d}\rho \\ =&\frac{1}{4\pi^2ar}\lim_{A\to\infty}\int_0^{A}[\cos\rho(r-at)-\cos\rho(r+at)]\mathrm{d}\rho \\ =&\frac{1}{4\pi^2ar}\lim_{A\to\infty}\left(\frac{\sin A(r-at)}{r-at}-\frac{\sin A(r+at)}{r+at}\right). \end{aligned}$$

根据第 1 章例 2.5 知, 当 $\nu\to\infty$ 时 $\dfrac{1}{\pi}\dfrac{\sin\nu x}{x}$ 收敛于 $\delta(x)$. 因此

$$E(t,x_1,x_2,x_3)=\frac{1}{4\pi ar}\left[\delta(r-at)-\delta(r+at)\right].$$

由于 $r+at$ 恒大于零, 故 $\delta(r+at)$ 恒为零. 所以最终得

$$E(t,x_1,x_2,x_3)=\frac{1}{4\pi ar}\delta(r-at). \tag{4.29}$$

利用 (4.29) 可以求三维波动方程 Cauchy 问题

$$\begin{aligned}&\frac{\partial^2 u}{\partial t^2}=a^2\left(\frac{\partial^2 u}{\partial x_1^2}+\frac{\partial^2 u}{\partial x_2^2}+\frac{\partial^2 u}{\partial x_3^2}\right),\\&u|_{t=0}=0,\\&\left.\frac{\partial u}{\partial t}\right|_{t=0}=\varphi(x_1,x_2,x_3)\end{aligned}$$

的解, 它的解就是

$$u(t,x)=E(t,x)*\varphi(x). \tag{4.30}$$

为写出其具体的表达式, 引入记号

$$[\varphi]_r=\frac{1}{4\pi}\int_{|x-\xi|=r}\varphi(\xi)\sin\theta\mathrm{d}\theta\mathrm{d}\varphi.$$

以此表示函数 φ 在球面 $|x-\xi|=r$ 上的平均值. 于是得到

$$\begin{aligned}u(t,\ x)=&\int_{R_\xi^n}\frac{\delta(|x-\xi|-at)}{4\pi a\cdot|x-\xi|}\varphi(\xi)\mathrm{d}\xi\\=&\frac{1}{a}\int_0^\infty\frac{1}{4\pi r}\delta(r-at)\cdot 4\pi\,[\varphi]_r\cdot r^2\mathrm{d}r\\=&\frac{1}{a}\int_0^\infty\delta(r-at)\cdot r\cdot[\varphi]_r\,\mathrm{d}r\\=&\frac{1}{a}at\,[\varphi]_{at}=t\,[\varphi]_{at}\,.\end{aligned}$$

以上推导过程中积分均应理解为广义函数对基本函数的作用.

2.4.4　基本解在解的正则性研究中的应用 *

基本解用于偏微分方程解的构造外, 还可用于解的定性研究, 下面我们介绍一个有关解的正则性的定理.

定义 4.1　设 P 是定义在 Ω 上的一个线性偏微分算子, 如果对 Ω 中任一开集 U, 只要 Pu 在 U 上为 C^∞ 函数, 则 u 在 U 上也是 C^∞ 函数, 此时称 P 是**亚椭圆算子**.

定理 4.1　设 P 为一个常系数偏微分算子. 它的基本解 E 在 $R^n\setminus\{0\}$ 中为 C^∞ 函数, 那么 P 在 R^n 上必为亚椭圆算子.

证明 设 Ω 为 R^n 中任意开集, $u \in \mathscr{D}'(R^n)$, $Pu = f$, 在 Ω 中 $f \in C^\infty$, 今要指出在 Ω 中 u 也是 C^∞ 函数. 为此我们只需证明, 对任意 $x_0 \in \Omega$, u 在 x_0 点邻域中为 C^∞. 令 Ω' 满足 $x_0 \in \Omega' \subset\subset \Omega$, 作函数 $g \in C_c^\infty(\Omega)$, 使 g 在 Ω' 上恒为 1. 考察 gu 是否为 C^∞ 函数.

利用求导数的 Leibniz 公式, 可得

$$P(gu) = gPu + v, \tag{4.31}$$

其中 v 的支集有界, 且在 Ω' 中 $v = 0$, 又 $gPu = gf$ 是一个 $C_c^\infty(\Omega)$ 函数.

在 (4.31) 两边用算子 P 的基本解 E 作卷积, 则

$$E * P(gu) = E * (gf) + E * v, \tag{4.32}$$

根据卷积的性质知

$$E * P(gu) = P(E) * gu = \delta * gu = gu, \tag{4.33}$$

由于 $E * gf$ 为 C^∞ 函数, 于是只需分析 $E * v$ 的性质.

取 ε 小于 x_0 与 $\partial\Omega'$ 之距离, 作函数 $\zeta_\varepsilon \in C_c^\infty(B_\varepsilon)$, 并在 $B_{\frac{\varepsilon}{2}}$ 中为 1, 则

$$E * v = (\zeta_\varepsilon E) * v + (1 - \zeta_\varepsilon)E * v. \tag{4.34}$$

根据定理的假设条件知 E 在 $R^n \backslash \{0\}$ 中为 C^∞ 函数, 即 E 的奇性只可能在原点, 故 $(1 - \zeta_\varepsilon)E \in C^\infty(R^n)$, 而 v 的支集是有界的, 所以 $(1 - \zeta_\varepsilon)E * v$ 为 C^∞ 函数.

由 1.2 节知 $(\zeta_\varepsilon E) * v$ 也是一个具有有界支集的广义函数, 且

$$\mathrm{supp}(\zeta_\varepsilon E) * v \subset \mathrm{supp}\, \zeta_\varepsilon E + \mathrm{supp}\, v, \tag{4.35}$$

右边的 + 表示第一个集合中的点与第二个集合中的点作向量和. 由于 v 在 Ω' 中为 0, 所以 $\zeta_\varepsilon E * v$ 在 Ω'_ε 中为零, 这里 Ω'_ε 表示位于 Ω' 中且与边界 $\partial\Omega'$ 之距离不小于 ε 的点构成之集合.

综合对 (4.34) 式右端两项的分析, 得到 $E * v$ 在 Ω'_ε 中为 C^∞ 函数, 代入 (4.32), 并利用 (4.33), 知 gu 在 Ω'_ε 中为 C^∞ 函数, 从而 u 也如此, 故 u 在 x_0 邻域中为 C^∞ 函数. 但由于 x_0 为 Ω 中任意的内点, 所以 u 在整个 Ω 中为 C^∞ 函数. 证毕

定理 4.1 之逆也是对的. 即对于一个亚椭圆算子 P, 它的基本解必在 $R^n \backslash \{0\}$ 上为 C^∞ 函数. 事实上, 设 E 为 P 的基本解, 则 $PE = \delta$, 右端 δ 函数的支集为 $\{0\}$, 它在 $R^n \backslash \{0\}$ 中均为零, 故为 C^∞ 函数, 于是由亚椭圆性的定义知, E 在 $R^n \backslash \{0\}$ 上是 C^∞ 函数.

将定理 4.1 应用于前面讨论过的几类方程即可知道, Cauchy-Riemann 算子 $\dfrac{\partial}{\partial x}+\mathrm{i}\dfrac{\partial}{\partial y}$、热算子 $\dfrac{\partial}{\partial t}-a^2\dfrac{\partial^2}{\partial x^2}$、调和算子 Δ 等都是亚椭圆算子. 而相应于这些算子的齐次方程的解都是 C^∞ 函数.

习　题

1. 求算子 $\dfrac{\mathrm{d}^2}{\mathrm{d}x^2}+c\dfrac{\mathrm{d}}{\mathrm{d}x}$ 的基本解.

2. 求含 n 个自变量 $x=(x_1,x_2,\cdots,x_n)$ 的热传导方程 $\dfrac{\partial E}{\partial t}=a^2\sum\limits_{i=1}^{n}\dfrac{\partial^2 E}{\partial x_i^2}$ 的基本解.

3. 求 $\dfrac{\partial u}{\partial x}+\mathrm{i}\dfrac{\partial u}{\partial y}+cu=\delta(x,y)$ 的基本解.

4. 证明 R^n 中重调和算子 Δ^m 的基本解为

$$E=\begin{cases} C_{m,n}\,r^{2m-n}\log r & (2m-n\geqslant 0, \text{且为偶数}), \\ C_{m,n}\,r^{2m-n} & (\text{其他情形}), \end{cases}$$

其中 $C_{m,n}$ 是仅与 m,n 有关的常数.

5. 若 Δ 为 n 维空间的 Laplace 算子, 试求 $I-\Delta$ 的基本解, 并问 $I-\Delta$ 是否是亚椭圆算子?

6. 求方程 $\dfrac{\partial^2 u}{\partial t^2}-\dfrac{\partial^2 u}{\partial x^2}=\delta(t,x)$ 的基本解, 并导出 D'Alembert 公式.

第 3 章　椭圆型方程

本章研究线性椭圆型方程边值问题, 包括边值问题的可解性、解的正则性等, 主要讨论二阶椭圆型方程的情形, 在 3.5 节将对高阶方程的情形作简略的讨论.

3.1　椭圆型方程边值问题的广义解

3.1.1　Dirichlet 问题的广义解

设 Ω 为 R^n 的有界区域, 具有光滑的边界. 我们在 Ω 上讨论如下形式的**椭圆型方程的边值问题**:

$$\begin{cases} Lu = \displaystyle\sum_{i,j=1}^{n} a_{ij}(x)\frac{\partial^2 u}{\partial x_i \partial x_j} + \sum_{i=1}^{n} b_i(x)\frac{\partial u}{\partial x_i} + c(x)u = f, & (1.1) \\ u|_{\partial\Omega} = 0, & (1.2) \end{cases}$$

式中, a_{ij}, b_i, c 为变量 $x = (x_1, \cdots, x_n)$ 的 $C^\infty(\bar{\Omega})$ 实函数 (这个要求可以减弱, 但为叙述简单起见, 我们一般在这样的假定下进行讨论). 系数 a_{ij} 还满足对称性条件 $a_{ij} = a_{ji}$ 以及如下的椭圆性条件

$$\sum_{i,j=1}^{n} a_{ij}(x)\xi_i\xi_j \geqslant \alpha \sum_{i=1}^{n} \xi_i^2, \qquad \xi \neq 0. \tag{1.3}$$

式中, α 是一个与 x 无关的正常数. 条件 (1.2) 称为齐次 Dirichlet 条件. 边值问题 (1.1)、(1.2) 称为 **Dirichlet 边值问题**.

在偏微分方程的经典理论中, 问题 (1.1)、(1.2) 的解必须在 $C^2(\Omega) \cap C^0(\bar{\Omega})$ 中寻找, 引进广义函数空间的工具以后, 我们就可以将这一要求降低. 然而在怎样的广义函数空间中来讨论问题 (1.1)、(1.2) 较为合适呢? 让我们先来看一个例子.

考察一个平面区域 Ω 上具有固定边界的薄膜平衡问题, 它可归结为求泛函

$$J[u] = \int_\Omega \left[\frac{1}{2}(u_x^2 + u_y^2) - uf\right] \mathrm{d}x\mathrm{d}y \tag{1.4}$$

的极小值. 泛函 (1.4) 的物理意义就是薄膜所具有的能量. 容易证明, 在边界 $\partial\Omega$ 上取零值的 $C^2(\Omega) \cap C^1(\bar{\Omega})$ 函数类中 $J[u]$ 取极小值的问题与 Poisson 方程 $-\Delta u = f$

的齐次 Dirichlet 问题的求解是等价的. 事实上, 设 u 是使 $J[u]$ 取极小值的元素, 则对任一 $\varphi \in C_c^\infty(\Omega)$

$$\frac{\mathrm{d}}{\mathrm{d}\varepsilon}(J[u+\varepsilon\varphi])\bigg|_{\varepsilon=0} = 0. \tag{1.5}$$

从而得

$$\int_\Omega (u_x\varphi_x + u_y\varphi_y - f\varphi)\mathrm{d}x\mathrm{d}y = 0, \quad \forall \varphi \in C_c^\infty(\Omega), \tag{1.6}$$

或

$$\int_\Omega (\Delta u + f)\varphi \mathrm{d}x\mathrm{d}y = 0, \quad \forall \varphi \in C_c^\infty(\Omega). \tag{1.7}$$

由 $C_c^\infty(\Omega)$ 在 $L^2(\Omega)$ 中的稠密性, 即可推出

$$-\Delta u = f. \tag{1.8}$$

反之, 若 $u \in C^2(\Omega) \cap C^1(\bar{\Omega})$ 满足 (1.8) 与边界条件 $u|_{\partial\Omega} = 0$, 那么, 对任意的在边界上取零值的 $C^2(\Omega) \cap C^1(\bar{\Omega})$ 函数 φ, 有

$$J[u+\varepsilon\varphi] = J[u] + \varepsilon \int_\Omega (u_x\varphi_x + u_y\varphi_y - f\varphi)\mathrm{d}x\mathrm{d}y + \frac{\varepsilon^2}{2}\int_\Omega (\varphi_x^2 + \varphi_y^2)\mathrm{d}x\mathrm{d}y.$$

利用分部积分法, 易知 (1.6) 成立, 所以

$$J[u+\varepsilon\varphi] \geqslant J[u].$$

这就说明 $J[u]$ 取极小值.

由于在 $J[u]$ 的表达式中仅出现函数 u 及其一阶偏导数平方的积分, 而且由例子说明如果局限于 $C^2(\Omega) \cap C^1(\bar{\Omega})$ 且边界值为零的函数类上寻求 $J[u]$ 的极小值, 不一定能找到使泛函达到极小的元素. (为理解这一点, 读者可以比较如下的例子: 在有理数的范围内找不到最大的数 c 满足 $c^2 < 2$.) 于是, 扩大 $J[u]$ 中函数 u 的变动范围, 在 $C^2(\Omega) \cap C^1(\bar{\Omega})$ 且边界值为零的函数类关于 $H^1(\Omega)$ 模完备化的空间即 $H_0^1(\Omega)$ 中考虑 $J[u]$ 的极值是很自然的. 基于前面所述的求泛函 $J[u]$ 的极值与求 Poisson 方程 Dirichlet 问题解的等价性, 我们可认为在 $H_0^1(\Omega)$ 中使泛函 $J[u]$ 取极小值的元素是上述 Dirichlet 问题按广义意义的解.

注意到当 $u \in H_0^1(\Omega)$ 时, 从 (1.6) 到 (1.7) 正是广义函数的求导运算. 所以若 u 是 $H_0^1(\Omega)$ 中使 $J[u]$ 取极小值的元素, 它必按广义函数的意义满足方程 (1.8), 而且由迹定理知, u 在边界 $\partial\Omega$ 上的迹为零.

这个例子启示我们, 在 Sobolev 空间 $H^1(\Omega)$ 中讨论问题 (1.1)、(1.2) 是较合适的. 此时, 若 u 为问题 (1.1)、(1.2) 的解, 则表示按广义函数意义 (1.1) 成立, (1.2) 式也应当理解为广义函数在边界 $\partial\Omega$ 上的迹为零, 且边界条件 (1.2) 可以用 $u \in H_0^1(\Omega)$

表示. 又当 $u \in H^1(\Omega)$ 时, $Lu \in H^{-1}(\Omega)$, 所以问题 (1.1)、(1.2) 的合适提法是: 对于 $f \in H^{-1}(\Omega)$, 寻求 $H_0^1(\Omega)$ 函数 u, 使它按广义函数的意义满足 (1.1). 这种解也称为**广义解**.

与偏微分方程的经典理论相仿, 在偏微分方程的近代理论中解的存在性和唯一性都是需要研究的最基本的问题. 另一个基本问题是解的正则性问题, 即在某些附加条件下, 例如 (1.1) 中函数 f 具有较高的正则性时, 解将有怎样的正则性? 更具体来说, 若 f 属于某 Sobolev 空间 $H^{m_1}(\Omega)$ 时, u 属于怎样的空间 $H^{m_2}(\Omega)$? 利用第 1 章中证明的嵌入定理可知, 若 $u \in H^{m_2}(\Omega)$, 而 $m_2 > \dfrac{n}{2} + 2$ 时, u 就具有二阶连续偏导数, 这时广义解 u 就可以是古典解. 所以, 关于解的正则性的研究就可用来证实广义解确实就是古典解, 当然关于正则性的研究还有独立的意义.

边界条件 (1.2) 还可以改成非齐次的, 即

$$u|_{\partial\Omega} = g \tag{1.9}$$

的形式. 这里 g 是在边界 $\partial\Omega$ 上给定的一个函数. 对于问题 (1.1)、(1.9) 的一种处理方法是将它化成具有齐次边界条件的问题. 若在边界 $\partial\Omega$ 上定义的函数 $g \in H^{\frac{1}{2}}(\partial\Omega)$, 则由第 1 章定理 5.11 知, g 可以延拓成为 $H^1(\Omega)$ 函数, 并且仍以 g 记之. 于是 $\bar{u} = u - g$ 就将满足

$$\begin{cases} L\bar{u} = f - Lg, & (1.10) \\ \bar{u}\,|_{\partial\Omega} = 0. & (1.11) \end{cases}$$

由于 $f - Lg \in H^{-1}(\Omega)$, 所以问题 (1.10)、(1.11) 就是前面所述的问题 (1.1)、(1.2) 的情形. 这里需要注意的是, $H^1(\Omega)$ 函数在边界上的迹属于 $H^{\frac{1}{2}}(\partial\Omega)$. 所以为了使定义在 $\partial\Omega$ 上的函数 g 延拓成一个 $H^1(\Omega)$ 函数, 必须有 $g \in H^{\frac{1}{2}}(\partial\Omega)$.

3.1.2 第二、第三边值问题的广义解

现在讨论方程 (1.1) 的 Neumann 问题, 这时边界条件应当改为

$$\left.\frac{\partial u}{\partial \nu}\right|_{\partial\Omega} = 0 \tag{1.12}$$

的形式. 这里 $\dfrac{\partial}{\partial \nu}$ 表示沿 $\partial\Omega$ 的余法向求导数, 即

$$\frac{\partial u}{\partial \nu} = \sum_{i,j=1}^{n} a_{ij}(x)\cos(n, x_i)\frac{\partial u}{\partial x_j}.$$

如果限定在 $H^1(\Omega)$ 中讨论 (1.1)、(1.12) 的解, 仅按照 $u \in H^1(\Omega)$ 的条件, 无法赋予 $\left.\dfrac{\partial u}{\partial \nu}\right|_{\partial\Omega}$ 以确切的意义. 所以我们得利用 Green 公式将问题的提法作些改变.

若 $u \in H^2(\Omega)$, $v \in H^1(\Omega)$, 则利用 Green 公式可得

$$(-Lu,\ v)_{L^2(\Omega)} = a(u,\ v) - \left(\frac{\partial u}{\partial \nu},\ v\right)_{L^2(\partial\Omega)}, \tag{1.13}$$

式中 $a(u,\ v)$ 是 u, v 的一个双线性形式, 即

$$a(u,\ v) = \int_\Omega \left[\sum_{i,j=1}^n a_{ij}\frac{\partial u}{\partial x_i}\ \frac{\partial \overline{v}}{\partial x_j} + \sum_{i=1}^n \left(-b_i + \sum_{j=1}^n \frac{\partial a_{ij}}{\partial x_j}\right)\frac{\partial u}{\partial x_i}\overline{v} - cu\overline{v}\right] \mathrm{d}x. \tag{1.14}$$

因此, 当 u 满足 (1.1) 式时, 可得

$$(-f,\ v)_{L^2(\Omega)} = a(u,\ v) - \left(\frac{\partial u}{\partial \nu},\ v\right)_{L^2(\partial\Omega)}. \tag{1.15}$$

如果 u 又满足边界条件 (1.12), 则有

$$a(u,\ v) = -(f,\ v)_{L^2(\Omega)}, \tag{1.16}$$

反之, 如果 $u \in H^2(\Omega)$, 且对任意的 $v \in H^1(\Omega)$ 满足 (1.16) 式, 则逆转上述推导 (1.16) 式的过程可以推得 u 满足方程 (1.1) 以及边界条件 (1.12). 注意到在 (1.16) 式中仅出现 u 的一阶广义导数, 当 $u \in H^1(\Omega)$ 时, 说到 (1.14) 式成立与否是有意义的. 于是, 如果 $u \in H^1(\Omega)$, 且对于任意的 $H^1(\Omega)$ 函数 v 成立 (1.16) 式, 就称 u 是 Neumann 问题 (1.1)、(1.12) 的广义解.

注意到当 $v \in C_c^\infty(\Omega)$ 时, $a(u,\ v) = -\langle Lu,\ \overline{v}\rangle$, $(f,\ v) = \langle f,\ \overline{v}\rangle$, 这里 $\langle\cdot,\cdot\rangle$ 表示广义函数对于基本函数空间中的元素的作用. 于是, 由 (1.16) 即可得出 u 按广义函数意义满足 (1.1), 而边界条件 (1.12) 已被蕴涵在 v 可以在比 $C_c^\infty(\Omega)$ 更大的空间 $H^1(\Omega)$ 中变动这一陈述之中. 读者可以自行证明, 当 $u \in H^2(\Omega)$ 时, Neumann 问题 (1.1)、(1.12) 的广义解按广义函数迹的意义满足边界条件 (1.12).

对于第三边值问题在广义函数框架中的叙述可相仿地给出. 如果讨论方程 (1.1) 在边界 $\partial\Omega$ 上取边界条件为

$$\left.\left(\frac{\partial u}{\partial \nu} + \sigma u\right)\right|_{\partial\Omega} = 0 \tag{1.17}$$

的第三边值问题, 则利用类似的推导可知, 边值问题 (1.1)、(1.17) 的解 u 应当定义为 $H^1(\Omega)$ 中满足

$$a(u,\ v) + (\sigma u,\ v)_{L^2(\partial\Omega)} = -(f,\ v), \quad \forall v \in H^1(\Omega) \tag{1.18}$$

的函数, 且易知, 当 $u \in H^2(\Omega)$ 时, 它就按迹的意义满足 (1.17) 式.

顺便指出, 对于第一边值问题 (1.1)、(1.2), 也可以利用双线性形式 $a(u,\ v)$ 来定义解. 其表述为: 若 $u \in H_0^1(\Omega)$, 且满足

$$a(u,\ v) = -(f,\ v), \quad \forall v \in H_0^1(\Omega), \tag{1.19}$$

则称 u 为第一边值问题 (1.1)、(1.2) 的解. 容易证明, 它与前面已叙述的解的概念是一致的.

习　题

1. 证明：当 $u \in C^2(\Omega) \cap C^1(\bar{\Omega})$ 时, 按 (1.16) 所定义的广义解为方程 (1.1) Neumann 问题的经典解.

2. 证明：当 $u \in H^2(\Omega)$ 时, 按 (1.18) 所定义的广义解按迹的意义满足 (1.17).

3. 给定区域 Ω 上的 Poisson 方程第三边值问题

$$\begin{cases} \Delta u = f, \\ \left.\dfrac{\partial u}{\partial \nu} + \sigma u\right|_{\partial\Omega} = 0, \end{cases}$$

其中 $\sigma > 0$. 试给出适当的泛函 $J[u]$, 使上述第三边值问题的求解与寻求 $J[u]$ 的极小化元素等价.

4. 记 B 为以 O 为心以 1 为半径的圆, $f(x_1, x_2) = x_2^2$, 求

$$\inf_{u-f\in H_0^1(B)} \int_B |\nabla u|^2 \,\mathrm{d}x$$

的值.

3.2 椭圆型方程边值问题的可解性

3.2.1 先验估计

本节讨论二阶椭圆型方程 Dirichlet 问题的可解性, 首先来建立两个先验估计式, 即椭圆型方程的解所应当满足的不等式. 它在边值问题 (1.1)、(1.2) 的可解性以及解的正则性的研究中起着重要的作用.

定理 2.1(Gårding 不等式)　设 Ω 为 R^n 中的有界区域, 具有光滑的边界, L 为 (1.1) 式中给出的二阶椭圆型算子, 则存在正常数 C_1, C_2, 使得对一切 $C_c^\infty(\Omega)$ 函数 u 成立

$$\mathrm{Re}(-Lu,\ u)_{L^2(\Omega)} \geqslant C_1 \|u\|_1^2 - C_2 \|u\|^2, \tag{2.1}$$

式中 $\|u\|_s, \|u\|$ 分别表示 u 的 H^s 范数与 L^2 范数.

证明 利用 Green 公式知道, 对于 $C_c^\infty(\Omega)$ 函数 u 成立

$$-(Lu,\ u)_{L^2(\Omega)} = a(u,\ u) - \left(\frac{\partial u}{\partial \nu},\ u\right)_{L^2(\partial\Omega)} = a(u,\ u),$$

其中双线性形式 $a(u,\ u)$ 由 (1.14) 式给定. 于是

$$a(u,\ u) = \int_\Omega \left[\sum_{i,j=1}^n a_{ij}\frac{\partial u}{\partial x_i}\frac{\partial \overline{u}}{\partial x_j} + \sum_{i=1}^n \left(\sum_{j=1}^n \frac{\partial a_{ij}}{\partial x_j} - b_i\right)\frac{\partial u}{\partial x_i}\overline{u} - c|u|^2\right]\mathrm{d}x.$$

由于

$$\int_\Omega \sum_{i,j=1}^n a_{ij}\frac{\partial u}{\partial x_i}\frac{\partial \bar{u}}{\partial x_j}\mathrm{d}x \geqslant \int_\Omega \alpha\sum_{i=1}^n \left|\frac{\partial u}{\partial x_i}\right|^2 \mathrm{d}x,$$

所以

$$\mathrm{Re}\ a(u,u) \geqslant \alpha\|\mathrm{grad}u\|^2 - C'\|\mathrm{grad}u\|\ \|u\| - C''\|u\|^2.$$

又利用不等式 $2ab \leqslant \varepsilon a^2 + \frac{1}{\varepsilon}b^2$, 有

$$\|\mathrm{grad}u\|\ \|u\| \leqslant \frac{\alpha}{2C'}\|\mathrm{grad}u\|^2 + \frac{C'}{2\alpha}\|u\|^2.$$

从而可得

$$\mathrm{Re}(-Lu,\ u)_{L^2(\Omega)} = \mathrm{Re}\ a(u,\ u) \geqslant \frac{\alpha}{2}\|\mathrm{grad}u\|^2 - \left(\frac{(C')^2}{2\alpha} + C''\right)\|u\|^2.$$

由此即得 (2.1) 式. 证毕

定理 2.2 设区域 Ω 与椭圆算子 L 如前给定, 则存在常数 C 与 Λ, 使当 $\mathrm{Re}\lambda > \Lambda$ 时, 对一切 $C_c^\infty(\Omega)$ 函数 u 成立

$$\|-Lu + \lambda u\|_{-1} \geqslant C\|u\|_1. \tag{2.2}$$

证明 由 (2.1) 式知

$$\mathrm{Re}(-Lu,\ u) \geqslant C_1\|u\|_1^2 - C_2\|u\|^2,$$

故取 $\Lambda = C_2$, 当 $\mathrm{Re}\lambda > \Lambda$ 时

$$\mathrm{Re}(-Lu + \lambda u,\ u) \geqslant C_1\|u\|_1^2.$$

由负指数 Sobolev 空间范数的定义知

$$|(-Lu + \lambda u,\ u)| \leqslant \|(L-\lambda)u\|_{-1}\|u\|_1,$$

由此即得 (2.1) 式. 证毕

注 有时我们也称 (2.1) 与 (2.2) 分别为椭圆型算子的第一、第二基本不等式; 又通过极限过程易知, 当 $u \in H_0^1(\Omega)$ 时, 这两个基本不等式仍成立.

定理 2.1 与定理 2.2 中所示的两个先验估计式可以推广到更一般的情形, 即有如下定理.

定理 2.3 设区域 Ω 与椭圆型算子 L 如前给定, m 为正整数, 则存在常数 $C_1^{(m)}$ 和 $C_2^{(m)}$, 使对一切 $C_c^\infty(\Omega)$ 函数 u 成立 (从而对 $H_0^{m+1}(\Omega)$ 函数也成立)

$$\mathrm{Re}(-Lu,\ u)_m \geqslant C_1^{(m)} \|u\|_{m+1}^2 - C_2^{(m)} \|u\|^2. \tag{2.3}$$

又存在正常数 $C^{(m)}$ 与 $\Lambda^{(m)}$, 使对一切 $\mathrm{Re}\lambda > \Lambda^{(m)}$ 成立

$$\|-Lu + \lambda u\|_{m-1} \geqslant C^{(m)} \|u\|_{m+1}. \tag{2.4}$$

证明 我们就 $m = 1$ 的情形证明之. 利用 (2.1) 式知对任意 $j = 1, \cdots, n$,

$$\mathrm{Re}(-L(\partial_j u),\ \partial_j u) \geqslant C_1 \|\partial_j u\|_1^2 - C_2 \|\partial_j u\|^2, \tag{2.5}$$

其中 $L(\partial_j u) = \partial_j Lu - \sum_{i,k=1}^n \dfrac{\partial a_{i,k}}{\partial x_j} \dfrac{\partial^2 u}{\partial x_i \partial x_k} - \sum_{i=1}^n \dfrac{\partial b_i}{\partial x_j} \dfrac{\partial u}{\partial x_i} - \dfrac{\partial c}{\partial x_j} u$, 所以, 对充分大的常数 C

$$\mathrm{Re}(-\partial_j Lu,\ \partial_j u) \geqslant \mathrm{Re}(-L(\partial_j u),\ \partial_j u) - C \|u\|_2 \|u\|_1. \tag{2.6}$$

将所有的 $(-\partial_j Lu,\ \partial_j u)$ 关于 j 作和, 再加上 $(-Lu,\ u)$, 可得

$$\begin{aligned}
\mathrm{Re}(-Lu,\ u)_1 \geqslant & \sum_{j=1}^n \mathrm{Re}(-L(\partial_j u),\ \partial_j u) - C' \|u\|_2 \|u\|_1 - C_2 \|u\|^2 \\
\geqslant & C_1 \sum_{j=1}^n \|\partial_j u\|_1^2 - nC_2 \|u\|_1^2 - C' \|u\|_2 \|u\|_1 - C_2 \|u\|^2 \\
\geqslant & \frac{C_1}{2} \|u\|_2^2 - C_3(\|u\|_1^2 + \|u\|^2).
\end{aligned}$$

因为

$$\begin{aligned}
\|u\|_1^2 = & \sum_{j=1}^n (\partial_j u,\ \partial_j u) + (u,\ u) = \left(\left(1 - \sum_{j=1}^n \partial_j^2\right) u,\ u\right) \\
\leqslant & C \|u\|_2 \|u\| \leqslant \frac{C\varepsilon}{2C_3} \|u\|_2^2 + \frac{CC_3}{2\varepsilon} \|u\|^2,
\end{aligned}$$

故当 ε 充分小时可得 (2.3) 式.

若取 $\Lambda^{(1)} = C_2^{(1)}$, 那么对任意的 $u \in C_c^\infty(\Omega)$, 当 λ 满足 $\mathrm{Re}\lambda > \Lambda^{(1)}$ 时, 就有

$$\mathrm{Re}(-Lu + \lambda u,\ u)_1 \geqslant C_1^{(2)} \|u\|_2^2 . \tag{2.7}$$

而左边利用分部积分可化为

$$\mathrm{Re}\left(-Lu + \lambda u,\ \left(I - \sum_{j=1}^n \partial_j^2\right)u\right) \leqslant \|(L-\lambda)u\|\ \|u\|_2 .$$

代入 (2.7) 式不难得到 $m = 1$ 时的 (2.4) 式.

我们将 $m > 1$ 时 (2.3) 式以及 (2.4) 式的证明留给读者.　证毕

注　若 Ω 是无界的区域, 又若 L 的系数 a_{ij}, b_i, c 以及导数 $\dfrac{\partial a_{ij}}{\partial x_k}$ 在 Ω 上一致有界, 且 (1.3) 在 $\bar{\Omega}$ 成立, 则 (2.1) 仍成立. 读者试自行写出, 当 Ω 是无界区域时, 在何种条件下定理 2.2、定理 2.3 成立.

3.2.2　算子 $-L+\lambda$ 的可逆性

前已说明, 问题 (1.1)、(1.2) 的求解就相当于在 $H_0^1(\Omega)$ 上定义的算子 L 的可逆性. 一般来说, L 的逆算子不一定存在. 但重要的是, 对于充分大的正数 λ, 算子 $L-\lambda$(或 $-L+\lambda$) 视为 $H_0^1(\Omega) \to H^{-1}(\Omega)$ 的映射是可逆的.

定理 2.4　对于如前给定的 Ω 与椭圆型算子 L, 存在常数 Λ, 使得当 $\mathrm{Re}\lambda > \Lambda$ 时, 方程 $(-L+\lambda)u = f$ 对任意的 $f \in H^{-1}(\Omega)$ 存在唯一的 $H_0^1(\Omega)$ 解.

证明　由 (2.2) 式知, 当 Λ 充分大且 $\mathrm{Re}\lambda > \Lambda$ 时,

$$\|-Lu + \lambda u\|_{-1} \geqslant C\|u\|_1$$

对于一切 $H_0^1(\Omega)$ 函数 u 均成立, 于是当 $-Lu + \lambda u = 0$ 时, 必有 $u = 0$. 由此立刻可得解的唯一性.

为证明存在性, 作 L 的形式共轭算子 L^*, 它按下式定义

$$L^* v = \sum_{i,j=1}^n \frac{\partial^2}{\partial x_i \partial x_j}(\bar{a}_{ij} v) - \sum_{i=1}^n \frac{\partial}{\partial x_i}(\bar{b}_i v) + \bar{c} v, \tag{2.8}$$

则 L^* 与 L 具相同的二阶项, 它也满足椭圆型条件, 故由定理 2.2 知, 可适当改变上面的 C 与 Λ, 使当 $\mathrm{Re}\lambda > \Lambda$ 时,

$$\left\|(-L^* + \bar{\lambda})v\right\|_{-1} \geqslant C\|v\|_1 \tag{2.9}$$

对一切 $v \in C_c^\infty(\Omega)$ 成立, 于是当 $f \in H^{-1}(\Omega)$ 时, 对 $\mathrm{Re}\lambda > \Lambda$ 有

$$|\langle f,\ v\rangle| \leqslant \|f\|_{-1}\|v\|_1 \leqslant C_1\|(-L^* + \bar{\lambda})v\|_{-1}. \tag{2.10}$$

算子 $-L^* + \lambda$ 将 $C_c^\infty(\Omega)$ 空间映射到 $H^{-1}(\Omega)$ 中的线性子集 B, B 可以表示成

$$\{w \in H^{-1}(\Omega),\ \bar{w} = (-L^* + \bar{\lambda})v,\ v \in C_c^\infty(\Omega)\}.$$

在 B 上定义一个线性泛函 $l_f(w) = \langle f,\ (-L^* + \lambda)^{-1}\bar{w}\rangle = \langle f,\ \bar{v}\rangle$, 则 (2.10) 式表示

$$|l_f(w)| \leqslant C_1 \|(-L^* + \bar{\lambda})\bar{v}\|_{-1} = C_1 \|\bar{w}\|_{-1}.$$

所以 $l_f(w)$ 是 B 上的线性连续泛函. 利用 Hahn-Banach 定理, 将此泛函扩张到 $H^{-1}(\Omega)$ 全空间. 于是, 存在一个元素 $u \in (H^{-1}(\Omega))' = H_0^1(\Omega)$, 使

$$\langle f,\ \bar{v}\rangle = l_f(\bar{w}) = \langle u,\ \bar{w}\rangle. \tag{2.11}$$

这就是说

$$\langle f,\ \bar{v}\rangle = \langle u,\ (-L^* + \bar{\lambda})\bar{v}\rangle = \langle -Lu + \lambda u, \bar{v}\rangle, \quad \forall \bar{v} \in C_c^\infty(\Omega).$$

从而说明 u 为 $-Lu + \lambda u = f$ 的 $H_0^1(\Omega)$ 解. 证毕

于是我们知道, 对于给定的二阶椭圆型算子 L, 总可找到充分正的常数 λ, 使当 $f \in H^{-1}(\Omega)$ 时 Dirichlet 问题

$$\begin{cases} -Lu + \lambda u = f, \\ u\,|_{\partial\Omega} = 0 \end{cases} \tag{2.12}$$

在 $H^1(\Omega)$ 中可解, 且解是唯一的.

3.2.3 两择性定理

定理 2.4 只是部分地回答了由椭圆型算子 L 所导出的 Dirichlet 问题的可解性. 事实上, 它只告诉了我们问题 (2.12) 的可解性, 而并未直接回答问题 (1.1)、(1.2) 是否可解. 事实上, 对于问题 (1.1)、(1.2) 的可解性的回答是一个**两择性定理.** 它与代数学中线性方程组的可解性相似.

在具有光滑边界的有界区域 Ω 上考察椭圆算子 L 的 Dirichlet 问题

$$\begin{cases} Lu = f, \\ u|_{\partial\Omega} = 0. \end{cases} \tag{2.13}$$

由定理 2.4 知, 存在 $\lambda_0 \in R^1$ 使问题

$$\begin{cases} (L - \lambda_0)u = f, \\ u|_{\partial\Omega} = 0 \end{cases} \tag{2.14}$$

对任意的 $f \in H^{-1}(\Omega)$, 存在唯一的解 $u \in H_0^1(\Omega)$, 且 u 满足

$$\|u\|_1 \leqslant C\|f\|_{-1}.$$

因此 (2.14) 定义了一个 $H_0^1(\Omega) \to H^{-1}(\Omega)$ 的连续同构. 若仍记这一同构映射为 $L-\lambda_0$, 则显然 $(L-\lambda_0)^{-1}$ 是 $H^{-1}(\Omega) \to H_0^1(\Omega)$ 的线性连续算子. 现在把 $(L-\lambda_0)^{-1}$ 限制在 $L^2(\Omega)$ 中, 由于 $L^2(\Omega)$ 的模强于 $H^{-1}(\Omega)$ 的模, 故 $(L-\lambda_0)^{-1}$ 就可看成一个从 $L^2(\Omega)$ 到 $H_0^1(\Omega)$ 的线性连续算子. 又因为 Ω 为有界区域, 故由第 1 章的紧嵌入定理知, $H_0^1(\Omega)$ 到 $L^2(\Omega)$ 的嵌入映射是紧映射, 所以

$$L^2(\Omega) \to H_0^1(\Omega) \quad \subset\!\to L^2(\Omega) \tag{2.15}$$

所定义的复合映射为紧映射. 仍记这个复合映射为 $(L-\lambda_0)^{-1}$, 它是 $L^2(\Omega) \to L^2(\Omega)$ 的全连续算子 (或称紧算子).

(2.13) 等价于方程

$$u + \lambda_0(L-\lambda_0)^{-1}u = (L-\lambda_0)^{-1}f,$$

记 $M = (L-\lambda_0)^{-1}$, 有

$$u + \lambda_0 Mu = Mf. \tag{2.16}$$

它所对应的齐次方程为

$$u + \lambda_0 Mu = 0.$$

设前面所取的 λ_0 充分大, 可使 $(L^*-\lambda_0)^{-1}$ 也是 $L^2(\Omega) \to L^2(\Omega)$ 的全连续算子. 由 Hilbert 空间共轭算子的定义知, M 的共轭算子 M^* 应满足

$$(Mu,\ v) = (u,\ M^*v), \quad \forall v \in L^2(\Omega).$$

但由 M 的表达式, 有

$$\begin{aligned}(Mu, v) =& ((L-\lambda_0)^{-1}u,\ (L^*-\lambda_0)(L^*-\lambda_0)^{-1}v) \\ =& ((L-\lambda_0)(L-\lambda_0)^{-1}u,\ (L^*-\lambda_0)^{-1}v) \\ =& (u,\ (L^*-\lambda_0)^{-1}v)\end{aligned} \tag{2.17}$$

(这里, 在得到 (2.17) 的过程中, 我们进行了分部积分. 其合理性可以通过 $C_c^\infty(\Omega)$ 函数的逼近来证得). 由此可知 $M^* = (L^*-\lambda_0)^{-1}$. 于是我们有如下引理.

引理 2.1 与椭圆型算子 L 相关的一组 Dirichlet 问题

$$Lu = f \text{ 在 } \Omega \text{ 内}, \quad u = 0 \text{ 在 } \partial\Omega \text{ 上}, \tag{2.18}$$

$$Lu = 0 \text{ 在 } \Omega \text{ 内}, \quad u = 0 \text{ 在 } \partial\Omega \text{ 上}, \tag{2.19}$$

$$L^*v = g \text{ 在 } \Omega \text{ 内}, \quad v = 0 \text{ 在 } \partial\Omega \text{ 上}, \tag{2.20}$$

$$L^*v = 0 \text{ 在 } \Omega \text{ 内}, \quad v = 0 \text{ 在 } \partial\Omega \text{ 上} \tag{2.21}$$

分别等价于与全连续算子 M 相关的方程

$$u + \lambda_0 Mu = Mf, \tag*{(2.18)$'$}$$

$$u + \lambda_0 Mu = 0, \tag*{(2.19)$'$}$$

$$v + \lambda_0 M^*v = M^*g, \tag*{(2.20)$'$}$$

$$v + \lambda_0 M^*v = 0. \tag*{(2.21)$'$}$$

关于由全连续算子 M 所导出的一组方程 (2.18)$'$—(2.21)$'$, 可以应用泛函分析教程中已建立的两择性定理. 它可表述如下.

定理 2.5 设 T 为 Hilbert 空间 H 到其自身的全连续算子, T^* 为 T 的共轭算子, 则成立以下结论:

(1) 算子方程

$$u - Tu = 0 \tag{2.22}$$

与

$$v - T^*v = 0 \tag{2.23}$$

的解空间都是 H 的有限维子空间, 且维数相同.

(2) 算子方程

$$u - Tu = f \tag{2.24}$$

有解的充分必要条件是 $f \in V^{\perp}$, 其中 V 为 (2.23) 的解空间, $V^{\perp}$ 为 V 在 H 中的正交补.

(3) 存在复平面 C^1 中一个至多为可列个离散的点集 Λ, Λ 不存在有限聚点, 且使得对任意的 $\lambda \notin \Lambda$, 方程

$$u - \lambda Tu = 0 \tag{2.25}$$

只有平凡解.

以上定理的证明在一般的泛函分析教程中都可找到, 例如见 [27]. 这一定理一般也称为 **Fredholm 两择性定理.**

利用引理 2.1 可以导出关于 Dirichlet 问题 (2.18)—(2.21) 的两择性定理.

定理 2.6 齐次问题 (2.19) 与 (2.21) 的解空间均为有限维空间, 且维数相同.

证明　因为 (2.19) 与 $(2.19)'$ 等价, (2.21) 与 $(2.21)'$ 等价. 而 $(2.19)'$ 与 $(2.21)'$ 具有相同有限维的解空间是定理 2.5 中的结论 (1).

定理 2.7　(2.18) 对于 $f \in H^{-1}(\Omega)$ 有解的充分必要条件是

$$\langle f,\ \bar{v}\rangle = 0, \qquad \forall v \in V, \tag{2.26}$$

其中 V 是 (2.21) 的解空间.

证明　因 (2.18) 有解与 $(2.18)'$ 有解是等价的, 而由定理 2.5 知 $(2.18)'$ 有解的充分必要条件为: 对任意的满足 $v + \lambda_0 M^* v = 0$ 的解 v (即 $(2.21)'$ 式) 成立

$$(M f,\ v) = 0. \tag{2.27}$$

因为 $(2.21)'$ 等价于 (2.21), 故又等价于 $(L^* - \lambda_0)v = -\lambda_0 v$. 将此代入 (2.27) 得

$$\left((L-\lambda_0)^{-1}f,\quad -\frac{1}{\lambda_0}(L^*-\lambda_0)v\right) = 0,$$

所以

$$\langle f,\ \bar{v}\rangle = \langle (L-\lambda_0)\,(L-\lambda_0)^{-1}f,\ \bar{v}\rangle = ((L-\lambda_0)^{-1}f,\ (L^*-\lambda_0)v) = 0.$$

证毕

定理 2.8　存在复平面 C^1 上一个至多为可列个离散的点集 Λ, 使得对任意 $\lambda \notin \Lambda$, 问题

$$\begin{cases} (L-\lambda)u = 0, & \Omega\text{内} \\ u = 0, & \partial\Omega\text{上} \end{cases} \tag{2.28}$$

只有零解, 而当 $\lambda \in \Lambda$ 时, (2.28) 有非零解.

证明　(2.28) 可以写成

$$\begin{cases} (L-\lambda_0)u + (\lambda_0-\lambda)u = 0, \\ u|_{\partial\Omega} = 0, \end{cases} \tag{2.29}$$

或

$$u + (\lambda_0 - \lambda)Mu = 0. \tag{2.30}$$

由定理 2.5 知, 存在 C^1 中的可列离散集 Λ, 使得当 $\lambda_0 - \lambda \notin \Lambda$ 时, (2.30) 只有零解, 而当 $\lambda_0 - \lambda \in \Lambda$ 时, (2.30) 有非零解. 注意到 (2.28)—(2.30) 的等价性, 立刻得到定理 2.8 之结论.　证毕

3.2.4 特征值问题

上面的结论可应用于椭圆型算子特征值问题的讨论. 设 L 为二阶线性椭圆型算子, 考虑如下的 Dirichlet 问题

$$\begin{cases} Lu \triangleq \sum_{i,j=1}^{n} a_{ij}\dfrac{\partial^2 u}{\partial x_i \partial x_j} + \sum_{i=1}^{n} b_i \dfrac{\partial u}{\partial x_i} + cu = \lambda u, \quad x \in \Omega, \\ u|_{\partial\Omega} = 0. \end{cases} \tag{2.31}$$

若有常数 λ, 使问题 (2.31) 有非平凡解. 则称 λ 为算子 L 的 Dirichlet 问题的**特征值** (或**本征值**), 相应的解 u 称为**特征函数** (或**本征函数**), 以下我们只讨论 L 为自共轭算子的情形.

定理 2.9 设 $\Omega \subset R^n$ 是有界的光滑区域, L 是 Ω 上的椭圆算子, $L = L^*$, 则 (2.31) 存在可列个特征值

$$\lambda_1 \geqslant \lambda_2 \geqslant \cdots \geqslant \lambda_\nu \geqslant \cdots, \quad \lim_{\nu\to\infty} \lambda_\nu = -\infty \tag{2.32}$$

和对应的特征函数 $e_1, e_2, \cdots, e_\nu, \cdots$, 满足

$$(e_i, e_j) = \delta_i^j, \quad Le_i = \lambda_i e_i \tag{2.33}$$

且

$$\{e_i\}_{i=1}^{\infty} \text{ 在 } L^2(\Omega) \text{ 中完备.} \tag{2.34}$$

定理的证明依赖于 Hilbert 空间中全连续算子特征值问题的一般结论, 在此将它引述如下.

定理 2.10 设 H 是无限维的 Hilbert 空间, A 是 H 到 H 的自共轭的全连续算子, 则其特征值构成按绝对值单调趋于零的实数列 $\{\mu_j\}$, 且对应的特征函数系 $\{e_j\}(Ae_j = \mu_j e_j)$ 构成 $R(A)$ 中的完备正交基.

它的证明可参见 [27] 等.

定理 2.9 的证明 首先把 (2.31) 化为全连续算子方程. 事实上, 由定理 2.2 知, 存在 λ_0, 使 $(-L+\lambda_0)^{-1}$ 是 $L^2(\Omega) \to H_0^1(\Omega)$ 的线性连续算子. 又因 Ω 是有界区域, 故 $(-L+\lambda_0)^{-1}$ 是 $L^2(\Omega) \to L^2(\Omega)$ 的全连续算子. 记 $\mu = \dfrac{1}{\lambda - \lambda_0}$, 那么 (2.30) 等价于

$$Mu = \mu u, \quad \text{其中} \quad M = (L - \lambda_0)^{-1}. \tag{2.35}$$

另一方面, $M^* = (L^* - \lambda_0)^{-1} = (L - \lambda_0)^{-1} = M$, 因此, M 为自共轭的全连续算子. 由于 L 是全连续算子, 故其特征值必为实数. 由定理 2.2 知, 当 $\lambda > \lambda_0$ 时, $(-L+\lambda)^{-1}$ 是 $L^2(\Omega) \to H_0^1(\Omega)$ 的线性连续算子. 故 λ 不可能为 (2.31) 的特征值.

这就说明 (2.31) 的所有特征值均小于 λ_0. 因此全连续算子方程 (2.35) 的特征值均小于零. 定理 2.10 说明, 存在 (2.35) 的特征值$\{\mu_j\}$及相应的特征向量 $\{e_j\}$, 满足

$$\mu_1 \leqslant \mu_2 \leqslant \cdots \leqslant \mu_j \leqslant \cdots \leqslant 0, \quad \lim_{j\to\infty} \mu_j = 0, \tag{2.36}$$

$$(e_i, e_j) = \delta_i^j, \quad Me_i = \mu_i e_i \quad (i, j = 1, 2, \cdots), \tag{2.37}$$

$$\{e_i\}_{i=1}^{\infty} \text{ 是 } R(M) \text{ 中的正交完备基}. \tag{2.38}$$

注意到 (2.35) 和 (2.30) 的等价关系, 我们有 $\lambda_i = \lambda_0 + \dfrac{1}{\mu_i}$, 结合 (2.36), (2.37), 就得 (2.32), (2.33).

为说明 (2.38) 可得到 (2.34), 只需证明 $\overline{R(M)} = L^2(\Omega)$. 事实上, 对任意的 $\varphi \in C_c^\infty(\Omega)$, φ 可以视为 Dirichlet 问题 $(-L+\lambda_0)u = (-L+\lambda_0)\varphi, u|_{\partial\Omega} = 0$ 之解, 即

$$\varphi = (-L+\lambda_0)^{-1}(-L+\lambda_0)\varphi = M(-L+\lambda_0)\varphi \in R(M).$$

因此, $C_c^\infty(\Omega) \subset R(M)$. 而由于 $C_c^\infty(\Omega)$ 在 $L^2(\Omega)$ 中稠密, 故 $\overline{R(M)} = L^2(\Omega)$, 从 (2.38) 立即可得 (2.34).　证毕

当问题 (2.31) 中的 Dirichlet 条件用其他类型的边界条件代替时, 也有相应的结论.

定理 2.10 是用分离变量法求解边值问题的理论基础. 为理解这一点先让我们回顾一下分离变量法求解偏微分方程边值问题的过程.

以平面有界区域 Ω 上热传导方程的 Dirichlet 问题为例. 这个问题为

$$\frac{\partial u}{\partial t} - \Delta u = 0, \tag{2.39}$$

$$u|_{t=0} = f, \tag{2.40}$$

$$u|_{\partial\Omega} = 0. \tag{2.41}$$

用分离变量法求问题 (2.39)—(2.41) 的解的主要步骤是, 设想 u 为一串分离变量型的函数 $T_i(t)U_i(x,y)$ 之和, 每一项均满足方程 (2.39), 再将其配以适当的系数组合使之满足初始条件 (2.40). 于是, 将 $T_i(t)U_i(x,y)$ 代入 (2.39) 可得

$$T_i'(t)U_i(x,y) = T_i(t)\Delta U_i(x,y).$$

由此即可知 $U_i(x,y)$ 应当满足

$$\Delta U_i(x,y) = \lambda_i U_i(x,y),$$

其中 λ_i 为常数, 它对不同的 i 可以不相同. 所以每个 $U_i(x,y)$ 都是区域 Ω 上 Laplace 算子的特征函数.

在得到所有特征函数 $U_i(x,y)$ 后, 构造级数 $\sum C_i \mathrm{e}^{-\lambda_i t} U_i(x,y)$ 作为问题 (2.39)—(2.41) 的解. 如果收敛性没有问题, 则从级数和满足方程 (2.39) 与边界条件 (2.41) 可以从其每一单项满足方程和边界条件推出. 为使其满足初始条件, 则应当有

$$\sum C_i U_i(x,y) = f(x,y). \tag{2.42}$$

于是, 一个自然的问题是, 能否找到数列 $\{C_i\}$, 使 (2.42) 成立? 定理 2.9 告诉我们, 函数列 $\{U_i(x,y)\}$ 构成 $L^2(\Omega)$ 中的完备正交基. 故由完备性知, 任意的 $f \in L^2(\Omega)$ 都可以展开成 (2.42) 的形式, 从而可以得到级数形式的解 $U(t,x,y) = \sum C_i \mathrm{e}^{-\lambda_i t} U_i(x,y)$. 而且由于函数列 $\{U_i(x,y)\}$ 是完备正交基, 在 (2.42) 中的系数可以通过内积简单地获得 (所得到的级数形式的解是否是真解还需验证).

显然, 如果没有定理 2.10 奠定的基础, 尽管有了函数列 $\{U_i(x,y)\}$, 仍不知道能否将 (2.40) 中的 $f(x,y)$ 写成 (2.42) 的形式, 从而分离变量法就难以继续进行.

3.2.5 Laplace 算子的特征值与特征函数

当特征值问题 (2.31) 中的二阶椭圆型算子取为 Laplace 算子时, 其特征函数系有更好的性质.

定理 2.11 设 $\Omega \subset R^n$ 为具有光滑边界的有界区域, 则 Laplace 算子特征值问题

$$-\Delta u = \lambda u, \ u|_{\partial\Omega} = 0 \tag{2.43}$$

的特征函数系 $\{e_j\}$ 构成 $H_0^1(\Omega)$ 的完备正交系.

证明 设 λ_j 为 (2.43) 的特征值, e_j 为对应的特征函数, 则由定理 2.9 知 $\{e_j\}_{j=1}^{\infty}$ 在 $L^2(\Omega)$ 中形成完备的标准正交系. 又由于

$$\begin{aligned}
\{e_k, e_j\}_{H^1(\Omega)} &= \int_\Omega e_k \cdot e_j \mathrm{d}x + \int_\Omega \sum_{i=1}^n \frac{\partial e_k}{\partial x_i}\frac{\partial e_j}{\partial x_i}\mathrm{d}x \\
&= \int_\Omega (e_k - \Delta e_k) e_j \mathrm{d}x = (1+\lambda_k)\int_\Omega e_k e_j \mathrm{d}x \\
&= (1+\lambda_k)\delta_k^j.
\end{aligned} \tag{2.44}$$

故 $\{e_j\}$ 又构成 $H_0^1(\Omega)$ 中的正交系.

再证明 $\{e_j\}$ 的完备性. 对于任意的 $u \in C_c^\infty(\Omega)$, 有 $\Delta u \in L^2(\Omega)$, 则

$$\Delta u = \sum_{j=1}^\infty (\Delta u, e_j) e_j = -\sum_{j=1}^\infty (u, e_j)\lambda_j e_j,$$

故

$$\left\|\Delta u+\sum_{j=1}^{m}(u,e_j)\lambda_j e_j\right\|\to 0\quad (m\to\infty).$$

于是

$$\begin{aligned}&\left\|u-\sum_{j=1}^{m}(u,e_j)e_j\right\|_{H^1(\Omega)}^2\\ =&\left\|u-\sum_{j=1}^{m}(u,e_j)e_j\right\|^2+\sum_{i=1}^{n}\left\|\frac{\partial}{\partial x_i}\left(u-\sum_{j=1}^{m}(u,e_j)e_j\right)\right\|^2\\ \leqslant&2\left\|u-\sum_{j=1}^{m}(u,e_j)e_j\right\|^2+\left\|\Delta u+\sum_{j=1}^{m}(u,e_j)\lambda_j e_j\right\|^2\\ \to&0,\quad m\to\infty.\end{aligned}$$

这说明 $\{e_j\}$ 的线性组合按 H^1 范数的闭包包含 $C_c^\infty(\Omega)$, 而 $C_c^\infty(\Omega)$ 在 $H_0^1(\Omega)$ 中稠密, 故 $\{e_j\}$ 是 $H_0^1(\Omega)$ 中的完备正交系. 证毕

这个定理提供了 $H_0^1(\Omega)$ 空间的一个好的分解方法, 它在第 4 章中将被用到.

习惯上在考察 Laplace 算子的特征值时, 取此算子为 $-\Delta$, 则由定理 2.9 知其特征值为

$$\lambda_1\leqslant\lambda_2\leqslant\cdots\leqslant\lambda_\nu\leqslant\cdots,\quad \lim_{\nu\to\infty}\lambda_\nu=+\infty,\tag{2.45}$$

其中 λ_1 被特别地称为 Laplace 算子的第一特征值. 关于 Laplace 算子的第一特征值及相应的特征函数有如下的性质.

定理 2.12 若 λ_1 是区域 Ω 上算子 $-\Delta$ 的第一特征值, w_1 为其相应的特征函数, 则有

$$\lambda_1=\min_{u\in H_0^1(\Omega),u\neq 0}\frac{|\nabla u|^2}{\|u\|_{L^2(\Omega)}^2},\tag{2.46}$$

w_1 在区域 Ω 内部为恒正或恒负, 且若 $u\in H_0^1(\Omega)$ 为问题

$$\begin{cases}-\Delta u=\lambda_1 u,\\ u|_{\partial\Omega}=0\end{cases}\tag{2.47}$$

的弱解, 必有常数 c, 使 $u=cw_1$.

证明 由定理 2.9 可得算子 $-\Delta$ 的特征函数系为 $\{w_j\}$, 它们构成 $L^2(\Omega)$ 中的完备标准正交基. 对任意的 $u\in H_0^1(\Omega)$, 将 u 写成 $u=\sum d_j w_j$, 则有

$$\frac{|\nabla u|^2}{\|u\|_{L^2(\Omega)}^2}=\frac{(-\Delta u,u)}{\|u\|_{L^2(\Omega)}^2}=\frac{\left(\sum\lambda_j d_j w_j,\sum d_j w_j\right)}{\|u\|_{L^2(\Omega)}^2}=\frac{\sum\lambda_j d_j^2}{\sum d_j^2}\geqslant\lambda_1,$$

而当 u 取为 w_1 时

$$\frac{|\nabla w_1|^2}{\|w_1\|^2_{L^2(\Omega)}}=\frac{(-\Delta w_1,w_1)}{\|w_1\|^2_{L^2(\Omega)}}=\lambda_1. \tag{2.48}$$

故得 (2.46) 式.

为说明 w_1 取定号, 不妨设 $\int_\Omega w_1^2\mathrm{d}x=1$ 令 $w^+=\max(w_1,0)$, $w^-=\max(-w_1,0)$, 则 $w_1=w^+-w^-$, 且记 $a_\pm=\int_\Omega (w^\pm)^2\mathrm{d}x$, 则 $\int_\Omega w_1^2\mathrm{d}x=\int_\Omega (w^+)^2\mathrm{d}x+\int_\Omega (w^-)^2\mathrm{d}x=a_++a_-$, 且 $a_++a_-=1$. 今由于

$$Dw^+=\begin{cases}Dw_1, & w_1>0,\\ 0, & w_1\leqslant 0,\end{cases}\qquad Dw^-=\begin{cases}0, & w_1\geqslant 0,\\ -Dw_1, & w_1<0,\end{cases}$$

(见第 1 章例 4.2), 故由 (2.46) 与 (2.48) 式可知

$$\begin{aligned}\lambda_1&=\int_\Omega |\nabla w_1|^2\,\mathrm{d}x=\int_\Omega |\nabla w^+|^2\,\mathrm{d}x+\int_\Omega |\nabla w^-|^2\,\mathrm{d}x\\ &\geqslant\lambda_1\int_\Omega |\nabla w^+|^2\,\mathrm{d}x+\lambda_1\int_\Omega |\nabla w^-|^2\,\mathrm{d}x=\lambda_1(a_++a_-)=\lambda_1,\end{aligned}$$

于是, 上式中的大于等于号事实上只能为等号. 所以 $w^+(w^-)$ 应当满足

$$\begin{cases}-\Delta w^+=\lambda_1 w^+,\\ w^+|_{\partial\Omega}=0.\end{cases} \tag{2.49}$$

由 3.3 节将证明的椭圆型方程解的正则性定理可知 w^+ 事实上为区域 Ω 中的 C^∞ 函数, 故 w^+ 也是 (2.49) 的古典解, 从而可应用极值原理. 由于 (2.49) 的方程右端非负, 故只要 w^+ 非常值, 它就不可能在区域内部取极小, 所以 w^+ 在区域或恒等于零, 或在区域内部恒正. 相应地, $w_1\neq 0$ 在区域内部为恒正或恒负.

最后, 设有函数 u 也满足 (2.47), 且 $\int_\Omega u\mathrm{d}x\neq 0$, 则可取常数 c 使

$$\int_\Omega (u-cw_1)\mathrm{d}x=0, \tag{2.50}$$

由于 $u-cw_1$ 是 (2.47) 的解, 故由上面的证明知如它非零的话, 它必为恒正或恒负. 但这与 (2.50) 不符. 因此有 $u=cw_1$. 证毕

定理 2.12 告诉我们, Laplace 算子的第一特征值必为正数, 且是单重的. 于是, 若将特征值重数计算在内一起排列, 可将 (2.45) 改进为

$$0<\lambda_1<\lambda_2\leqslant\cdots\leqslant\lambda_\nu\leqslant\cdots,\quad \lim_{\nu\to\infty}\lambda_\nu=+\infty. \tag{2.51}$$

习　　题

1. 试证明定理 2.3 对 $m>1$ 的情形成立.

2. 试证明对于二阶椭圆型方程非齐次 Dirichlet 问题 (1.1), (1.9) 的解, 成立先验估计

$$\|u\|_{H^1(\Omega)} \leqslant C(\|f\|_{H^{-1}(\Omega)} + \|g\|_{H^{\frac{1}{2}}(\partial\Omega)} + \|u\|_{H^{-1}(\Omega)}).$$

3. 设 u 为问题 (2.18) 的解, Λ 为定理 2.8 中给出的离散点集. 试证, 当 $\lambda \notin \Lambda$ 时, 有常数 C, 使对一切 $C_c^\infty(\Omega)$ 函数 u 成立

$$\|-Lu+\lambda u\|_{-1} \geqslant C\|u\|_1 .$$

4. 试证当 L 为自共轭椭圆算子 (即 $L^*=L$) 时, 定理 2.8 中的离散集 Λ 位于实轴上.

5. 证明以下的结论: 设 Ω 为 R^n 中具有光滑边界的有界区域, 则 Dirichlet 问题 (2.43) 的第二特征值满足

$$\lambda_2 = \sup_{u\in H_0^1(\Omega),(u,w_1)=0} \frac{(-\Delta u, u)}{\|u\|^2},$$

其中 w_1 为 Laplace 算子的第一特征值对应的特征函数.

6. 请推广第 5 题中的结论, 并证明之.

3.3　解的正则性

椭圆型方程的解一般会具有较高的正则性. 例如对于二阶椭圆型方程的 Dirichlet 问题 (1.1)、(1.2) 来说, 当右端 $f\in H^s(\Omega)$ 时, 可以得到 $u\in H^{s+2}(\Omega)$. 这个事实在偏微分方程理论中是很重要的. 本节中将对 s 为非负整数的情形, 证明这一结论. 以下先讨论 Ω 为 R_+^n 的情形, 再在此基础上讨论 Ω 为一般区域的情形.

3.3.1　差商算子及其性质

讨论给定在 R_+^n: $\{(x_1,\cdots,x_n)|\, x_n>0\}$ 上的椭圆型算子

$$L=\sum_{i,j=1}^n a_{ij}(x)\frac{\partial^2}{\partial x_i\partial x_j}+\sum_{i=1}^n b_i(x)\frac{\partial}{\partial x_i}+c(x), \tag{3.1}$$

其中设 a_{ij}, b_i, $c\in C^\infty(\overline{R}_+^n)$, 且对任何重指标 β 有常数 K_β 使

$$\left|\partial^\beta a_{ij}\right|,\ \left|\partial^\beta b_i\right|,\ \left|\partial^\beta c\right| \leqslant K_\beta,$$

又设

$$a_{ij}=a_{ji},$$

且满足椭圆型条件

$$\sum_{i,j=1}^{n} a_{ij}(x)\xi_i\xi_j \geqslant \alpha\,|\xi|^2, \quad \forall x \in \overline{R}_+^n,\ \xi \in R^n. \tag{3.2}$$

在 3.2 节中我们建立了定义在有界区域上的椭圆型算子的两个基本不等式, 它们在后面的讨论中起了重要的作用. 虽然 R_+^n 是无界区域, 但利用算子 L 的系数及其导数的有界性, 仍可类似于定理 2.1 与定理 2.2 证得, 存在与 u 无关的常数 C_1, C_2, 使

$$(-Lu,\ u) \geqslant C_1\,\|u\|_1^2 - C_2\,\|u\|^2, \quad \forall u \in H_0^1(R_+^n), \tag{3.3}$$

并存在常数 C 与 Λ, 使得当 $\mathrm{Re}\lambda > \Lambda$ 时

$$\|-Lu + \lambda u\|_{-1} \geqslant C\,\|u\|_1, \quad \forall u \in H_0^1(R_+^n). \tag{3.4}$$

从而也可以得知, 对于 $f \in H^{-1}(R_+^n)$, 当 λ 充分正时, 方程

$$(-L+\lambda)u = f$$

在 $H_0^1(R_+^n)$ 中有解.

由于 L 是二阶偏微分算子, 故若 $u \in H^1(R_+^n)$, 必有 $Lu \in H^{-1}(R_+^n)$. 现在问, 如果已知 Lu 有更高的正则性, 例如 $Lu \in H^k(R_+^n), k > -1$, 此时能否反过来断定 u 也有更高的正则性呢? 定理 2.3 提供的信息是, 如果 L 被替代为 $L-\lambda$, 其中 λ 为充分大的正常数, 则由 (2.4) 式知, $\|(L-\lambda)u\|_k$ 可以用来控制 $\|u\|_{k+2}$. 虽然从 (2.4) 式并不能直接得知 $u \in H^{k+2}(R_+^n)$, 但是若有这样的先验估计作为基础, 就可以通过一些标准的方法导出 $u \in H^{k+2}(R_+^n)$. 其中一个方法的要点就是用差商代替部分的导数运算, 然后通过差商的一致有界性推知 u 的正则性可以升高. 在下面的讨论中区域 R_+^n 的无界性以及其边界平坦的特性使得沿 $x_1, \cdots, x_{n-1}$ 方向的差商运算都可以无阻碍地进行. 而关于 x_n 方向的正则性可利用边界 $x_n = 0$ 为非特征边界的性质来得到.

以下我们先对差商运算以及更基本的位移运算作一些说明. 若 $u \in L^2(R_+^n)$, 对于非零实数 h, 定义平移算子 τ_h 为

$$\tau_h u = u(x_1 + h, x_2, \cdots, x_n).$$

则我们有如下引理.

引理 3.1 若 $u,\ v \in H(R_+^n)$, 则

$$(\tau_h u,\ v) = (u,\ \tau_{-h} v), \tag{3.5}$$

$$\|\tau_h u\| = \|u\|. \tag{3.6}$$

证明 通过变量代换 $x_1 + h \to x_1$, 易得

$$\int_{R_+^n} u(x_1+h, \ \cdot)\overline{v}(x_1, \ \cdot)\mathrm{d}x = \int_{R_+^n} u(x_1, \ \cdot)\overline{v}(x_1-h, \ \cdot)\mathrm{d}x,$$

此即 (3.5) 式. 又在此式中取 $v = \tau_h u$ 就立即得 (3.6). 证毕

对于任意 $u \in L^2(R_+^n)$, 可以定义

$$\nabla_h u = \frac{1}{h}(\tau_h u - u), \tag{3.7}$$

称 ∇_h 为**差商算子**. 易见, 对任意 $m > 0$, 若 $u \in H^m(R_+^n)$, 则也有 $\nabla_h u \in H^m(R_+^n)$.

引理 3.2 若 $u \in H^1(R_+^n)$, 则

$$\|\nabla_h u\| \leqslant \left\|\frac{\partial u}{\partial x_1}\right\|. \tag{3.8}$$

证明 设 $u \in C^\infty(\overline{R}_+^n) \cap H^1(R_+^n)$, 那么

$$\nabla_h u = \frac{1}{h}\int_{x_1}^{x_1+h} \frac{\partial u}{\partial x_1}(s, \ \cdot)\mathrm{d}s = \int_0^1 \frac{\partial u}{\partial x_1}(x_1 + \lambda h, \ \cdot)\mathrm{d}\lambda.$$

所以

$$\int_{R_+^n} |\nabla_h u|^2 \mathrm{d}x \leqslant \int_0^1 \mathrm{d}\lambda \int_{R_+^n} \left|\frac{\partial u}{\partial x_1}(x_1, \ \cdot)\right|^2 \mathrm{d}x,$$

即

$$\|\nabla_h u\|^2 \leqslant \left\|\frac{\partial u}{\partial x_1}\right\|^2.$$

对于任意的 $u \in H^1(R_+^n)$, 存在 $u_n \in C^\infty(\overline{R}_+^n) \cap H^1(R_+^n)$, 使 $\|u_n - u\|_1 \to 0$. 从而

$$\left\|\frac{\partial u_n}{\partial x_1} - \frac{\partial u}{\partial x_1}\right\| \to 0, \quad \left\|\frac{\partial u_n}{\partial x_1}\right\| \to \left\|\frac{\partial u}{\partial x_1}\right\| \quad (n \to \infty).$$

另一方面, 对固定的 $h \neq 0$,

$$\|\nabla_h(u_n - u)\| \leqslant \frac{2}{h}\|u_n - u\| \to 0 \quad (n \to \infty).$$

所以

$$\|\nabla_h u\| \leqslant \|\nabla_h u - \nabla_h u_n\| + \|\nabla_h u_n\| \leqslant \frac{2}{h}\|u_n - u\| + \left\|\frac{\partial u_n}{\partial x_1}\right\|,$$

再取极限, 即知 (3.8) 成立. 证毕

引理 3.3 若 $u \in H^1(R^n_+)$, 则 $\nabla_h u \to \dfrac{\partial u}{\partial x_1}(L^2(R^n_+))$.

证明 由 (3.8) 知, ∇_h 是 $H^1(R^n_+)$ 到 $L^2(R^n_+)$ 的线性连续算子, 且对任意的 $h>0$, 有 $\|\nabla_h\| \leqslant 1$. 此外, 不难验证, 当 $u \in C_c^\infty(\overline{R}^n_+)$ ($C_c^\infty(R^n)$ 在 $\overline{R}^n_+$ 上的限制) 时

$$\nabla_h u \to \frac{\partial u}{\partial x_1}(L^2(R^n_+)). \tag{3.9}$$

为说明 (3.9) 对任意 $u \in H^1(R^n_+)$ 成立, 需利用 $C_c^\infty(\overline{R}^n_+)$ 在 $H^1(R^n_+)$ 中的稠密性. 若 $u \in H^1(R^n_+)$ 给定, 对任意 $\varepsilon > 0$ 可找到 $v \in C_c^\infty(\overline{R}^n_+)$, 使 $\|u-v\|_1 < \varepsilon$. 于是

$$\begin{aligned}\|\nabla_h u - \nabla'_h u\| &\leqslant \|\nabla_h v - \nabla'_h v\| + \|\nabla_h(u-v)\| + \|\nabla'_h(u-v)\| \\ &\leqslant \|\nabla_h v - \nabla'_h v\| + 2\|u-v\|_1 .\end{aligned} \tag{3.10}$$

在 h, h' 充分小时, $\|\nabla_h v - \nabla'_h v\| < \varepsilon$. 故 $\|\nabla_h u - \nabla'_h u\| < 3\varepsilon$. 所以 $\nabla_h u$ 有极限. 记极限为 Tu, 则 T 为 $H^1(R^n_+)$ 到 $L^2(R^n_+)$ 的线性连续算子. 由于当 $u \in C_c^\infty(\overline{R}^n_+)$ 时, 已有 $Tu = \dfrac{\partial u}{\partial x_1}$, 故此式对一切 $u \in H^1(R^n_+)$ 成立.

注 前面我们定义的算子 τ_h 与 ∇_h 分别为关于变量 x_1 的平移算子与差商算子. 当然, 若将它们换为关于变量 $x_2, \cdots, x_{n-1}$ 的平移算子与差商算子, 相应的结论同样成立. 下面我们将这样做, 而不再重复说明.

3.3.2 半空间上椭圆型方程的 Dirichlet 问题

现在回到椭圆型方程 (3.1) 的边值问题. 我们有如下引理.

引理 3.4 若 L 如上面给定, $u \in H_0^1(R^n_+)$, $Lu \in L^2(R^n_+)$, 则存在与 u, h 无关的常数 C 使得

$$|(-L\nabla_h u,\ \nabla_h u)| \leqslant C\|\nabla_h u\|_1 (\|u\|_1 + \|Lu\|). \tag{3.11}$$

证明 已知 $u \in H_0^1(R^n_+)$, 故当 $h \neq 0$ 时, $\nabla_h u \in H_0^1(R^n_+)$, 由直接计算不难得到

$$L\nabla_h u = \nabla_h Lu + R_h u, \tag{3.12}$$

其中

$$R_h u = -\left(\sum_{i,j=1}^n \nabla_h a_{ij}\tau_h u_{x_i x_j} + \sum_{i=1}^n \nabla_h b_i \tau_h u_{x_i} + \nabla_h c\,\tau_h u\right).$$

故

$$|(-L\nabla_h u,\ \nabla_h u)| \leqslant |(\nabla_h Lu,\ \nabla_h u)| + |(R_h u,\ \nabla_h u)|$$

$$\begin{aligned}
&\leqslant \|\nabla_h Lu\|_{-1} \|\nabla_h u\|_1 \\
&\quad + C'\left(\sum_{i=1}^{n} \|u_{x_i}\| \, \|\nabla_h u\| + \|u\| \, \|\nabla_h u\| + \sum_{i,j=1}^{n} \left\|\tau_h u_{x_i x_j}\right\|_{-1} \|\nabla_h u\|_1\right) \\
&\leqslant C'' \|\nabla_h u\|_1 \left(\|u\|_1 + \|\nabla_h Lu\|_{-1} + \sum_{i,j=1}^{n} \left\|\tau_h u_{x_i x_j}\right\|_{-1}\right).
\end{aligned} \tag{3.13}$$

因为

$$\begin{aligned}
\left\|\tau_h u_{x_i x_j}\right\|_{-1} &= \sup_{\varphi \in C_c^\infty(R_+^n)} \frac{\left|(\tau_h u_{x_i x_j},\ \varphi)\right|}{\|\varphi\|_1} \\
&= \sup_{\varphi \in C_c^\infty(R_+^n)} \frac{\left|(u_{x_j},\ \partial_{x_i} \tau_{-h} \varphi)\right|}{\|\varphi\|_1} \leqslant \|u\|_1,
\end{aligned}$$

以及同理可得

$$\|\nabla_h Lu\|_{-1} \leqslant \|Lu\|.$$

代入 (3.13) 式即得 (3.11).　证毕

定理 3.1　设 L 如上给定, $u \in H_0^1(R_+^n)$, $Lu \in L^2(R_+^n)$, 则 $u \in H^2(R_+^n) \cap H_0^1(R_+^n)$, 且

$$\|u\|_2 \leqslant C(\|u\| + \|Lu\|). \tag{3.14}$$

证明　本定理的证明分成以下三步:

(1) 证明 $\|\nabla_h u\|_1$ 关于 h 一致有界;

(2) 证明 $\dfrac{\partial u}{\partial x_i} \in H^1(R_+^n)$ $(i = 1, \cdots, n-1)$;

(3) 证明 $\dfrac{\partial^2 u}{\partial x_n^2} \in L^2(R_+^n)$.

证明　(1) 因为 $\nabla_h u \in H_0^1(R_+^n)$, 则由 (3.3) 得

$$C_1 \|\nabla_h u\|_1^2 \leqslant C_2 \|\nabla_h u\|^2 + |(-L\nabla_h u,\ \nabla_h u)|.$$

由 (3.8) 及引理 3.4 可得, 对任意 $\varepsilon > 0$ 成立

$$C_1 \|\nabla_h u\|_1^2 \leqslant C_2 \|u\|_1^2 + \varepsilon \|\nabla_h u\|_1^2 + \frac{C_3}{\varepsilon}(\|u\|_1^2 + \|Lu\|^2).$$

取 $\varepsilon = \dfrac{C_1}{2}$, 立即得

$$\|\nabla_h u\|_1^2 \leqslant C_4(\|u\|_1^2 + \|Lu\|^2), \tag{3.15}$$

故 $\|\nabla_h u\|_1$ 一致有界.

(2) 证明 (2) 的基本思路是证明 $\{\nabla_h u\}$ 收敛于 $\dfrac{\partial u}{\partial x_i}$, 而又知道它收敛于一个 $H^1(R^n_+)$ 函数, 则由极限的唯一性可得 (2) 的结论. 这里特别需注意的是收敛的不同含义.

因为 $H^1(R^n_+)$ 的单位球是弱紧的, 故由 (3.15) 知 $\{\nabla_h u\}$ 存在子序列, (不妨仍记为 $\{\nabla_h u\}$) 在 $H^1(R^n_+)$ 中弱收敛于 g, 且

$$\|g\|_1^2 \leqslant C_4(\|u\|_1^2 + \|Lu\|^2). \tag{3.16}$$

所以, $g \in H^1(R^n_+)$, 且对任意 $\psi \in H^1(R^n_+)$, 成立

$$(\nabla_h u,\ \psi)_{H^1(R^n_+)} \to (g,\ \psi)_{H^1(R^n_+)}. \tag{3.17}$$

(3.17) 中的 $H^1(R^n_+)$ 内积可以改为 $L^2(R^n_+)$ 中的内积, 事实上, 由于对固定的 $\varphi \in L^2(R^n_+)$, 当 $v \in H^1(R^n_+)$ 时有

$$|(v,\varphi)| \leqslant \|v\|\ \|\varphi\| \leqslant C\,\|v\|_1\,,$$

所以 $(v,\ \varphi)$ 可以视为 $H^1(R^n_+)$ 上的线性连续泛函, 且可以找到 $\psi \in H^1(R^n_+)$, 将 $(v,\ \varphi)$ 表示为

$$(v,\ \varphi)_{L^2(R^n_+)} = (v,\psi)_{H^1(R^n_+)}, \quad \forall v \in H^1(R^n_+). \tag{3.18}$$

在 (3.18) 中先后取 v 为 $\nabla_h u$ 及 g, 就可以将 (3.17) 化成

$$(\nabla_h u,\ \varphi)_{L^2(R^n_+)} \to (g,\ \varphi)_{L^2(R^n_+)}.$$

于是, 由 φ 的任意性知 $\nabla_h u$ 在 $L^2(R^n_+)$ 中弱收敛于 g. 另一方面, 根据引理 3.3 知 $\nabla_h u$ 在 $L^2(R^n_+)$ 中强收敛于 $\dfrac{\partial u}{\partial x_1}$, 则它当然也在 $L^2(R^n_+)$ 中弱收敛于 $\dfrac{\partial u}{\partial x_1}$. 从而由极限的唯一性知

$$\frac{\partial u}{\partial x_1} = g \in H^1(R^n_+). \tag{3.19}$$

同理, $\dfrac{\partial u}{\partial x_i} \in H^1(R^n_+)(i = 2, \cdots, n-1)$.

(3) 我们利用方程来证明 $\dfrac{\partial^2 u}{\partial x_n^2} \in L^2(R^n_+)$. 因为

$$\sum_{i,j=1}^n a_{ij}(x)\xi_i\xi_j \geqslant \alpha\,|\xi|^2,$$

取 $\xi_i = 0(i = 1,\ \cdots,\ n-1)$, $\xi_n = 1$, 就得

$$a_{nn}(x) \geqslant \alpha > 0.$$

又因为

$$a_{nn}u_{x_nx_n} = f - \sum_{\substack{i+j<2n\\ i,j\leqslant n}} a_{ij}u_{x_ix_j} - \sum_{i=1}^{n} b_i u_{x_i} - cu \in L^2(R_+^n), \tag{3.20}$$

故 $u_{x_nx_n} \in L^2(R_+^n)$. 这里能将 $u_{x_nx_n}$ 从方程 (3.1) 中解出, 就是利用了边界 $\{x_n = 0\}$ 是非特征的特性.

由 (3.19) 知, 当 $1 \leqslant i \leqslant n-1$ 时 $\dfrac{\partial^2 u}{\partial x_i \partial x_n} \in L^2(R_+^n)$, 所以 $\dfrac{\partial u}{\partial x_i} \in H^1(R_+^n)$. 再由 (3.16) 与 (3.19) 可得 $\dfrac{\partial u}{\partial x_i}(1 \leqslant i \leqslant n-1)$ 的 H^1 模的估计. 利用 (3.20) 又可得 $\dfrac{\partial u}{\partial x_n}$ 的 H^1 模的估计. 从而有 $u \in H^2(R_+^n)$ 以及估计式 (3.14).　证毕

定理 3.2　若 L 是如上面给定的椭圆算子, $u \in H_0^1(R_+^n)$, $Lu \in H^k(R_+^n)$, k 为非负整数, 则 $u \in H^{k+2}(R_+^n)$, 而且有

$$\|u\|_{k+2} \leqslant C_k(\|u\| + \|Lu\|_k), \quad k \geqslant 0. \tag{3.21}$$

证明　$k = 0$ 时, 定理 3.2 即为定理 3.1. 现用归纳法讨论 $k \geqslant 0$ 的情况. 设 $k \leqslant s-1$ $(s \geqslant 1)$ 时定理 3.2 成立, 即若 $u \in H_0^1(R_+^n)$, $Lu \in H^k(R_+^n)$, $k \leqslant s-1$, 有 $u \in H^{k+2}(R_+^n)$, 且

$$\|u\|_{k+2} \leqslant C_k(\|u\| + \|Lu\|_k).$$

现若又有 $Lu \in H^s(R_+^n)$, 我们证明 $u \in H^{s+2}$. 由于 $k \leqslant s-1$ 时 (3.21) 成立, 故 $u \in H_0^1(R_+^n) \cap H^{s+1}(R_+^n) \subset H_0^1(R_+^n) \cap H^2(R_+^n)$. 所以

$$\frac{\partial u}{\partial x_l} \in H_0^1(R_+^n), \quad l = 1, \cdots, n-1 \text{ (参见 1.5 节习题 7)}.$$

此外

$$\begin{aligned} L\frac{\partial u}{\partial x_l} =& \frac{\partial}{\partial x_l}(Lu) - \left(\sum_{i,j=1}^{n} \frac{\partial a_{ij}}{\partial x_l} u_{x_ix_j} + \sum_{i=1}^{n} \frac{\partial b_i}{\partial x_l} u_{x_i} + \frac{\partial c}{\partial x_l} u \right) \\ &\in H^{s-1}(R_+^n), \end{aligned}$$

故由归纳法假定得

$$\frac{\partial u}{\partial x_l} \in H^{s+1}(R_+^n), \quad l = 1, \cdots, n-1,$$

且

$$\left\| \frac{\partial u}{\partial x_l} \right\|_{s+1} \leqslant C'_{s+1}(\|u\| + \|Lu\|_s + \|u\|_{s+1}).$$

关于 l 相加, 利用归纳法假定就可得

$$\sum_{\ell=1}^{n-1}\left\|\frac{\partial u}{\partial x_l}\right\|_{s+1}\leqslant C(\|u\|+\|Lu\|_s).$$

再由定理 3.1 的证明中 (3) 可知, $\dfrac{\partial u}{\partial x_n}\in H^{s+1}$, 且 $\left\|\dfrac{\partial u}{\partial x_n}\right\|_{s+1}$ 也成立同样的估计式. 从而得 $\|u\|_{s+2}$ 的估计式. 因此由归纳法知本定理成立. 证毕

3.3.3 一般区域的情形

下面我们要把定理 3.2 的结果推广到一般有界区域 Ω 中的椭圆型算子, 将证明如下的正则性定理.

定理 3.3 设 Ω 是 R^n 中有界区域, 其边界 C^∞ 光滑, L 是具 $C^\infty(\bar{\Omega})$ 光滑系数的椭圆算子. 若 $u\in H_0^1(\Omega)$, $Lu\in H^k(\Omega)\ \ (k\geqslant -1)$, 则 $u\in H^{k+2}(\Omega)$, 且

$$\|u\|_{k+2}\leqslant C_k(\|u\|+\|Lu\|_k). \tag{3.22}$$

证明 由于 Ω 的边界 $\partial\Omega$ 不是平坦的, 所以不能直接将差商算子作用于定义在区域 Ω 上的函数, 但局部化和展平技巧可帮助我们克服边界 $\partial\Omega$ 非平坦的困难.

设 $\{U_0,\cdots,U_N\}$ 是 $\bar{\Omega}$ 上的开覆盖, 且 φ_σ 是 $U_\sigma\cap\bar{\Omega}$ 到球 B 或半球 B^+ 的 C^∞ 微分同胚. 将同胚于整个球的区域称为内区, 同胚于带边半球的区域称为边区. 对于边区, $\varphi_\sigma(U_\sigma\cap\partial\Omega)$ 对应于 B^+ 的平面表面. 设 $\{\eta_\sigma\}$ 是从属于 $\{U_\sigma\}$ 的单位分解, 记 $u_\sigma=\eta_\sigma u$, 我们将证明, 对于每一个 σ, $u_\sigma\in H^{k+2}(\Omega)$, 且成立相应的 (3.22) 类型的估计式. 于是通过关于 σ 作和, 即得 (3.22) 式. 以下我们仅讨论边区的情形, 因为其证明的过程对内区也是适用的. 我们将仍然用归纳法来证明本定理.

当 $k=-1$ 时, (3.20) 可以由 (2.2) 得出. 现设定理 3.3 对 $k\leqslant s-1$ 成立, 也就是说, 若 $u\in H_0^1(\Omega)$, $Lu\in H^k(\Omega)$, $k\leqslant s-1(s\geqslant 1)$, 可以有 $u\in H^{k+2}(\Omega)$, 且满足 (3.22). 以下来证定理 3.3 对 $k=s$ 也成立. 若又有 $Lu\in H^s(\Omega)$, 因 $H^s(\Omega)\subset H^{s-1}(\Omega)$, 故由归纳法假设得 $u\in H^{s+1}(\Omega)$, 且成立

$$\|u\|_{s+1}\leqslant C_s(\|u\|+\|Lu\|_{s-1}). \tag{3.23}$$

另一方面, 由直接计算可得

$$Lu_\sigma=\eta_\sigma Lu+2\sum_{i,j=1}^{n}a_{ij}\frac{\partial\eta_\sigma}{\partial x_i}\frac{\partial u}{\partial x_j}+(L\eta_\sigma-c\eta_\sigma)u. \tag{3.24}$$

将右端记为 f_σ, 则 $f_\sigma\in H^s(\Omega)$, 且

$$\|f_\sigma\|_s\leqslant C(\|u\|_{s+1}+\|Lu\|_s).$$

由于 φ_σ 将 $U_\sigma \cap \bar{\Omega}$ 通过 C^∞ 同胚映射到半球 B^+ 上, 故 $v_\sigma = u_\sigma \circ \varphi_\sigma^{-1}$ 的正则性与 u_σ 的正则性相同. 将算子 L 在由 φ_σ 所表示的自变量变换下所得的算子记为 $\tilde{L}$, 则 (3.24) 可改写为

$$\tilde{L}v_\sigma = f_\sigma \circ \varphi_\sigma^{-1}, \text{ 在 } \quad B^+\text{上}.$$

因为 $u_\sigma \in H_0^1(\Omega)$, 且 $\operatorname{supp} \eta_\sigma \circ \varphi_\sigma^{-1}$ 和 B^+ 的弯曲边界不相交, 那么 v_σ 零延拓到 R_+^n 上仍属于 $H_0^1(R_+^n)$, 以后记其为 $\widehat{v}_\sigma$, 类似地将 $f_\sigma \circ \varphi_\sigma^{-1}$ 零延拓到整个 R_+^n 上仍属于 $H^s(R_+^n)$, 也记其为 $\hat{f}_\sigma$, 还将算子 $\tilde{L}$ 保持系数光滑性和椭圆型延拓到 $\overline{R}_+^n$ 上, 例如可令

$$\widehat{L} = \psi\tilde{L} + (1-\psi)\Delta,$$

其中 Δ 为 Laplace 算子, ψ 为 $C_c^\infty(\overline{R}_+^n)$ 函数, 满足条件: 当 $x \in \operatorname{supp} \eta_\sigma$ 时, $\psi(x) \equiv 1$, $\operatorname{supp} \psi \subset \overline{B}^+$, $\operatorname{supp} \psi$ 和 B^+ 的弯曲边界仍不相交. 经过上述延拓后, 有

$$\widehat{L}\widehat{v}_\sigma = \hat{f}_\sigma \quad \text{在} \quad R_+^n\text{上}, \tag{3.25}$$

定理 3.2 指出 $\widehat{v}_\sigma \in H^{s+2}(R_+^n)$, 且

$$\|\widehat{v}_\sigma\|_{s+2} \leqslant C_\sigma(\|\widehat{v}_\sigma\| + \|\hat{f}_\sigma\|_s) \leqslant C'_\sigma(\|u\| + \|u\|_{s+1} + \|Lu\|_s). \tag{3.26}$$

注意到归纳法假设中的 (3.23) 式, 就可得

$$\begin{aligned}\|u\|_{s+2} &\leqslant \sum_\sigma \|u_\sigma\|_{s+2} \leqslant C\sum_\sigma \|\widehat{v}_\sigma\|_{s+2}\\ &\leqslant C'(\|u\| + \|Lu\|_s).\end{aligned}$$

从而由归纳法知定理 3.3 成立.　　证毕

定理 3.3 称为椭圆型方程解的**全局正则性定理**. 由于定理条件中要求 $u \in H_0^1(\Omega)$, 故更确切地说, 定理 3.3 是椭圆型方程齐次 Dirichlet 问题解的全局正则性定理. 一般来说, 椭圆型方程边值问题解的正则性还与边界资料有关. 由定理 3.3 还立即可得, 在定理的条件下, 若 $Lu \in C^\infty(\bar{\Omega})$, 则 $u \in C^\infty(\bar{\Omega})$. 特别地, 当 $Lu = 0$ 时, 齐次椭圆型方程的解为 C^∞ 函数.

注　定理 3.3 中区域 Ω 的边界为光滑的要求是重要的, 如区域边界出现角点, 则椭圆型方程解在区域中的全局正则性就会变差. 例如, 考虑在 (x,y) 平面上由直线 $\theta = 0$ 和 $\theta = \dfrac{5}{6}\pi$ 所形成的角状区域中的 Laplace 方程 $\Delta u = 0$. 容易验证, $u = r^{\frac{6}{5}} \sin \dfrac{6}{5}\theta$ 是该方程的解. 此时, 尽管方程右端为零 (当然是无限光滑), 但 u 甚至不是该区域中的 H^2 函数.

3.3.4 内正则性定理

上节讨论了 Dirichlet 问题解的正则性, 我们也可以不考虑边界条件, 转向如下的问题: 若 $u \in \mathscr{D}'(\Omega)$, L 为椭圆型算子, 那么当 Lu 在 Ω 内部有较好的正则性时, u 的正则性能否相应地改善呢? 为了回答这个问题, 要引入局部的 Sobolev 空间, 并以它去度量解在区域内部的正则性. 在本段的讨论中对于区域 Ω 边界的正则性不作任何限制.

定义 3.1 对于给定的区域 Ω, 局部的 Sobolev 空间定义为

$$H^k_{\mathrm{loc}}(\Omega) = \{u|\ 对任意\ C^\infty_c(\Omega)\ 函数\ \varphi,\ 成立\ \varphi u \in H^k(\Omega)\}. \tag{3.27}$$

易见, 若 $u \in H^k_{\mathrm{loc}}(\Omega)$, 则对任意 $\Omega' \subset\subset \Omega$, 有 $u \in H^k(\Omega')$.

引理 3.5 设 $u \in \mathscr{D}'(\Omega)$, 若存在整数 k 和正常数 C 使得对任意的 $\varphi \in C^\infty_c(\Omega)$ 有

$$|\langle u,\ \varphi\rangle| \leqslant C\|\varphi\|_k, \tag{3.28}$$

那么, $u \in H^{-k}(\Omega)$.

证明 因为 u 满足 (3.28) 式, 所以 $l(\varphi) = \langle u,\ \varphi\rangle$ 可看成 $H^k_0(\Omega)$ 中一线性子空间 $C^\infty_c(\Omega)$ 上的有界线性泛函 (当 $k<0$ 时 $H^k_0(\Omega)$ 可改为 $H^k(\Omega)$). 由 $C^\infty_c(\Omega)$ 在 $H^k_0(\Omega)$ 中的稠密性知: 这个泛函可扩张到 $H^k_0(\Omega)$ 上, 故 $u \in (H^k_0(\Omega))'$, 从而 $u \in H^{-k}(\Omega)$. 证毕

引理 3.6 若 $u \in \mathscr{D}'(\Omega)$, 且 $\operatorname{supp} u \subset \Omega$, 那么存在整数 s, 使得 $u \in H^s(\Omega)$.

证明 从引理 3.5 知: 仅需证明存在正整数 k 使得 u 满足 (3.28). 事实上, 若这样的 k 不存在. 那么对任意的正整数 ν, 存在非零的 $\varphi_\nu \in C^\infty_c(\Omega)$, 满足

$$|\langle u,\ \varphi_\nu\rangle| \geqslant \nu\|\varphi_\nu\|_\nu. \tag{3.29}$$

今取 $\psi \in C^\infty_c(\Omega)$, 使 $\psi(x)$ 在 $\operatorname{supp} u$ 的某邻域内为 1, 并记 $\psi_\nu = \dfrac{\varphi_\nu\psi}{\nu\|\varphi_\nu\|_\nu}$, 那么由嵌入定理知, 对任意 α, 当 $\nu > |\alpha| + \left[\dfrac{n}{2}\right] + 1$ 时有

$$\sup_{x\in\Omega}|D^\alpha\psi_\nu| \leqslant C\|\psi_\nu\|_{\alpha+[\frac{n}{2}]+1} \leqslant \frac{C_1\|\varphi_\nu\|_{\alpha+[\frac{n}{2}]+1}}{\nu\|\varphi_\nu\|_\nu}.$$

注意到所有的 ψ_ν 有共同的支集, 故 $\nu\to\infty$ 时 ψ_ν 在 $C^\infty_c(\Omega)$ 中趋于零. 而因为 $u \in \mathscr{D}'(\Omega)$, 则得 $\lim\limits_{\nu\to\infty}\langle u,\ \psi_\nu\rangle = 0$. 但另一方面, 由 (3.29) 得

$$|\langle u,\ \psi_\nu\rangle| \geqslant 1,$$

这就导致矛盾. 证毕

这一引理告诉我们, 支集为紧的广义函数, 必为有限阶的. 请读者将本引理与第 1 章中定理 2.2、定理 2.5 的结论做比较.

定理 3.4　设 L 为 Ω 上具 C^∞ 系数的椭圆算子, $u\in\mathscr{D}'(\Omega)$, 若对整数 k 有 $Lu\in H^k_{\rm loc}(\Omega)$, 则 $u\in H^{k+2}_{\rm loc}(\Omega)$.

证明　首先设 $\operatorname{supp} u$ 为 Ω 中的紧集. 引理 3.6 指出: 存在整数 s, 使 $u\in H^s(\Omega)$, 不妨设 $k+2>s$, 因为, 若 $k+2\leqslant s$, 则已无须证明. 又若 $s\geqslant 1$, 由于 $\operatorname{supp} u$ 为 Ω 的紧集, 故存在有光滑边界的区域 Ω_1, 使 $\operatorname{supp} u\subset\Omega_1\subset\subset\Omega$. 于是 $u\in H^1_0(\Omega_1)$. $Lu\in H^k(\Omega_1)$, 此时可由定理 3.3 得 $u\in H^{k+2}(\Omega_1)$, 从而 $u\in H^{k+2}(\Omega)$, 故只需对 $s\leqslant 0$ 的情形证明定理的结论. 当 $s\leqslant 0$ 时, 我们先估计当 g 取遍 $C_c^\infty(\Omega)$ 函数空间时

$$I(g)=|\langle u,\ g\rangle|\Big/\|g\|_{-(s+1)}\tag{3.30}$$

的上界. 因为根据引理 3.5 由 $I(g)$ 的有界性即可得 $u\in H^{s+1}(\Omega)$. 注意到 L 的共轭算子 L^* 也是椭圆的, 故存在 λ_0, 使得对任意的 $g\in C_c^\infty(\Omega)$, 有 $v\in H^1_0(\Omega)$ 满足 $(L^*-\lambda_0)v=g$, 且由定理 3.3 及其后的说明知, 此解 $v\in C^\infty(\bar\Omega)$. 又对任意的负整数 s, 有 $-(s+1)\geqslant -1$, 从而

$$\|v\|_{1-s}\leqslant C_s\|g\|_{-(s+1)},\quad \forall s\in Z_-.\tag{3.31}$$

所以对任意取定的 $\operatorname{supp} u$ 上等于 1 的 $C_c^\infty(\Omega)$ 函数 ψ, 有 $\psi v\in C_c^\infty(\Omega)$. 从而

$$\begin{aligned}I(g)&=|(u,\ (L^*-\lambda_0)v)|\,/\,\|g\|_{-(s+1)}\\&=|(u,\ (L^*-\lambda_0)\psi v)|\,/\,\|g\|_{-(s+1)}\\&=|((L-\lambda_0)u,\ \psi v)|\,/\,\|g\|_{-(s+1)}.\end{aligned}$$

结合 (3.30) 得

$$\begin{aligned}|I(g)|&\leqslant\|(L-\lambda_0)u\|_{s-1}\|\psi v\|_{1-s}/\|g\|_{-(s+1)}\\&\leqslant C'\|(L-\lambda_0)u\|_{s-1}\leqslant C''(\|Lu\|_{s-1}+\|u\|_{s-1}).\end{aligned}$$

由于 $k\geqslant s-1$, 故右端有界. 从而由引理 3.5 得 $u\in H^{s+1}(\Omega)$. 若 $k+2=s+1$, 我们就得到了所需要的结论. 若 $k+2>s+1$, 那么取 $s+1$ 代替 s 重复前述推得, 就可证得 $u\in H^{s+2}(\Omega)$. 反复多次就可证得 $u\in H^{k+2}(\Omega)$.

再讨论 $\operatorname{supp} u$ 非紧的情形. 仅需证明对任意点 $x_0\in\Omega$, 存在 x_0 的邻域 $O(x_0)\subset\Omega$, 使得 $u|_{O(x_0)}\in H^{k+2}$. 作 x_0 的邻域序列

$$O_0(x_0)\supset\supset O_1(x_0)\supset\supset\cdots\supset\supset O_\nu(x_0)\supset\supset\cdots,\tag{3.32}$$

又作 $\psi_\nu \in C_c^\infty(O_\nu(x_0))$, 且在 $O_{\nu+1}(x_0)$ 的某邻域内 $\psi_\nu(x) \equiv 1$. 记 $v_0 = \psi_0 u$, 那么 v_0 满足

$$Lv_0 = \psi_0 Lu + L_{\psi_0} u. \tag{3.33}$$

式中 L_{ψ_0} 是依赖于 ψ_0 的一阶线性微分算子. 因为 supp ψ_0 为 Ω 的紧子集, 故由引理 3.6 知, 存在 s, 使 u 在 supp ψ_0 上属于 H^s, 从而 (3.33) 之右端属于 $H^{\min(k,s-1)}$. 由本定理前面已证得的结果知 $v_0 \in H^{\min(k+2,s+1)}$. 再作 $v_1 = \psi_1 u$, 可得类似于 (3.33) 的式子:

$$Lv_1 = \psi_1 Lu + L_{\psi_1} u. \tag{3.34}$$

由 ψ_1 的构造可知 (与对 (3.33) 右边的讨论相仿), (3.34) 的右端属于 $H^{\min(k,s)}$, 因而 $v_1 \in H^{\min(k+2,s+2)}$. 经多次反复可证得对某个 ν, 使 u 在 $O_\nu(x_0)$ 上属于 H^{k+2}. 又由于 x_0 为 Ω 中任意一点, 所以 $u \in H_{\text{loc}}^{k+2}(\Omega)$. 证毕

定理 3.4 称为椭圆型方程的**内正则性定理**. 显然, 在定理 3.4 的条件下, 若 $Lu \in C^\infty(\Omega)$, 则 $u \in C^\infty(\Omega)$.

习 题

1. 试证: 对任意 $u \in H^{m,p}(R_+^n)$, 取 ∇_h 为 (3.7) 所定义的差商算子, 则

$$\|\nabla_h u\|_{H^{m-1,p}} \leqslant \|u\|_{H^{m,p}}$$

关于 h 一致地成立.

2. 设 (3.1) 的系数为 $C^m(\overline{R_+^n})$ 函数, 其直到 m 阶偏导数有界, 这时定理 3.3 对怎样的指标 k 成立?

3. 试利用平均算子 J_ε 代替差商算子由椭圆型方程 Dirichlet 问题的能量不等式来证明解的全局正则性定理.

4. 设 Ω 为边界光滑的有界区域, u 为二阶椭圆型方程的非齐次 Dirichlet 问题

$$\begin{cases} Lu = f, \\ u|_{\partial\Omega} = g \end{cases}$$

的解, 如果 $f \in H^k(\Omega)$, $g \in H^{k+\frac{3}{2}}(\partial\Omega)$, 则 $u \in H^{k+2}(\Omega)$.

3.4 高阶椭圆型方程 *

3.4.1 高阶椭圆型方程的定义

本节中讨论高阶椭圆型方程的 Dirichlet 问题. 设

$$L = \sum_{|\alpha| \leqslant m} a_\alpha(x) \partial_x^\alpha \tag{4.1}$$

是定义在有界区域 $\Omega \subset R^n$ 上的偏微分算子, $n \geqslant 2$, $a_\alpha(x)$ 为 $C^\infty(\bar{\Omega})$ 函数, L 的齐 m 阶部分

$$L_0 = \sum_{|\alpha|=m} a_\alpha(x)\partial_x^\alpha \tag{4.2}$$

称为**算子L的主部**. 将 ∂_x^α 替换成 $(\mathrm{i}\xi)^\alpha$, 可以分别得到 L 与 L_0 的**象征**, 且 L_0 的象征称为 L 的**主象征**. 除去一个常数因子, 这个主象征可写成

$$\sum_{|\alpha|=m} a_\alpha(x)\xi^\alpha. \tag{4.3}$$

定义 4.1 若算子 L 的主象征 (4.3) 满足

$$\sum_{|\alpha|=m} a_\alpha(x)\xi^\alpha \neq 0, \qquad \forall \xi \in R^n\backslash\{0\}, \tag{4.4}$$

则称 L 在 x 点为**椭圆型**的. 若对 Ω 上每一点 x, 算子 L 都为椭圆型, 则称 L 在 Ω 中为**椭圆型**的.

当 (4.4) 成立时, $L_0(\xi) = \sum_{|\alpha|=m} a_\alpha(x)\xi^\alpha$ 必定取定号. 事实上, 假如有 ξ_1 与 ξ_2 两点使 $L_0(\xi_1) > 0$, 而 $L_0(\xi_2) < 0$. 则可以在 R_ξ^n 空间中取一条不通过原点而连接 ξ_1 与 ξ_2 两点的连续曲线 ℓ, 由于函数 $L_0(\xi)$ 的连续性知 ℓ 上必有一点使 $L_0(\xi) = 0$, 这与 (4.4) 矛盾. 所以 $L_0(\xi)$ 应当取定号.

定义 4.2 如果存在一个常数 $C > 0$, 使得算子 L 的系数满足

$$\sum_{|\alpha|=m} a_\alpha(x)\xi^\alpha \geqslant C\,|\xi|^m, \quad \forall x \in \Omega,\ \xi \in R^n, \tag{4.5}$$

则称 L 在 Ω 中为**一致椭圆**的.

引理 4.1 若 L 为具有实系数的椭圆算子, 则 m 必为偶数.

证明 由于 $\sum_{|\alpha|=m} a_\alpha(x)\,(-\xi)^\alpha = (-1)^m \sum_{|\alpha|=m} a_\alpha(x)\xi^\alpha$, 所以要 $\sum a_\alpha(x)\xi^\alpha$ 与 $\sum a_\alpha(x)\,(-\xi)^\alpha$ 均大于零, 必须有 $(-1)^m > 0$, 从而 m 为偶数. 证毕

以下讨论高阶椭圆型方程的边值问题. 并设其主部具有实系数. 这时 m 阶椭圆型方程的边值问题一般需在边界 $\partial\Omega$ 上给出 $\dfrac{m}{2}$ 个边界条件, 其中最常见的是齐次 Dirichlet 问题, 它的形式为

$$\begin{cases} \displaystyle\sum_{|\alpha|\leqslant m} a_\alpha(x)\partial_x^\alpha u = f, & \text{在 } \Omega \text{ 中}, \quad (4.6) \\ u = \partial_n u = \cdots = \partial_n^{\frac{m}{2}-1} u = 0, & \text{在 } \partial\Omega \text{ 上}, \quad (4.7) \end{cases}$$

其中 ∂_n 为 $\partial\Omega$ 的外法向导数. 与二阶方程情形相似, 解 u 在 $\partial\Omega$ 上应满足的边界条件可以用限制解 u 所在的空间来表示. 例如, 对于 $f \in H^{-\frac{m}{2}}(\Omega)$, 要求寻找

$u \in H_0^{\frac{m}{2}}(\Omega)$. 使得

$$\sum_{|\alpha|\leqslant m} a_\alpha(x)\partial_x^\alpha u = f$$

成立.

3.4.2 先验估计

与二阶椭圆型方程的情形相仿, 我们将证明 m 阶椭圆型方程的各种先验估计式, 它在证明高阶椭圆型方程边值问题的可解性与解的正则性中起着重要作用. 为以后运算的方便, 我们将 (4.6) 写成它的等价形式

$$\sum_{|\alpha|,|\beta|\leqslant \frac{m}{2}} \partial_x^\alpha(a_{\alpha\beta}(x)\partial_x^\beta u) = f, \tag{4.8}$$

其中, $a_{\alpha\beta}(x)$ 可以用 $a_\alpha(x)$ 及其各阶导数表示, 反之, $a_\alpha(x)$ 也可以用 $a_{\alpha\beta}(x)$ 及其各阶导数表示. 又对于一致椭圆算子显然有

$$\sum_{|\alpha|,|\beta|=\frac{m}{2}} a_{\alpha\beta}(x)\xi^\alpha\xi^\beta = \sum_{|\alpha|=m} a_\alpha(x)\xi^\alpha \geqslant C|\xi|^m. \tag{4.9}$$

为以下讨论的需要, 我们先证明一个引理.

引理 4.2 若 $u \in \mathscr{S}(R^n)$, $t_1 > s > t_2$, 则对任意 $\varepsilon > 0$, 有

$$\|u\|_s^2 \leqslant \varepsilon\|u\|_{t_1}^2 + \varepsilon^{-\frac{s-t_2}{t_1-s}}\|u\|_{t_2}^2. \tag{4.10}$$

证明 由 H^s 范数的定义知, 为使上式成立只需证明

$$(1+|\xi|^2)^s \leqslant \varepsilon(1+|\xi|^2)^{t_1} + \varepsilon^{-\frac{s-t_2}{t_1-s}}(1+|\xi|^2)^{t_2} \tag{4.11}$$

成立. 为证 (4.11) 式, 记 $a = 1+|\xi|^2$, $t_1 - s = p > 0$, $t_2 - s = q < 0$, 则该式等价于

$$1 \leqslant \varepsilon a^p + \varepsilon^{\frac{q}{p}} a^q,$$

或

$$1 \leqslant (\varepsilon^{\frac{1}{p}} a)^p + (\varepsilon^{\frac{1}{p}} a)^q.$$

因为 $p > 0$, $q < 0$, 故上式右边两项中至少有一项不小于 1, 从而其和必大于 1, 所以 (4.11) 成立, 由此立刻得 (4.10). 证毕

注 很明显, (4.10) 式对 $H^{t_1}(R^n)$ 函数也成立. 又由于 $C_c^\infty(R^n) \subset \mathscr{S}(R^n)$, 而任一 $C_c^\infty(\Omega)$ 函数可以作零延拓而视为 $C_c^\infty(R^n)$ 函数, 故当 $t_1 > s > t_2$ 为三个非负整数时, 对 $C_c^\infty(\Omega)$ 函数也有 (4.10) 式, 其中 $\|u\|_s$, 即 $\|u\|_{H^s(\Omega)}$, 且当 $u \in H_0^{t_1}(\Omega)$ 时 (4.10) 也成立.

定理 4.1(Gårding 不等式)　设 Ω 为 R^n 的有界区域, 具有 C^∞ 光滑的边界. (4.1) 中给定的算子 L 在 Ω 上为一致椭圆, 则存在正常数 C_1, C_2, 使得对一切 $C_c^\infty(\Omega)$ 函数 u 成立.

$$\operatorname{Re}((-1)^{\frac{m}{2}}Lu,\ u) \geqslant C_1 \|u\|_{\frac{m}{2}}^2 - C_2 \|u\|_0^2. \tag{4.12}$$

证明　定理的证明分以下三步.

(1) 设 L 仅含主部 L_0, 且所有系数为常数.

由于 $u \in C_c^\infty(\Omega)$, 故可以在 Ω 上通过分部积分推得

$$\begin{aligned}\operatorname{Re}((-1)^{\frac{m}{2}}L_0u,\ u) &= \sum_{|\alpha|,|\beta|=\frac{m}{2}} \operatorname{Re}(-1)^{\frac{m}{2}} \int_\Omega \partial_x^\alpha(a_{\alpha\beta}\partial_x^\beta u)\overline{u}\,\mathrm{d}x \\ &= \sum_{|\alpha|,|\beta|=\frac{m}{2}} \operatorname{Re}(-1)^{\frac{m}{2}} \int_{R^n} \partial_x^\alpha(a_{\alpha\beta}\partial_x^\beta u)\overline{u}\mathrm{d}x.\end{aligned}$$

利用 Fourier 变换, 上式等于

$$\frac{1}{(2\pi)^n} \sum_{|\alpha|,|\beta|=\frac{m}{2}} \operatorname{Re}\int_{R^n} a_{\alpha\beta}\xi^\alpha\xi^\beta |\widehat{u}|^2\,\mathrm{d}\xi.$$

于是由 (4.9) 知

$$\operatorname{Re}((-1)^{\frac{m}{2}}L_0u,\ u) \geqslant C \sum_{|\alpha|=\frac{m}{2}} \|\partial^\alpha u\|^2.$$

由于 $u \in C_c^\infty(\Omega)$, 故不等式右端可控制 $\|u\|_{\frac{m}{2}}^2$, 从而有

$$\operatorname{Re}((-1)^{\frac{m}{2}}L_0u,\ u) \geqslant C \|u\|_{\frac{m}{2}}^2. \tag{4.13}$$

(2) 设 Lu 的形式为 $\sum_{|\alpha|,|\beta|=\frac{m}{2}} \partial_x^\alpha(a_{\alpha\beta}(x)\partial_x^\beta u)$, 其中所有系数 $a_{\alpha\beta}(x) \in C^\infty(\bar{\Omega})$. 对于每一点 $x_0 \in \bar{\Omega}$, 都成立

$$\operatorname{Re}(-1)^{\frac{m}{2}} \sum_{|\alpha|,|\beta|=\frac{m}{2}} (\partial_x^\alpha(a_{\alpha\beta}(x_0)\partial_x^\beta u),\ u) \geqslant C\|u\|_{\frac{m}{2}}^2, \quad \forall u \in C_c^\infty(\Omega). \tag{4.14}$$

取 ε 充分小, 使得在以 x_0 为中心, 以 ε 为半径的球 $\omega = B(x_0, \varepsilon)$ 中

$$\sum_{|\alpha|,|\beta|=\frac{m}{2}} |a_{\alpha\beta}(x) - a_{\alpha\beta}(x_0)| \leqslant \frac{C}{2}. \tag{4.15}$$

则对于任意的 $u \in C_c^\infty(\omega)$ 成立以下的估计

$$\operatorname{Re} \sum_{|\alpha|,|\beta|\leqslant\frac{m}{2}} \int_\omega a_{\alpha\beta}(x)\partial_x^\beta u \cdot \partial_x^\alpha \overline{u}\,\mathrm{d}x$$

$$
\begin{aligned}
&= \mathrm{Re} \sum_{|\alpha|,|\beta| \leqslant \frac{m}{2}} \int_{\omega} (a_{\alpha\beta}(x_0)\partial_x^{\beta} u \cdot \partial_x^{\alpha} \overline{u}) \mathrm{d}x \\
&\quad + \mathrm{Re} \sum_{|\alpha|,|\beta| \leqslant \frac{m}{2}} \int_{\omega} ((a_{\alpha\beta}(x) - a_{\alpha\beta}(x_0))\partial_x^{\beta} u \cdot \partial_x^{\alpha} \overline{u}) \mathrm{d}x \\
&\geqslant C \|u\|^2_{H^{\frac{m}{2}}(\omega)} - \frac{C}{2} \|u\|^2_{H^{\frac{m}{2}}(\omega)}.
\end{aligned}
\tag{4.16}
$$

由于 $\bar{\Omega}$ 为紧集, 故可以找到有限个球 $\omega = B(x_0, \varepsilon)$ 覆盖 $\bar{\Omega}$, 而在每个球 ω 上成立

$$
\mathrm{Re}((-1)^{\frac{m}{2}} Lu,\ u)_{\omega} \geqslant C_1 \|u\|^2_{H^{\frac{m}{2}}(\omega)} - C_2 \|u\|^2_{L^2(\omega)}, \quad \forall u \in C_c^{\infty}(\omega).
$$

记这些球为 $\{\omega_j\}$, $j = 1, \cdots, J$, 则根据单位分解定理可找到函数 $h_j \in C_c^{\infty}(\omega_j)$, 满足

$$
\sum_{j=1}^{J} h_j^2 = 1 \quad \text{在}\bar{\Omega}\text{上}.
\tag{4.17}
$$

从而

$$
\begin{aligned}
&\mathrm{Re}(-1)^{\frac{m}{2}} \sum_{|\alpha|,|\beta| = \frac{m}{2}} (\partial_x^{\alpha}(a_{\alpha\beta}(x)\partial_x^{\beta} u),\ u) \\
&= \mathrm{Re} \int_{\Omega} \sum_{|\alpha|,|\beta| = \frac{m}{2}} \sum_{j=1}^{J} h_j^2(x) a_{\alpha\beta}(x) \partial_x^{\beta} u \cdot \partial_x^{\alpha} \overline{u}\, \mathrm{d}x \\
&= \mathrm{Re} \sum_{j=1}^{J} \int_{\omega_j} \sum_{|\alpha|,|\beta| = \frac{m}{2}} a_{\alpha\beta}(x) \partial_x^{\beta}(h_j u) \partial_x^{\alpha}(h_j \overline{u}) \mathrm{d}x + \mathrm{Re} \int_{\Omega} \sum_{\substack{|\alpha|,|\beta| \leqslant \frac{m}{2} \\ |\alpha|+|\beta| < m}} b'_{\alpha\beta}(x) \partial_x^{\beta} u \cdot \partial_x^{\alpha} \overline{u}\, \mathrm{d}x \\
&\geqslant \sum_{j=1}^{J} \frac{C}{2} \|h_j u\|^2_{H^{\frac{m}{2}}(\omega_j)} - C' \|u\|_{H^{\frac{m}{2}}(\Omega)} \|u\|_{H^{\frac{m}{2}-1}(\Omega)}.
\end{aligned}
$$

另一方面

$$
\begin{aligned}
&\sum_{j=1}^{J} \|h_j u\|^2_{H^{\frac{m}{2}}(\Omega)} \\
&= \sum_{j=1}^{J} \sum_{|\alpha| \leqslant \frac{m}{2}} \int_{\Omega} \partial^{\alpha}(h_j u) \cdot \partial^{\alpha}(h_j \overline{u}) \mathrm{d}x \\
&= \sum_{j=1}^{J} \sum_{|\alpha| \leqslant \frac{m}{2}} \int_{\Omega} h_j^2 \cdot (\partial^{\alpha} u)\, (\partial^{\alpha} \overline{u}) \mathrm{d}x + \int_{\Omega} \sum_{\substack{|\alpha|,|\beta| \leqslant \frac{m}{2} \\ |\alpha|+|\beta| < m}} b''_{\alpha\beta}(x) \partial_x^{\beta} u \cdot \partial_x^{\alpha} \overline{u}\, \mathrm{d}x \\
&\geqslant \|u\|^2_{H^{\frac{m}{2}}(\Omega)} - C'' \|u\|_{H^{\frac{m}{2}}(\Omega)} \|u\|_{H^{\frac{m}{2}-1}(\Omega)}.
\end{aligned}
$$

于是

$$\begin{aligned}&\operatorname{Re}(-1)^{\frac{m}{2}}\sum_{|\alpha|,|\beta|=\frac{m}{2}}(\partial_x^\alpha(a_{\alpha\beta}(x)\partial_x^\beta u),\ u)\\ \geqslant&\frac{C}{2}\|u\|^2_{H^{\frac{m}{2}}(\Omega)}-\left(C'+\frac{CC''}{2}\right)\|u\|_{H^{\frac{m}{2}}(\Omega)}\cdot\|u\|_{H^{\frac{m}{2}-1}(\Omega)}.\end{aligned}\tag{4.18}$$

利用引理 4.2 及其后的注知, 对 $\varepsilon>0$

$$\|u\|_{H^{\frac{m}{2}-1}(\Omega)}\leqslant\varepsilon\|u\|_{H^{\frac{m}{2}}(\Omega)}+\varepsilon^{1-\frac{m}{2}}\|u\|_{L^2(\Omega)}.\tag{4.19}$$

取 ε 充分小, 使 $\varepsilon\left(C'+\dfrac{CC''}{2}\right)<\dfrac{C}{4}$, 将 (4.19) 代入 (4.18) 可得

$$\operatorname{Re}\left((-1)^{\frac{m}{2}}\sum_{|\alpha|,|\beta|=\frac{m}{2}}(\partial_x^\alpha(a_{\alpha\beta}(x)\partial_x^\beta u),\ u\right)\geqslant\frac{C}{4}\|u\|^2_{\frac{m}{2}}-K_\varepsilon\|u\|_{\frac{m}{2}}\|u\|_0,\tag{4.20}$$

其中 K_ε 为与 ε 有关的常数. 再将

$$\|u\|_{\frac{m}{2}}\|u\|_0\leqslant\frac{C}{8K_\varepsilon}\|u\|^2_{\frac{m}{2}}+\frac{8K_\varepsilon}{C}\|u\|_0^2$$

代入 (4.20), 即得 (4.12).

(3) Lu 是具有一般形式 (4.1) 的椭圆型算子.

容易将 L 写成

$$\sum_{|\alpha|,|\beta|=\frac{m}{2}}(\partial_x^\alpha(a_{\alpha\beta}(x)\partial_x^\beta u)+\sum_{\substack{|\alpha|,|\beta|\leqslant\frac{m}{2}\\|\alpha|+|\beta|<m}}\partial_x^\alpha(b_{\alpha\beta}(x)\partial_x^\beta u)$$

的形式. 于是, $\operatorname{Re}((-1)^{\frac{m}{2}}(Lu,\ u))$ 可相应地分成两项, 对第一项的估计就利用 (2) 中的结果, 对第二项的估计与前面对 $\left(\sum\partial_x^\alpha(b'_{\alpha\beta}(x)\partial_x^\beta u),\ u\right)$ 的估计相仿. 于是 (4.12) 式成立.　证毕

注　由于不等式 (4.12) 中只出现 u 的 $H^{\frac{m}{2}}$ 模, 故定理 4.1 实际上对任意的 $u\in H_0^{\frac{m}{2}}(\Omega)$ 都成立.

类似于 3.2 节的作法, 可以证明下述定理.

定理 4.2　在定理 4.1 的假定下, 存在常数 C 与 $\varLambda$, 使当 $\operatorname{Re}\lambda>\varLambda$ 时, 对一切 $C_c^\infty(\Omega)$ 函数 u 成立

$$\left\|(-1)^{\frac{m}{2}}Lu+\lambda u\right\|_{-\frac{m}{2}}\geqslant C\|u\|_{\frac{m}{2}}.\tag{4.21}$$

证明　由定理 4.1 知

$$\operatorname{Re}((-1)^{\frac{m}{2}}Lu,u)\geqslant C_1(u,u)_{\frac{m}{2}}-C_2(u,u)_0.$$

取 $\lambda > C_2$, 即得

$$\mathrm{Re}(((-1)^{\frac{m}{2}}L+\lambda)u,u) \geqslant C_1(u,u)_{\frac{m}{2}}.$$

利用 Schwarz 不等式, 上式左边可以用 $\|u\|_{\frac{m}{2}} \cdot \left\|((-1)^{\frac{m}{2}}L+\lambda)u\right\|_{-\frac{m}{2}}$ 控制, 从而得 (4.21).

定理 4.3 在定理 4.1 的假定下, 对任意正整数 t, 存在常数 $C_1^{(t)}$ 和 $C_2^{(t)}$, 使得对一切 $C_c^\infty(\Omega)$ 函数 u 成立

$$\mathrm{Re}((-1)^{\frac{m}{2}}Lu,\ u)_t \geqslant C_1^{(t)}\|u\|^2_{\frac{m}{2}+t} - C_2^{(t)}\|u\|_0^2, \tag{4.22}$$

又存在正常数 $C^{(t)}$ 与 $\Lambda^{(t)}$, 使对一切 $\mathrm{Re}\lambda > \Lambda^{(t)}$ 成立

$$\left\|(-1)^{\frac{m}{2}}Lu+\lambda u\right\|_{t-\frac{m}{2}} \geqslant C^{(t)}\|u\|_{t+\frac{m}{2}}. \tag{4.23}$$

我们将此定理的证明作为习题留给读者.

3.4.3 两择性定理与正则性定理

利用上面建立的先验估计式可以建立高阶椭圆型方程 Dirichlet 问题的两择性定理与相应的正则性定理. 记 L^* 为 L 的形式共轭算子, 我们有如下定理.

定理 4.4(两择性定理) 对于与椭圆型算子 (4.1) 相关的一组 Dirichlet 问题

$$Lu=f \text{ 在 } \Omega \text{ 内},\ u=\cdots=\partial_n^{\frac{m}{2}-1}u=0 \text{ 在 } \partial\Omega \text{上}, \tag{4.24}$$

$$Lu=0 \text{ 在 } \Omega \text{ 内},\ u=\cdots=\partial_n^{\frac{m}{2}-1}u=0 \text{ 在 } \partial\Omega \text{ 上}, \tag{4.25}$$

$$L^*v=g \text{ 在 } \Omega \text{ 内},\ v=\cdots=\partial_n^{\frac{m}{2}-1}v=0 \text{ 在 } \partial\Omega \text{ 上}, \tag{4.26}$$

$$L^*v=0 \text{ 在 } \Omega \text{ 内},\ v=\cdots=\partial_n^{\frac{m}{2}-1}v=0 \text{ 在 } \partial\Omega \text{ 上}, \tag{4.27}$$

成立以下的结论.

(1) (4.25) 与 (4.27) 的解空间均为有限维空间, 且维数相同.

(2) (4.24) 对于 $f\in H^{-\frac{m}{2}}(\Omega)$ 有解的充分必要条件是

$$\langle f,\ \bar{v}\rangle = 0, \quad \forall v\in V, \tag{4.28}$$

其中 V 是 (4.27) 的解空间.

(3) 存在复平面 C^1 上一个至多为可列离散的点集 Λ, 使得对于任意 $\lambda\notin\Lambda$, 问题

$$\begin{cases} ((-1)^{\frac{m}{2}}L+\lambda)u=0, & \text{在}\Omega\text{ 中},\\ u=\cdots=\partial_n^{\frac{m}{2}-1}u=0, & \text{在}\partial\Omega\text{ 上}\end{cases} \tag{4.29}$$

只有零解, 而当 $\lambda\in\Lambda$ 时, (4.29) 有非零解.

定理 4.5(全局正则性定理)　设 L 是定义在具光滑边界 $\partial\Omega$ 的有界区域 Ω 上的 m 阶椭圆型算子, 系数为 $C^\infty(\bar{\Omega})$ 函数, $u \in H_0^{\frac{m}{2}}(\Omega)$, $Lu \in H^k(\Omega)$ $\left(k \geqslant -\dfrac{m}{2}\right)$, 则 $u \in H^{k+m}(\Omega)$, 且

$$\|u\|_{k+m} \leqslant C_k(\|u\|_0 + \|Lu\|_k). \tag{4.30}$$

定理 4.6(内正则性定理)　设 L 是定义在区域 Ω 上的 m 阶椭圆型算子, 系数为 $C^\infty(\Omega)$ 函数, 若对整数 k, $Lu \in H^k_{\mathrm{loc}}(\Omega)$, 则 $u \in H^{k+m}_{\mathrm{loc}}(\Omega)$.

这些定理的证明请读者自行完成之.

习　题

1. 试证本节中给出的算子 L 的两种形式 $\sum_{|\alpha|\leqslant m} a_\alpha(x)\partial_x^\alpha$ 与 $\sum_{|\alpha|,|\beta|\leqslant \frac{m}{2}} \partial_x^\alpha(a_{\alpha\beta}(x)\partial_x^\beta)$ 可以互相表示.
2. 证明定理 4.3.
3. 证明高阶椭圆型方程的两择性定理.
4. 证明高阶椭圆型方程的全局正则性定理与内正则性定理.

第 4 章　双曲型方程

本章中我们讨论二阶双曲型方程与对称双曲组的 Cauchy 问题和初边值问题. 双曲型方程主要描写波动、振动等自然现象. 本章将对研究双曲型方程 (组) 常用的能量积分法、解析逼近法、Galerkin(伽辽金) 方法等均作介绍. 为简单起见, 我们将仅限于在实函数范围内进行讨论.

4.1　能量不等式、解的唯一性和稳定性

4.1.1　二阶双曲型方程的定解问题

二阶线性偏微分方程的一般形式为

$$\sum_{i,j=0}^{n} a_{ij}(x)\frac{\partial^2 u}{\partial x_i \partial x_j}+\sum_{i=0}^{n} b_i(x)\frac{\partial u}{\partial x_i}+c(x)u=f(x). \tag{1.1}$$

当系数矩阵 $(a_{ij}(x))$ 满秩, 且其惰性指数中有一个为正, 其余均为负 (或一个为负, 其余均为正) 时, 方程 (1.1) 称为**双曲型方程**. 对于二阶线性双曲型方程, 在经过适当的自变数变换后, 该方程可以化成如下的形式:

$$\frac{\partial^2 u}{\partial x_0^2}-\left(\sum_{i,j=1}^{n}\frac{\partial}{\partial x_i}\left(\tilde{a}_{ij}(x)\frac{\partial u}{\partial x_j}\right)+\sum_{i=1}^{n}\tilde{b}_i(x)\frac{\partial u}{\partial x_i}+\tilde{c}(x)u\right)=\tilde{f}(x), \tag{1.2}$$

其中系数矩阵 $(\tilde{a}_{ij}(x))$ 对称. 在此形式中, 变量 x_0 已有特殊的地位, 并往往特别地记为 t, 又为记号简单起见, 略去 (1.2) 式中 $\sim$ 记号, 故二阶线性双曲型方程的一般形式为

$$Lu \triangleq \frac{\partial^2 u}{\partial t^2}-\left(\sum_{i,j=1}^{n}\frac{\partial}{\partial x_i}\left(a_{ij}(t,x)\frac{\partial u}{\partial x_j}\right)+\sum_{i=1}^{n}b_i(t,x)\frac{\partial u}{\partial x_i}+c(t,x)u\right)=f(t,x), \tag{1.3}$$

其中 $x=(x_1,\cdots,x_n)\in\Omega, t\in[0,T]$, 系数 a_{ij},b_i,c 都是所考察区域 $[0,T]\times\bar{\Omega}$ 中的连续可微函数, 且以后如无特殊说明, 均假定它们为 C^∞ 函数, 又设 (a_{ij}) 满足一致椭圆性条件, 即存在常数 $\alpha>0$, 使得

$$\sum_{i,j=1}^{n} a_{ij}(t,x)\xi_i\xi_j \geqslant \alpha\sum_{i=1}^{n}\xi_i^2, \quad \forall\xi\in R^n\setminus\{0\}$$

对一切 $(t,x) \in [0,T] \times \bar{\Omega}$ 成立.

在各种应用问题中, 二阶双曲型方程往往被用于描述波动或振动过程, 在很多场合下, 当将方程写成 (1.3) 的形式后, 变量 t 正是时间变量. 以下在讨论二阶线性双曲型方程时都采用这一形式.

对于方程 (1.3), 我们一般讨论两类定解问题. 其一是初值问题 (**Cauchy 问题**), 此时 $\Omega = R^n$, 初始条件为

$$\begin{aligned} u|_{t=0} &= \varphi_0(x), \\ u_t|_{t=0} &= \varphi_1(x). \end{aligned} \tag{1.4}$$

其二是**初边值问题**, 此时 Ω 为一个具光滑边界的有界区域, 初始条件的形式与 (1.4) 相同, 在 $(0,T) \times \partial\Omega$ 上还得给定一个边界条件. 例如边界条件可取为 Dirichlet 条件:

$$u|_{(0,T)\times\partial\Omega} = 0, \tag{1.5}$$

也可讨论边界上给定 Neumann 条件或第三边值条件的情形.

4.1.2　初边值问题的能量不等式

在双曲型方程的研究中, 能量不等式起了重要的作用. 本节中就分别对初边值问题和 Cauchy 问题的情形给出能量不等式. 为此, 先证明如下的引理.

引理 1.1 (Gronwall 不等式)　设 $E(t)$ 是定义在 $[0,T]$ 上的一个非负连续函数, 满足

$$E(t) \leqslant C\int_0^t E(\tau)\mathrm{d}\tau + M, \tag{1.6}$$

其中 C, M 是正常数, 则成立不等式

$$E(t) \leqslant M\mathrm{e}^{Ct}. \tag{1.7}$$

证明　记 $I(t) = \int_0^t E(\tau)\mathrm{d}\tau$, 则 $I(t)$ 满足

$$\frac{\mathrm{d}I}{\mathrm{d}t} \leqslant CI(t) + M, \tag{1.8}$$

两边乘以 e^{-Ct}, 得

$$\mathrm{e}^{-Ct}\frac{\mathrm{d}I}{\mathrm{d}t} - C\mathrm{e}^{-Ct}I(t) \leqslant M\mathrm{e}^{-Ct},$$

积分之, 并利用 $I(0) = 0$ 可得

$$I(t)\mathrm{e}^{-Ct} \leqslant \int_0^t M\mathrm{e}^{-Ct}\mathrm{d}t = \frac{M}{C}(1 - \mathrm{e}^{-Ct}).$$

所以

$$I(t) \leqslant \frac{M}{C}(\mathrm{e}^{Ct}-1),$$

将它代入到 (1.8), 即得 (1.7) 式. 证毕

上述证明过程相当于寻求与 (1.6) 相应的积分方程 (或与 (1.8) 相应的微分方程) 的解, 并用此解来控制 $E(t)$. 利用这一思想可以将 Gronwall 不等式各种推广. 例如当 (1.6) 式右边的 M 为 t 的函数, 或其中出现 $E(t)$ 的导数等情形时, 都有相应的结论.

定理 1.1 设 Ω 为有界区域, $Q=(0,T)\times\Omega, u\in C^{\infty}(\bar{Q})$ 满足 $u|_{(0,T)\times\partial\Omega}=0$, $Lu=f$. 若记

$$E(t)=\int_{\Omega}\left(u^2+u_t^2+\sum u_{x_i}^2\right)\mathrm{d}x,$$

则成立能量不等式

$$E(t)\leqslant C\left(E(0)+\int_{Q_t}f^2\mathrm{d}x\mathrm{d}t\right), \tag{1.9}$$

式中 $Q_t=(0,t)\times\Omega$.

证明 以 u_t 乘以 Lu, 并在 Q_t 上积分, 可得

$$\int_{Q_t}u_tLu\mathrm{d}x\mathrm{d}t=I_1(t)+I_2(t),$$

其中

$$I_1(t)=-\int_{Q_t}\left(\sum_i b_i\frac{\partial u}{\partial x_i}+cu\right)u_t\mathrm{d}x\mathrm{d}t,$$

$$I_2(t)=\int_{Q_t}\left(\frac{\partial^2 u}{\partial t^2}-\sum_{i,j}\frac{\partial}{\partial x_i}\left(a_{ij}\frac{\partial u}{\partial x_j}\right)\right)u_t\mathrm{d}x\mathrm{d}t,$$

由于 u 在边界 $\partial\Omega\times(0,T)$ 上为零, 故 u_t 也在边界上为零, 所以有

$$\begin{aligned}
&-\int_0^t\int_{\Omega}u_t\sum_{i,j}\frac{\partial}{\partial x_i}\left(a_{ij}\frac{\partial u}{\partial x_j}\right)\mathrm{d}x\mathrm{d}t\\
=&\int_0^t\int_{\Omega}\sum_{i,j}\frac{\partial^2 u}{\partial x_i\partial t}a_{ij}\frac{\partial u}{\partial x_j}\mathrm{d}x\mathrm{d}t\\
=&\int_0^t\int_{\Omega}\left[\frac{\partial}{\partial t}\left(\sum_{i,j}a_{ij}\frac{\partial u}{\partial x_i}\frac{\partial u}{\partial x_j}\right)\right.\\
&\left.-\sum_{i,j}\frac{\partial a_{ij}}{\partial t}\frac{\partial u}{\partial x_i}\frac{\partial u}{\partial x_j}-\sum_{i,j}\frac{\partial u}{\partial x_i}a_{ij}\frac{\partial^2 u}{\partial x_j\partial t}\right]\mathrm{d}x\mathrm{d}t.
\end{aligned}$$

于是, 利用系数 a_{ij} 的对称性可得

$$\begin{aligned}&\int_0^t\int_\Omega\sum_{i,j}\frac{\partial^2 u}{\partial x_i\partial t}a_{ij}\frac{\partial u}{\partial x_i}\mathrm{d}x\mathrm{d}t\\=&\frac{1}{2}\int_0^t\int_\Omega\frac{\partial}{\partial t}\left(\sum_{i,j}a_{ij}\frac{\partial u}{\partial x_i}\frac{\partial u}{\partial x_j}\right)\mathrm{d}x\mathrm{d}t\\&-\frac{1}{2}\int_0^t\int_\Omega\sum_{i,j}\frac{\partial a_{ij}}{\partial t}\frac{\partial u}{\partial x_i}\frac{\partial u}{\partial x_j}\mathrm{d}x\mathrm{d}t.\end{aligned}$$

所以

$$\begin{aligned}I_2(t)=&\frac{1}{2}\int_0^t\int_\Omega\frac{\partial}{\partial \mathrm{t}}\left(\left(\frac{\partial u}{\partial t}\right)^2+\sum_{i,j}a_{ij}\frac{\partial u}{\partial x_i}\frac{\partial u}{\partial x_j}\right)\mathrm{d}x\mathrm{d}t\\&-\frac{1}{2}\int_0^t\int_\Omega\sum_{i,j}\frac{\partial a_{ij}}{\partial t}\frac{\partial u}{\partial x_i}\frac{\partial u}{\partial x_j}\mathrm{d}x\mathrm{d}t.\end{aligned}$$

最后一项可以并入 $I_1(t)$ 进行估计, 于是有

$$\int_0^t\int_\Omega u_tLu\mathrm{d}x\mathrm{d}t=\frac{1}{2}\left[\int_\Omega\left(\frac{\partial u}{\partial t}\right)^2+\sum_{i,j}a_{ij}\frac{\partial u}{\partial x_i}\frac{\partial u}{\partial x_j}\right]_{t=0}^{t=t}+\tilde{I}_1(t),$$

其中 $\tilde{I}_1(t)$ 满足估计

$$|\tilde{I}_1(t)|\leqslant C\int_0^t E(t)\mathrm{d}t.$$

利用 a_{ij} 的正定性, 可得

$$\begin{aligned}\int_\Omega\left(u_t^2+\alpha\sum u_{x_i}^2\right)\mathrm{d}x\Big|_{t=t}\leqslant&\, C_1\int_\Omega\left(u_t^2+\sum u_{x_i}^2\right)\mathrm{d}x\Big|_{t=0}\\&+2\int_0^t\int_\Omega u_tLu\mathrm{d}x\mathrm{d}t+C_1\int_0^t E(t)\mathrm{d}t.\end{aligned}\tag{1.10}$$

所以

$$\int_\Omega\left(u_t^2+\sum u_{x_i}^2\right)\mathrm{d}x\leqslant C_2\left(E(0)+\int_0^t\int_\Omega(Lu)^2\mathrm{d}x\mathrm{d}t+\int_0^t E(t)\mathrm{d}t\right).\tag{1.11}$$

又利用 $u(t,x)=u(0,x)+\displaystyle\int_0^t u_t\mathrm{d}t$, 有

$$u^2(t,x)\leqslant 2u^2(0,x)+2t\int_0^t u_t^2\mathrm{d}t,$$

$$\int_{\Omega} u^2(t,x)\mathrm{d}x \leqslant C_2 \int_{\Omega} u^2(0,x)\mathrm{d}x + 2t\int_0^t \int_{\Omega} u_t^2 \mathrm{d}x\mathrm{d}t.$$

将此式与 (1.11) 合并, 可得

$$E(t) \leqslant C_3 \left(E(0) + \int_{Q_t} (Lu)^2 \mathrm{d}x\mathrm{d}t + \int_0^t E(t)\mathrm{d}t \right).$$

对任意的 t_1, 取

$$M = C_3 \left(E(0) + \int_{Q_{t_1}} (Lu)^2 \mathrm{d}x\mathrm{d}t \right),$$

利用引理 1.1 知, 当 $t \leqslant t_1$ 时,

$$E(t) \leqslant M\mathrm{e}^{Ct}.$$

令 $t = t_1$, 得

$$E(t_1) \leqslant C_3 \mathrm{e}^{Ct_1} \left(E(0) + \int_{Q_{t_1}} (Lu)^2 \mathrm{d}x\mathrm{d}t \right),$$

此即 (1.9) 式. 证毕

注 1 由于在 (1.9) 式中只出现 u 的直至二阶导数的平方积分, 故通过极限过程容易证明当 $u \in H^2(Q)$ 时能量不等式仍然成立. 不仅如此, 只要 (1.9) 右边有界, 就可以通过极限过程证明关于 u 的能量函数 $E(t)$ 有界. 从而有 $u \in H^1(Q)$, 且其 $H^1(Q)$ 模被右端项控制.

注 2 由 (1.9) 成立即可以得到 $H^2(Q)$ 解的唯一性与稳定性, 其稳定性的意义为: 当 $\|u(\cdot,0)\|_{H^1(Q)}, \|u_t(\cdot,0)\|_{L^2(Q)}$ 及 $\|Lu\|_{L^2(Q)}$ 充分小时, 对任意 $t \in [0,T]$, $\|u(\cdot,t)\|_{H^1(Q)}$ 及 $\|u_t(\cdot,t)\|_{L^2(Q)}$ 也充分小.

注 3 若在边界 $(0,T) \times \partial\Omega$ 上定义

$$\frac{\partial}{\partial \nu} = \sum_{i,j} a_{ij} \cos(n, x_i) \frac{\partial}{\partial x_j},$$

将边界条件 $u|_{(0,T)\times\partial\Omega} = 0$ 改为

$$\left[\frac{\partial u}{\partial \nu} + \sigma u \right]_{(0,T)\times\partial\Omega} = 0,$$

其中 $\sigma \geqslant 0$, 则仍可有相应的能量不等式成立 (读者试自行推导之).

4.1.3 Cauchy 问题的能量不等式

以下讨论 Cauchy 问题的能量不等式. 先引入类空向曲面的概念.

定义 1.1 若 S 为 $(t, x_1, \cdots, x_n)$ 空间中给定的曲面, 算子 L 按 (1.3) 给定, 又若 S 上每一点的法向 n 满足

$$\cos^2(n,t) \geqslant \sum_{i,j} a_{ij}\cos(n,x_i)\cos(n,x_j), \tag{1.12}$$

则称 S 为**弱类空向曲面**. 若 (1.12) 中不等号为严格大于号, 则称 S 为**类空向曲面**; 若 (1.12) 式为等式, 则称 S 为**特征曲面**.

今设 P 为半空间 $\{t>0\}$ 中一点, 过 P 往下作一个弱类空向曲面 Γ_P, 即 Γ_P 的法向满足 (1.12) 式. 该曲面与平面 $t=0$ 围成一个区域 Q. 对任意的满足 $0<h<t_P$ 的 h, 作平面 $t=h$ 与 Q 相交, 记交截面为 Ω_h, 记区域 Q 被夹在 $t=0$ 与 $t=h$ 之间的部分记为 Q_h, 且定义

$$E(h) = \int_{\Omega_h}\left(u^2 + u_t^2 + \sum u_{x_i}^2\right)\mathrm{d}x, \tag{1.13}$$

则有下述定理.

定理 1.2 在上述记号下, 设 $u \in C^\infty(\bar{Q})$, 则成立

$$E(t) \leqslant C\left(E(0) + \int_{Q_t}(Lu)^2\mathrm{d}x\mathrm{d}t\right). \tag{1.14}$$

证明 证明的过程与前面相仿, 区别在于对 $I_2(t)$ 中的积分项

$$-\int_{Q_h} u_t \sum_{i,j}\frac{\partial}{\partial x_i}\left(a_{ij}\frac{\partial u}{\partial x_j}\right)\mathrm{d}x\mathrm{d}t,$$

作估计时不能再利用边界条件, 故对各项积分的估计均应作适当修改. 今若记 $S_h = Q_h \cap \Gamma_P$, 则

$$\begin{aligned}
&-\int_{Q_h} u_t \sum_{i,j}\frac{\partial}{\partial x_i}\left(a_{ij}\frac{\partial u}{\partial x_j}\right)\mathrm{d}x\mathrm{d}t \\
=&\int_{Q_h}\sum_{i,j}\frac{\partial^2 u}{\partial x_i\partial t}a_{ij}\frac{\partial u}{\partial x_j}\mathrm{d}x\mathrm{d}t - \int_{S_h}\sum_{i,j} u_t a_{ij}u_{x_j}\cos(n,x_i)\mathrm{d}S,
\end{aligned}$$

由于

$$\begin{aligned}
\int_{Q_h}\sum_{i,j}\frac{\partial^2 u}{\partial x_i\partial t}a_{ij}\frac{\partial u}{\partial x_j}\mathrm{d}x\mathrm{d}t =& \int_{Q_h}\frac{\partial}{\partial t}\sum_{i,j}a_{ij}u_{x_i}u_{x_j}\mathrm{d}x\mathrm{d}t \\
&-\int_{Q_h}\sum_{i,j}(a_{ij})_t u_{x_i}u_{x_j}\mathrm{d}x\mathrm{d}t - \int_{Q_h}\sum_{i,j}\frac{\partial u}{\partial x_i}a_{ij}\frac{\partial^2 u}{\partial x_j\partial t}\mathrm{d}x\mathrm{d}t,
\end{aligned}$$

利用矩阵 (a_{ij}) 的对称性知

$$
\begin{aligned}
&\int_{Q_h}\sum_{i,j}\frac{\partial^2 u}{\partial x_i\partial t}a_{ij}\frac{\partial u}{\partial x_j}\mathrm{d}x\mathrm{d}t\\
=&\frac{1}{2}\left(\int_{Q_h}\frac{\partial}{\partial t}\sum_{i,j}a_{ij}u_{x_i}u_{x_j}\mathrm{d}x\mathrm{d}t-\int_{Q_h}\sum_{i,j}(a_{ij})_t u_{x_i}u_{x_j}\mathrm{d}x\mathrm{d}t\right),
\end{aligned}
$$

由此得

$$
\begin{aligned}
&-\int_{Q_h}u_t\sum_{i,j}\frac{\partial}{\partial x_i}\left(a_{ij}\frac{\partial u}{\partial x_j}\right)\mathrm{d}x\mathrm{d}t\\
=&\frac{1}{2}\left(\int_{\Omega_h}\sum_{i,j}a_{ij}u_{x_i}u_{x_j}\mathrm{d}x-\int_{\Omega_0}\sum_{i,j}a_{ij}u_{x_i}u_{x_j}\mathrm{d}x\right)\\
&-\frac{1}{2}\int_{Q_h}\sum_{i,j}(a_{ij})_t u_{x_i}u_{x_j}\mathrm{d}x\mathrm{d}t\\
&+\frac{1}{2}\int_{S_h}\sum_{i,j}(a_{ij}u_{x_i}u_{x_j}\cos(n,t)-2a_{ij}u_t u_{x_j}\cos(n,x_i))\mathrm{d}S.
\end{aligned}
$$

又

$$
\int_{Q_h}u_t u_{tt}\mathrm{d}x\mathrm{d}t=\frac{1}{2}\int_{\Omega_h}u_t^2\mathrm{d}x-\frac{1}{2}\int_{\Omega_0}u_t^2\mathrm{d}x+\frac{1}{2}\int_{S_h}u_t^2\cos(n,t)\mathrm{d}t,
$$

从而在对 $I_2(t)$ 作估计时, 得到在 S_h 上的积分为

$$
\begin{aligned}
&\frac{1}{2}\int_{S_h}\left(u_t^2\cos(n,t)+\sum_{i,j}a_{ij}u_{x_i}u_{x_j}\cos(n,t)-2\sum_{i,j}a_{ij}u_t u_{x_j}\cos(n,x_i)\right)\mathrm{d}S\\
=&\frac{1}{2}\int_{S_h}\frac{u_t^2}{\cos(n,t)}\left(\cos^2(n,t)-\sum_{i,j}a_{ij}\cos(n,x_i)\cos(n,x_j)\right)\\
&+\sum_{i,j}a_{ij}(u_{x_i}\cos(n,t)-u_t\cos(n,x_i))(u_{x_j}\cos(n,t)-u_t\cos(n,x_j))\mathrm{d}S\geqslant 0. \quad (1.15)
\end{aligned}
$$

这里最后这个不等号是由边界 S_h 为弱类空向曲面以及矩阵 (a_{ij}) 为正定阵而得出的. 利用 (1.15) 就可以导出

$$
\int_{\Omega_h}\left(u_t^2+\sum_i u_{x_i}^2\right)\mathrm{d}x\leqslant C\left(E(0)+\int_0^h\int_{\Omega_t}(Lu)^2\mathrm{d}x\mathrm{d}t+\int_0^h E(t)\mathrm{d}t\right),
$$

以后的推导与定理 1.1 完全一致. 证毕

与定理 1.1 相仿, 当 $u\in H^2(Q)$ 时也有能量不等式 (1.14) 成立.

利用定理 1.2, 可以得到 Cauchy 问题解的唯一性与稳定性.

4.1.4　扰动的有限传播速度

由定理 1.2 可知, 若 $u \in H^2((0,T)\times R^n)$ 是双曲型方程 $Lu=f$ 在区域 $(0,T)\times R^n$ 中的解, 区域 Q 的边界 Γ_p 是特征曲面. 则当 u 及 u_t 在 Ω_0 上的初值为零时, 在整个 Q 上 u 必恒等于零, 而不管 u 及 u_t 在 $t=0$ 上的初始资料在 Ω_0 外会取什么初值. 由于 $Lu=f$ 是线性方程, 故 u 在 Q 中的值唯一地由有限区域 Ω_0 上的初值唯一决定, 而初始时刻在 Ω_0 外的初始资料有一个扰动, 此扰动不会影响到 u 在 Q 中的取值.

以上特性说明了 (x,t) 空间中的区域 Q 是初始平面上区域 Ω_0 的决定区域. 同时, 点 P 的依赖区域是 Ω_0, 且区域 Q 中任意点的依赖区域落在 Ω_0 中. 又可以证明初始平面上任意点 $x\notin\Omega_0$ 处发生的扰动将仅影响过该点往上作出的特征锥内解的值. 该特征锥称为 x 点的影响区域.

以上决定区域、依赖区域与影响区域的存在就说明一般二阶双曲型方程的解具有有限传播速度的特性. 在数学物理方程课程中我们已知波动方程的解有这种特性, 定理 1.2 就把这一性质推广到了一般二阶双曲型方程的情形.

习　题

1. 试证明形为 (1.1) 的双曲型方程可以通过自变量变换化成 (1.3) 的形式.

2. 证明二阶双曲型方程 (1.3) 满足初始条件 (1.4) 以及边界条件

$$\left[\frac{\partial u}{\partial v}+\sigma u\right]_{(0,T)\times\partial\Omega}=0\quad(\sigma\geqslant 0)$$

的 H^2 解满足能量不等式 $\left(\text{此时能量积分 } E(t) \text{ 的表示式中应含 } \int_{\partial\Omega} u^2\mathrm{d}S\right)$.

3. 若函数 $I(t)$ 非负, 二阶连续可导, 且满足

$$I''(t)\leqslant C_1I'(t)+C_2I(t)+M,$$

试导出 $I(t)$ 所满足的估计式.

4. 设 $u(x_1,x_2,t)$ 是 $R^2\times R_+$ 中的 Cauchy 问题

$$\begin{cases} u_{tt}=4(u_{xx}+u_{yy}),\\ u\big|_{t=0}=0,\quad u_t\big|_{t=0}=\psi(x_1,x_2),\end{cases}$$

其中 $\psi(x_1,x_2)$ 在圆 $x_1^2+x_2^2=1$ 中大于零, 在此圆外为零. 试求函数 $u(x_1,x_2,t)$ 的支集.

4.2　Cauchy 问题解的存在性

能量不等式还可以用于证明双曲型方程解的存在性. 本节中将利用解析逼近法结合能量不等式来证明双曲型方程 Cauchy 问题解的存在性.

4.2.1 高阶能量不等式

首先我们要把能量不等式 (1.14) 推广到高阶的情形. 仍以 Q 记弱类空向曲面 $\varGamma$ 与平面 t=0 所围成的区域, 对于 $C^\infty(\bar{Q})$ 函数 u, 以 $u(h)$ 或 $u(h,\cdot)$ 记 $t=h$ 时 u 的取值, 以 $\|u(h)\|_r$ 记 $u(h,\cdot)$ 在 $\varOmega_h = Q\cap\{t=h\}$ 上的 H^r 模, 则成立下述定理.

定理 2.1 设 $u\in C^\infty(\bar{Q})$ 在 $t=0$ 上取初值

$$u|_{t=0}=\varphi_0(x),\quad u_t|_{t=0}=\varphi_1(x),$$

则对 $r\geqslant 1$ 成立

$$\|u(h)\|_r^2\leqslant C_r\left(\|\varphi_0\|_r^2+\|\varphi_1\|_{r-1}^2+\int_0^h\|Lu(\cdot,t)\|_{r-1}^2\mathrm{d}t\right). \tag{2.1}$$

证明 用归纳法. 当 $r=1$ 时, (2.1) 可由 (1.14) 推得. 今设 (2.1) 式当指标小于 r 时成立, 以下来证明当指标等于 r 时它也成立. 以 $\partial_x^\alpha(|\alpha|\leqslant r-1)$ 作用于 Lu, 可得

$$L(\partial_x^\alpha u)=\partial_x^\alpha Lu+Ru, \tag{2.2}$$

其中 Ru 为 u 及其关于 x 的直到 r 阶导数的线性表示式. 利用 $r=1$ 时的 (2.1) 式可得

$$\|\partial_x^\alpha u(h)\|_1^2\leqslant C_1\left(\|\partial_x^\alpha u(0)\|_1^2+\|\partial_t\partial_x^\alpha u(0)\|_0^2+\int_0^h(\|\partial_x^\alpha Lu\|_0^2+\|u(t)\|_r^2)\mathrm{d}t\right) \tag{2.3}$$

将 (2.3) 关于所有满足 $|\alpha|\leqslant r-1$ 的重指标 α 作和, 得

$$\|u(h)\|_r^2\leqslant C_1'\left(\|\varphi(0)\|_r^2+\|\varphi_1(0)\|_{r-1}^2+\int_0^h(\|Lu\|_{r-1}^2+\|u\|_r^2)\mathrm{d}t\right),$$

再利用 Gronwall 不等式, 可得 (2.1) 式在其中指标为 r 时也成立. 证毕

注 1 更一般形式的高阶能量不等式为

$$\begin{aligned}\sum_{j=0}^r\|\partial_t^j u(h)\|_{r-j}^2\leqslant C_r\Bigg(&\|\varphi_0\|_r^2+\|\varphi_1\|_{r-1}^2+\int_0^h\sum_{j=0}^{r-1}\|\partial_t^j f(t,\cdot)\|_{r-j-1}^2\mathrm{d}t\\&+\sum_{j=0}^{r-2}\left\|\partial_t^j f(0,\cdot)\right\|_{r-j-2}^2\Bigg),\end{aligned} \tag{2.4}$$

式中 $f(t,\cdot)=Lu(t,\cdot), r\geqslant 1$, 这个不等式的证明留作习题.

与 4.1 节相仿, 在 (2.1), (2.4) 中对于 u 的要求可以降低为 $u\in H^{r+1}(Q)$, 又在 (2.1), (2.4) 中的常数仅依赖于双曲型算子 L 的系数的 C^r 模.

注 2 同样, 可以归纳地导出双曲型方程初边值问题的高阶能量不等式. 这时需要有边界条件的配合. 对于边界上给出 $u=0$ 这种齐次 Dirichlet 条件的初边值问题, 在边界 $\partial\Omega$ 上可以关于变量 t 求导, 得到 $\partial_t^k u=0$. 它们将在推导高阶能量不等式时被用到. 具体的推导留给读者作为习题.

4.2.2 解析逼近法

现在转向讨论双曲型方程 Cauchy 问题解的存在性, 我们仍限于讨论齐次方程的情形, 对于非齐次方程的情形, 容易由齐次化原理导出.

设 L 是如 (1.3) 所定义的二阶线性双曲型算子, 考虑 Cauchy 问题

$$\begin{cases} Lu=0, & (2.5)\\ u|_{t=0}=\varphi_0(x), \quad u_t|_{t=0}=\varphi_1(x). & (2.6)\end{cases}$$

设 P 为位于半空间 $\{t>0\}$ 中一点, 过 P 作出的弱类空向曲面与 $t=0$ 平面围成的区域记成 Q, 相应地, Ω_h, Q_h 的意义同 4.1 节所述, 则有下述定理.

定理 2.2 设 L 是在含 $\bar{Q}$ 的开集中具有 C^{r+1} 系数的二阶线性双曲型算子, 初始条件

$$\varphi_0\in H^r(\Omega_0), \quad \varphi_1\in H^{r-1}(\Omega_0) \quad (r\geqslant 1),$$

则问题 (2.5), (2.6) 在 Q 中存在唯一解 u, 它在每个截面 Ω_h 上满足

$$\partial_t^j u\in H^{r-j}(\Omega_h) \quad (0\leqslant h<t_P, 0\leqslant j\leqslant r),$$

且

$$\sum_{j=0}^{r}\|\partial_t^j u(h)\|_{r-j}^2\leqslant C\left(\|\varphi_0\|_r^2+\|\varphi_1\|_{r-1}^2\right). \tag{2.7}$$

证明 我们采用解析逼近法来证明这一定理, 即先在 L 的系数和初始资料都是解析的情形下证明定理, 然后利用能量不等式逐渐降低对系数和初始资料的正则性要求.

(1) 设 L 的系数解析, 且 φ_0,φ_1 为多项式, 则由于 Ω_0 为有限区域, 所以由 Cauchy-Kowalevskaya 定理知, 存在充分小的 $\delta>0$, 使得在 Q_δ 中存在 $Lu=0, u\,|_{t=0}=\varphi_0, u_t\,|_{t=0}=\varphi_1$ 的解析解, 这个解可以用幂级数法构造而得, 而且解的存在范围即高度 δ 仅取决于方程的系数, 而与初始条件无关, 又由 4.1 节证明的能量不等式可知, 这个解是唯一的.

(2) 我们说明上述解可以延拓到全区域 Q 上, 并且在 L 的系数为解析函数的假定下, 只要 φ_0,φ_1 分别为 H^{r+1} 与 H^r 函数, 就可以得到 Cauchy 问题 (2.5), (2.6) 在 Q 中的 H^{r+1} 解. 事实上, 由于 Ω_0 为有限区域, 我们可以选取多项式序列

$\{\varphi_{0k}\},\{\varphi_{1k}\}$, 使 $\varphi_{0k}\to\varphi_0(H^{r+1}(\Omega_0))$ 与 $\varphi_{1k}\to\varphi_1(H^r(\Omega_0))$. 由 (1) 中已证明的事实知, 对每组 $\varphi_{0k},\varphi_{1k}$, 可以在 Q_δ 中得到 u_k, 满足

$$\begin{cases} Lu_k=0, \\ u_k\,|_{t=0}=\varphi_{0k}, \qquad (u_k)_t\,|_{t=0}=\varphi_{1k} \end{cases} \tag{2.8}$$

的解 u_k. 这里需特别指出的是, δ 的大小只与方程系数 a_{ij},b_i,c 的解析结构有关, 即只依赖于这些系数的最大模以及它们作为幂级数展开中幂级数的收敛半径, 而与初始条件无关 (见 2.2 节), 故 δ 与 k 无关. 于是, 由在 Q_δ 中的能量不等式可得

$$\sum_{j=0}^{r+1}\|\partial_t^j(u_k(t)-u_{k'}(t))\|_{r+1-j}^2\leqslant C(\|\varphi_{0k}-\varphi_{0k'}\|_{r+1}^2+\|\varphi_{1k}-\varphi_{1k'}\|_r^2).$$

从而由 $k\to 0$ 时 $\varphi_{0k}\to\varphi_0(H^{r+1})$,$\varphi_{1k}\to\varphi_1(H^r)$ 知, 对每个 $t\in[0,\delta]$, $0\leqslant j\leqslant r+1$, $\left\{\partial_t^j u_k\ (t)\right\}$ 是 $H^{r+1-j}(\Omega_t)$ 中的基本序列, 从而有极限 $\partial_t^j u(t)$.

因为在 $t=\delta$ 时, $u(\delta)$ 及 $u_t(\delta)$ 分别属于 $H^{r+1}(\Omega_\delta)$ 与 $H^r(\Omega_\delta)$, 故仍可利用它们作为当 t=δ 时的初始值, 再继续向 t 增加的方向求解. 由于 δ 的大小只与 L 的系数有关, 故只要 L 的系数在包含 $\bar{Q}$ 的某个开集内解析, 那么所得解的存在区域的高度 δ 就与初始资料无关, 从而经过有限步以后, 就可得到整个区域 Q 上解的存在性.

(3) 再降低对 L 的系数的正则性要求. 若 L 的系数非解析函数, 但属于 $C^{r+1}(\bar{Q})$, 且初始资料 $\varphi_0\in H^{r+1},\varphi_1\in H^r$ 时, 可以证明 H^r 解 u 的存在性. 事实上, 这时可以取解析函数序列 $\{a_{ij}^k\},\{b_i^k\},\{c_i^k\}$, 它们在含 $\bar{Q}$ 的某个开集内解析, 且在 $\bar{Q}$ 上这些函数及其直到 r+1 阶导数分别收敛于 a_{ij},b_i,c 及其相应的导数, 对每个 k, 将算子 L 中的系数 a_{ij},b_i,c 用 a_{ij}^k,b_i^k,c^k 代替后所得的算子记为 L^k, 考虑 Cauchy 问题

$$\begin{cases} L^k u_k=0, \\ u_k\,|_{t=0}=\varphi_0, \qquad (u_k)_t\,|_{t=0}=\varphi_1. \end{cases} \tag{2.9}$$

由前面的讨论知, (2.9) 的解 u_k 存在, 且 $\partial_t^j u_k(t)\in H^{r+1-j}(\Omega_t)$ 对 $0\leqslant j\leqslant r+1, 0\leqslant t<t_P$ 成立, 并有

$$\sum_{j=0}^{r+1}\left\|\partial_t^j u_k(t)\right\|_{r+1-j}^2\leqslant C(\|\varphi_0\|_{r+1}^2+\left\|\varphi_1\right\|_r^2). \tag{2.10}$$

由定理 2.1 后面的注知道, 这里的常数 C 依赖于 a_{ij}^k,b_i^k,c^k 的前 r+1 阶导数的最大模. 由于 a_{ij}^k,b_i^k,c^k 的前 r+1 阶导数分别一致收敛于 a_{ij},b_i,c 的相应导数, 故 (2.10) 式中的常数 C 与 k 无关.

现在考虑 $\{u_k\}$ 的收敛性. 为此, 在 k 与 k' 充分大时估计 $u_k-u_{k'}$, 它满足方程

$$L^k(u_k-u_{k'})=f_{kk'}, \tag{2.11}$$

式中

$$f_{kk'}=\sum_{i,j}\frac{\partial}{\partial x_i}\left((a_{ij}^{k'}-a_{ij}^{k})\frac{\partial u_{k'}}{\partial x_j}\right)+\sum_i(b_i^{k'}-b_i^k)\frac{\partial u_{k'}}{\partial x_i}+(c^{k'}-c^k)u_{k'},$$

$u_k-u_{k'}$ 还满足初始条件

$$(u_k-u_{k'})(x,0)=0,$$
$$\frac{\partial}{\partial t}(u_k-u_{k'})(x,0)=0.$$

易见, 对一切满足 $0\leqslant t<t_P$ 的 t,

$$\begin{aligned}\sum_{j=0}^{r-1}\left\|\partial_t^j f_{kk'}(t)\right\|_{r-1-j}^2&\leqslant\varepsilon_{kk'}\sum_{j=0}^{r}\left\|\partial_t^j u_{k'}(t)\right\|_{r+1-j}^2\\&\leqslant C\varepsilon_{kk'}(\|\varphi_0\|_{r+1}^2+\|\varphi_1\|_r^2),\end{aligned}$$

以及

$$\sum_{j=0}^{r-2}\left\|\partial_t^j f_{kk'}(0,\cdot)\right\|_{r-j-2}^2\leqslant C\varepsilon_{kk'}(\|\varphi_0\|_{r+1}^2+\|\varphi_1\|_r^2),$$

式中 $\varepsilon_{kk'}$ 在 $k,k'\to\infty$ 时趋于零. 于是由 (2.4) 式知

$$\sum_{i=0}^{r}\left\|\partial_t^j(u_k(t)-u_{k'}(t))\right\|_{r-j}^2\leqslant C'\varepsilon_{kk'}(\|\varphi_0\|_{r+1}^2+\|\varphi_1\|_r^2)\ . \tag{2.12}$$

所以当 $k,k'\to\infty$ 时, 该式左端也趋于零. 这说明 u_k 存在极限 u, 且 $\partial_t^j u(t)\in H^{r-j}(\Omega_t)$ 对 $0\leqslant t\leqslant t_P, 0\leqslant j\leqslant r$ 成立, 又 u 满足方程 (2.5) 及初始条件 (2.6).

(4) 在 (3) 中我们得到了 H^r 解 u 的存在性, 但这个解的正则性比初始资料的正则性要差一些. 例如初始资料中 $u(0)=\varphi_0\in H^{r+1}(\Omega_0)$, 而到时刻 $t=h$ 时, 只有 $u(h)\in H^r(\Omega_h)$. 故这样的结果令人不够满意. 幸亏再次利用能量不等式还可以将关于初始资料的要求降低为 $\varphi_0\in H^r(\Omega_0),\varphi_1\in H^{r-1}(\Omega_0)$, 从而使关于初始资料正则性的要求与解的正则性结果是相匹配的, 事实上, 若 $\varphi_0\in H^r(\Omega_0),\varphi_1\in H^{r-1}(\Omega_0)$, 则可以先作 $H^{r+1}(\Omega_0)$ 与 $H^r(\Omega_0)$ 中的序列 $\{\varphi_0^k\},\{\varphi_1^k\}$, 使 $\varphi_0^k\to\varphi_0(H^r(\Omega_0)),\varphi_1^k\to\varphi_1(H^{r-1}(\Omega_0))$. 由前面的讨论知, 对每组 $(\varphi_0^k,\varphi_1^k)$, 方程 (2.5) 取该初始资料的 Cauchy 问题有解 u_k, 且关于 $u_k-u_{k'}$ 成立估计式

$$\begin{aligned}&\sum_{j=0}^{r}\|\partial_t^i(u_k(t)-u_{k'}(t))\|_{r-j}^2\\&\leqslant C(\|\varphi_0^k-\varphi_0^{k'}\|_{H^r(\Omega_0)}^2+\|\varphi_1^k-\varphi_1^{k'}\|_{H^{r-1}(\Omega_0)}^2),\end{aligned}$$

由此可得知 $\left\{\partial_t^j u_k\right\}$ 收敛. 记 u_k 的极限为 u, 则 u 为 Cauchy 问题 (2.5), (2.6) 的解, 且 $\partial_t^j u(t)\in H^{r-j}(\Omega_t)$. 证毕

利用嵌入定理可知, 当 $r > \left[\dfrac{n+1}{2}\right] + 2$ 时, 定理 2.2 中所得到的解即为古典解.

注 这个定理的证明有点长, 其中每一步都是利用能量估计式作解的逼近. 我们将每一步详细写出避免含糊, 读者如理解了其中要点则不难自己写出. 由于二阶双曲型方程解的正则性比其右端只能高一阶 (与椭圆型方程不同), 使得在第三步的推导中得到的估计式 (2.12) 以及相应的解 u 的正则性低于初始资料的正则性, 从而又得添加最后一步以使最终结果较完美.

习 题

1. 证明能量不等式 (2.4).
2. 对于初边值问题 (1.3)—(1.5), 试导出其高阶能量不等式.
3. 请思考: 解析逼近法能否用于双曲型方程初边值问题的求解.

4.3 初边值问题解的存在性

4.3.1 取值于 Banach 空间的函数

本节中我们将在区域 Ω 为有界的假定下讨论方程 (1.3) 满足定解条件 (1.4), (1.5) 的初边值问题解的存在性, 以下将用 Galekin 方法来证明这一点. 首先, 我们要对问题的解作一些新的解释.

在研究随时间演化的偏微分方程时, 时间变量 t 有着特殊的地位. 连续函数 $u(t,x)$ 在 t 取特定值时, 对应着 x 空间中的函数 $u(t,\cdot)$. 当 $u(t,x)$ 为某个 Sobolev 空间中的元素时, 对固定的 t, 可以在迹的意义下理解 $u(t,x)$, 我们在 4.1 节和 4.2 节中就是这么做的. 更一般地, 函数 $u(t,x)$ 都可看成是变量 t 到某个函数空间的映射, 相应的偏微分方程与初边值条件将按更广的意义来理解. 为此, 我们先对取值于 Banach 空间的函数及其性质作个简单的介绍.

设 B 是 Banach 空间, J 是 R^1 中的开区间 $T_0 < t < T_1$. 映射 $f: J \ni t \mapsto f(t) \in B$ 称为定义在 J 上**取值于 Banach 空间 B 的函数** (有时也称为**抽象函数**). 当 B 是复平面 C^1 时, f 就是常义的复值函数. 与常义的函数相仿, 我们可以引进连续和导数的概念. 设 $t_0 \in (T_0, T_1)$, 若当 $|t - t_0| \to 0$ 时, 有 $\|f(t) - f(t_0)\| \to 0$(这里的 $\|\cdot\|$ 都是指 Banach 空间 B 中的范数), 则我们就说 $f(t)$ 在 t_0 点**连续**; 若 f 在 (T_0, T_1) 上点点连续, 则称 f 是 J 上的**连续函数**, 记为 $f \in C(J, B)$. 又若存在 $x \in B$, 使

$$\left\| \frac{f(t_0+h) - f(t_0)}{h} - x \right\| \to 0 \quad (h \to 0), \tag{3.1}$$

则称 f 在 t_0 点**可导**, 且导数 $f'(t_0) = x$. 如果 $f'(t) \in C(J, B)$, 那么我们就称 f 在

J 上**一次连续可导**, 记为 $f(t) \in C^1(J, B)$. 以此类推, 可定义 k 次连续可导的概念. 在上述的定义中, (T_0, T_1) 可被 $[T_0, T_1), (T_0, T_1]$ 或 $[T_0, T_1]$ 所代替, J 也可被 R^n 中任一开集所代替, 从而也可有相应的偏导数概念.

与常义函数的积分理论相仿, 对于取值于 Banach 空间的函数, 我们也可以引进可测函数以及积分的概念.

设 J 是有限个不相交的可测子集 $\{E_k\}(k = 1, \cdots, k_0)$ 的并集, 且

$$f(t) = x_k \in B, \text{ 当 } \quad t \in E_k \quad (k = 1, \cdots, k_0), \tag{3.2}$$

则我们称 $f(t)$ 为**阶梯函数**. (3.2) 也可写成

$$f(t) = \sum_{k=1}^{k_0} \chi_{E_k} x_k.$$

定义 3.1 设 $f(t)$ 是定义在 J 上取值于 Banach 空间 B 的函数. 若存在一个阶梯函数列 $\{f_n(t)\}$, 满足

$$\|f_n(t) - f(t)\| \to 0 (n \to \infty) \quad \text{在 } J \text{ 中几乎处处成立.}$$

则我们称 $f(t)$ 为**强可测函数**(以下简称为**可测函数**)

连续函数必是强可测的. 又由定义 3.1 可知, 强可测函数 $f(t)$ 的范数 $\|f(t)\|$ 是 J 上的 Lebesgue 可测函数. 对于阶梯函数 $f(t)$, 若它在 E_k 上取值 x_k, 可定义

$$\int_{T_0}^{T_1} f(t) \mathrm{d}t = \sum_{k=1}^{k_0} x_k \mu(E_k), \tag{3.3}$$

式中 $\mu(E_k)$ 表示集合 E_k 的测度. 从 (3.3) 立即可得

$$\left\| \int_{T_0}^{T_1} f(t) \mathrm{d}t \right\|_B \leqslant \int_{T_0}^{T_1} \|f(t)\|_B \, \mathrm{d}t. \tag{3.4}$$

定义 3.2 设 $f(t)$ 是强可测函数, 且 $\|f(t)\|_B \in L^1(J)$, 那么我们称 $f(t) \in L^1(J, B)$.

对于 $L^1(J, B)$ 函数 $f(t)$, 可以仿照 Lebesgue 积分的定义方法定义

$$\Phi(f) = \int_{T_0}^{T_1} f(t) \mathrm{d}t, \tag{3.5}$$

它是 $L^1(J, B) \to B$ 的线性连续映射, 称为 **Bochner 积分**. 若 $f(t) \in L^1(J, B)$, 定义 f 的范数为

$$\|f\|_{L^1(J,B)} = \int_{T_0}^{T_1} \|f(t)\|_B \, \mathrm{d}t, \tag{3.6}$$

则可以证明 $L^1(J,B)$ 是一 Banach 空间.

若 $f(t)$ 是可测的, $\|f(t)\|_B \in L^p(J), 1 \leqslant p < +\infty$, 这种函数的全体记为 $L^p(J,B)$, 对它可定义范数为

$$\|f\|_{L^p(J,B)} = \left(\int_{T_0}^{T_1} \|f(t)\|_B^p \,\mathrm{d}t\right)^{\frac{1}{p}}. \tag{3.7}$$

作为 $t \in J$ 的抽象函数, 也可以定义其支集. 于是可以定义 $C_c^k(J,B), C^\infty(J,B), C_c^\infty(J,B)$ 等. 进而还可定义广义函数 $\mathscr{D}'(J,B), \mathscr{E}'(J,B)$ 和 Sobolev 空间 $H^{m,p}(J,B)$ 等. 在实函数论中关于 L^p 函数的很多性质对于抽象函数空间也是成立的. 例如: $L^p(J,B)$ 是完备的 Banach 空间, 即若 $\{u_n\}$ 为 $L^p(J,B)$ 的一个基本序列, 则必有 $u \in L^p(J,B)$, 使得 $u_n \to u$ 成立.

当 J 是有界开集时, $p > q$, 则 $L^p(J,B) \subset L^q(J,B)$.

$C_c^\infty(J,B)$ 在 $L^P(J,B)$ 中是稠密的.

有界的 $L^P(J,B)$ 函数列必定是弱紧的, 即在此函数列中可选出一个子序列, 使其弱收敛.

$$u \in H^1(J,B) \Leftrightarrow u \in L^2(J,B), \quad \frac{\partial u}{\partial t} \in L^2(J,B).$$

Sobolev 嵌入定理在取值于 Banach 空间中的抽象函数类中也可写出相应的结论.

在实际应用中 B 经常取为 Sobolev 空间 $H^m(\Omega)$, 这里 Ω 为 R^n 中具有光滑边界的开区域. 特别地, 若取 $B = L^2(\Omega)$, 则由 $L^P(J,B)$ 的定义易知: $L^2((0,T), L^2(\Omega)) = L^2((0,T)\times\Omega)$.

读者也不难写出 $H^k((0,T),H^m(\Omega)), H^{k,p}((0,T),H^{m,q}(\Omega))$ 等空间的定义.

利用取值于 Banach 空间的函数的概念对于初边值问题 (1.3)—(1.5) 可以作新的解释. 例如, 取空间 B 为 $H_0^1(\Omega)$, 这样就将边界条件 (1.5) 包含在未知函数所属的空间之中. 这里, 未知函数对 t 的正则性与对 x 的正则性要求可有所不同. 例如, 我们可寻求问题 (1.3)—(1.5) 的 $C^2([0,T],H_0^1(\Omega))$ 解等. 这里, 在方程 (1.3) 中所出现的 u 关于 x 的二阶导数得按 $H_0^1(\Omega)$ 中元素的广义导数来理解. 由于 u 及其关于 t 的导数是连续的, 故初始条件 (1.4) 的含义是清楚的.

如果 $u \in H^{k,p}((0,T),H^{m,q}(\Omega))$ 满足方程 (1.3), 则可以通过降低关于 x 的正则性而升高关于 t 的正则性. 例如, 若 (1.3) 的解 $u \in L^\infty((0,T),H^2(\Omega))$, 则 $u \in C^1((0,T),L^2(\Omega))$. 又若 $u \in L^2((0,T),H^2(\Omega))$, 则由方程 (1.3) 以及导出高阶能量不等式的方法可知 $u_{tt} \in L^2((0,T),L^2(\Omega))$, 从而 $u \in H^2((0,T),L^2(\Omega))$.

4.3.2 Galerkin 方法

以下我们利用 Galerkin 方法来证明双曲型方程的初边值问题 (1.3)—(1.5) 解

的存在性. 在此先简述 Galerkin 方法的主要思想. 若要寻求方程 (1.3) 的初边值问题的解, 它是取值于空间 $H_0^1(\Omega)$ 的函数, 可先在 $H_0^1(\Omega)$ 中寻求一个递增的有限维线性子空间序列 $\{E_\nu\}$, 使 $H_0^1(\Omega)=\overline{\cup E_\nu}$, 其中闭包是按空间 $H_0^1(\Omega)$ 的意义做出的. 又由于 $H_0^1(\Omega)$ 在 $L^2(\Omega)$ 中稠密, 故 $\cup E_\nu$ 按 $L^2(\Omega)$ 的范数作闭包即得 $L^2(\Omega)$, 利用 $H_0^1(\Omega)$ 与 $L^2(\Omega)$ 在 E_ν 上的投影, 我们可以把原来的偏微分方程定解问题化为一个常微分方程组的初值问题, 在得到常微分方程组的解以后, 经组合得到原问题的近似解, 最后再证明 $\nu\to\infty$ 时这个近似解收敛于所要求的解.

定理 3.1 设 $\varphi_0\in H_0^1(\Omega),\varphi_1\in L^2(\Omega),f\in L^2((0,T)\times\Omega)$, 则存在唯一的函数 $u\in L^\infty([0,T],H_0^1(\Omega))$, 使得

$$u_t\in L^\infty([0,T],L^2(\Omega)),$$

且 u 满足方程 (1.3) 与初边值条件 (1.4).

证明 步骤 1 将问题投影到有限维空间求解.

根据第 3 章定理 2.11, 我们可以通过解 Laplace 算子的特征值问题找到 $H_0^1(\Omega)$ 中的一个完备正交基 $\{w_1,\cdots,w_\nu,\cdots\}$, 使它同时在 $L^2(\Omega)$ 中形成一个完备的标准正交系. 记 E_ν 是由 $w_1,\cdots,w_\nu$ 所张成的线性子空间. 由 $\{w_\nu\}$ 在 $H_0^1(\Omega)$ 中的完备性, 我们可以选择系数 φ_0^k, 使

$$\varphi_{0\nu}=\sum_{k=1}^{\nu}\varphi_0^k w_k \tag{3.8}$$

在 $H_0^1(\Omega)$ 中收敛于 φ_0, 然后定义 $u_\nu^k(t)(k=1,\cdots,v)$ 为常微分方程组初值问题

$$(u_\nu^k)''_{tt}+a\left(t;\sum_{j=1}^{\nu}u_\nu^j(t)w_j,w_k\right)=(f,w_k), \tag{3.9}$$

$$u_\nu^k(0)=\varphi_0^k, \tag{3.10}$$

$$(u_\nu^k)'_t(0)=(\varphi_1,w_k) \tag{3.11}$$

的解. 这里, $(\cdot)'_t$ 表示括号内的函数关于参数 t 的导数. 在不引起混淆之时, 也常省略下标 t, $(\cdot,\cdot)$ 表示 $L^2(\Omega)$ 空间中的内积. (3.9) 中的 a 为关于 $v_1,v_2\in H_0^1$ 的双线性形式,

$$\begin{aligned}a(t;v_1,v_2)&=\int_\Omega\left(\sum_{i,j=1}^{n}a_{ij}(t,x)\frac{\partial v_1}{\partial x_i}\frac{\partial v_2}{\partial x_j}-\sum_{i=1}^{n}b_i(t,x)\frac{\partial v_1}{\partial x_i}v_2-c(t,x)v_1v_2\right)\mathrm{d}x\\&=-\left(M\left(t,x,\frac{\partial}{\partial x}\right)v_1,v_2\right),\end{aligned}$$

其中

$$M\left(t,x,\frac{\partial}{\partial x}\right)=\sum_{i,j=1}^{n}\frac{\partial}{\partial x_i}\left(a_{ij}(t,x)\frac{\partial}{\partial x_j}\right)+\sum_{i=1}^{n}b_i(t,x)\frac{\partial}{\partial x_i}+c(t,x),$$

而 $\left(M\left(t,x,\frac{\partial}{\partial x}\right)v_1,v_2\right)$ 应理解为 $H^{-1}(\Omega)$ 的元素对 $H_0^1(\Omega)$ 函数之作用. 于是

$$a\left(t;\sum_{j=1}^{n}u_\nu^j(t)w_j,w_k\right)=\sum_{j=1}^{n}a(t;w_j,w_k)u_\nu^j(t). \tag{3.12}$$

在 $w_1,\cdots,w_\nu$ 已确定的情况下, (3.9) 就是 $u_\nu^k(t)(k=1,\cdots,\nu)$ 的二阶常微分方程组, 故当 $f\in L^1([0,T],L^2(\Omega))$ 时它有解, 且解 $u_\nu^k(t)$ 为 t 的 C^1 函数. 作

$$u_\nu(t)=\sum_{k=1}^{\nu}u_\nu^k(t)w_k, \tag{3.13}$$

则

$$u_\nu(t)\in C^1([0,T],H_0^1(\Omega)).$$

且由 (3.9) 知 $(u_\nu^k)_{tt}{}''\in L^1[0,T]$, 从而

$$u_\nu''(t)\in L^1([0,T],H_0^1(\Omega)).$$

利用 $\{w_\nu\}$ 是 $L^2(\Omega)$ 中的标准正交系的性质, 可以将 (3.9) 改写成

$$(u_\nu'',w_k)-\left(M\left(t,x,\frac{\partial}{\partial x}\right)u_\nu,w_k\right)=(f,w_k),\quad 1\leqslant k\leqslant\nu. \tag{3.14}$$

从而 (3.14) 式可以视为方程 (1.3) 在 E_ν 上的投影. 今对 (3.14) 中第 k 个方程乘以 $(u_\nu^k)'$, 关于 k 相加, 即得

$$(u_\nu'',u_\nu')-\left(M\left(t,x,\frac{\partial}{\partial x}\right)u_\nu,u_\nu'\right)=(f,u_\nu'). \tag{3.15}$$

从而可利用 4.1 节中同样的方法来证得能量不等式

$$\begin{aligned}&\|u_\nu(t)\|_{H^1(\Omega)}^2+\|u_\nu'(t)\|_{L^2(\Omega)}^2\\ \leqslant\, &C(\|u_\nu(0)\|_{H^1(\Omega)}^2+\|u_\nu'(0)\|_{L^2(\Omega)}^2+\|f\|_{L^2(Q_t)}^2),\end{aligned} \tag{3.16}$$

其中 $Q_t=(0,t)\times\Omega$. 据 u_ν 初值的选取方法知 (3.16) 式右端又被

$$C(\|\varphi_0\|^2_{H^1(\Omega)}+\|\varphi_1\|^2_{L^2(\Omega)}+\|f\|^2_{L^2(Q_T)})$$

所控制.

将 (3.16) 式两边关于 t 从 0 到 T 积分可知: u_v 在空间 $L^2([0,T],H_0^1(\Omega))$ 中形成一个有界序列, $(u_\nu)_t$ 在空间 $L^2([0,T],L^2(\Omega))$ 中也形成一个有界序列. 故可从中取出一个子序列, 不妨仍记为 u_ν, 它在 $L^2([0,T],H_0^1(\Omega))$ 中弱收敛于 u, 而 $(u_\nu)_t$ 在 $L^2([0,T],L^2(\Omega))$ 中弱收敛于 u_t.

步骤 2 近似解收敛于方程真解.

现在证明 u 满足方程 (1.3) 与初始条件 (1.4). 利用 (3.14) 及 u_v 的弱收敛性质可知, 在 $L^2[0,T]$ 中 (u_ν'',w_k) 弱收敛于

$$\left(M\left(t,x,\frac{\partial}{\partial x}\right)u+f,w_k\right).$$

但是, 由于 (u_ν,w_k) 弱收敛于 (u,w_k), 故按广义函数导数与极限的意义有

$$\begin{aligned}(u_\nu'',w_k)&=\frac{\mathrm{d}^2}{\mathrm{d}t^2}(u_\nu,w_k)\\&\to\frac{\mathrm{d}^2}{\mathrm{d}t^2}(u,w_k)=(u'',w_k).\end{aligned}$$

利用 $\{w_\nu\}$ 在 $H_0^1(\Omega)$ 中的完备性, 对任意的 $C_c^\infty((0,T),H_0^1(\Omega))$ 函数 h, 成立

$$(\partial_t^2u,h)=\left(M\left(t,x,\frac{\partial}{\partial x}\right)u+f,h\right),\tag{3.17}$$

所以 u 满足方程 (1.3).

以下说明 u 的正则性, 从而说明 u 可以在 $t=0$ 上取到其初始条件. 注意到 (3.16) 右端可以被一个与 ν 无关的常数所控制, 所以有

$$\|u_\nu(t)\|_{H_0^1(\Omega)}\leqslant C,\quad \|u_\nu'(t)\|_{L^2(\Omega)}\leqslant C\tag{3.18}$$

对于一切 ν 成立. 因此

$$\left(\int\|u_\nu(t)\|^p_{H_0^1(\Omega)}\mathrm{d}t\right)^{\frac{1}{p}},\quad \left(\int\|u_\nu'(t)\|^p_{L^2(\Omega)}\mathrm{d}t\right)^{\frac{1}{p}}$$

对任意 ν 与 p 都不超过常数 C, 从而从 $\{u_\nu\}$ 中又可选取一子序列 (不妨仍用 $\{u_\nu\}$ 记之), 使 u_ν 在 $L^p([0,T],H_0^1(\Omega))$ 中弱收敛, 且 $(u_\nu)_t$ 在 $L^p([0,T],L^2(\Omega))$ 中也弱收敛. 于是, 由极限的唯一性知, 前面所得到的解满足

$$u\in L^p([0,T],H_0^1(\Omega)),\quad u_t\in L^p([0,T],L^2(\Omega)).$$

步骤 3 解的正则性与初始条件.

由于 L^p 空间中弱收敛极限元素的范数不超过序列中元素范数的上极限, 有

$$\left(\int \|u(t)\|_{H_0^1(\Omega)}^p \mathrm{d}t\right)^{\frac{1}{p}} \leqslant C, \quad \left(\int \|u'(t)\|_{L^2(\Omega)}^p \mathrm{d}t\right)^{\frac{1}{p}} \leqslant C \tag{3.19}$$

对任意 p 成立. 再利用下面的引理就可得

$$u \in L^\infty([0,T], H_0^1(\Omega)), \qquad u_t \in L^\infty([0,T], L^2(\Omega)),$$

且它们的相应范数也被常数 C 所控制.

引理 3.1 若对一切满足 $1 \leqslant p < \infty$ 的指数 p,$u \in L^p(\Omega)$, 又 $\|u\|_{L^p} \leqslant C$, 则 $u \in L^\infty(\Omega)$, 且 $p \to \infty$ 时, $\|u\|_{L^p} \to \|u\|_{L^\infty}$.

我们暂将引理 3.1 的证明留在后面, 而在这里继续定理 3.1 的证明, 由于 $u_t \in L^\infty([0,T], L^2(\Omega))$, 所以至多改变 u 在 $[0,T]$ 上一个零测度集上之值, 可使 $u \in C([0,T], L^2(\Omega))$. 又利用方程 (1.3) 以及 f 所满足的性质可知 $u_{tt} \in L^1([0,T], H^{-1}(\Omega))$, 所以在同样意义下, $u_t \in C([0,T], H^{-1}(\Omega))$, 于是 $u(0), u_t(0)$ 都有确定的意义.

今来验证 $u(0) = \varphi_0(x), u_t(0) = \varphi_1(x)$. 记 $v_\nu = u_\nu - u$, 我们来证明 v_ν 弱收敛于 0. 事实上, 对于任意 $\varphi \in C_c^\infty(\Omega)$, 成立

$$(v_\nu(0), \varphi) = (v_\nu(t), \varphi) - \int_0^t (v'_\nu(\tau), \varphi)\mathrm{d}\tau.$$

在 $[0,T]$ 中积分, 得

$$T(v_\nu(0), \varphi) = \int_0^T (v_\nu(t), \varphi)\mathrm{d}t - \int_0^T \int_0^t (v'_\nu(\tau), \varphi)\mathrm{d}\tau\mathrm{d}t. \tag{3.20}$$

由 v_ν 在 $L^2([0,T], H_0^1(\Omega))$ 中弱收敛于零, 因而当 $\nu \to \infty$ 时, (3.20) 右端第一项趋于零. 又由 v'_ν 在 $L^2([0,T], L^2(\Omega))$ 中弱收敛于零知, 对一切 t

$$\int_0^t (v'_\nu(\tau), \varphi)\mathrm{d}\tau \to 0.$$

另外, 有估计式

$$\begin{aligned}\left|\int_0^t (v'_\nu(\tau), \varphi)\mathrm{d}\tau\right| &\leqslant \int_0^t \|v'_\nu(\tau)\|_{L^2} \|\varphi\|_{L^2}\mathrm{d}\tau \\ &\leqslant C\int_0^t \|v'_\nu(\tau)\|_{L^2}^2 \mathrm{d}\tau,\end{aligned}$$

由 (3.16) 式知, 它被一个与 ν 无关的常数控制, 于是由控制收敛定理知, (3.20) 右端第二项也趋于零, 故得

$$(v_\nu(0), \varphi) \to 0, \quad \forall \varphi \in L^2(\Omega), \tag{3.21}$$

这说明 $u_\nu(0)$ 弱收敛于 $u(0)$. 但由 (3.10) 知 $u_\nu(0)\to\varphi_0$, 故得 $u(0)=\varphi_0$.

又对于前面选定的 $w_1,w_2,\cdots$, 成立

$$(v_\nu'(0),w_j)=(v_\nu'(t),w_j)-\int_0^t(v_\nu''(\tau),w_j)\mathrm{d}\tau,$$

关于 t 在 $[0,T]$ 上积分, 得

$$T(v_\nu'(0),w_j)=\int_0^T(v_\nu'(t),w_j)\mathrm{d}t-\int_0^T\int_0^t(v_\nu''(t),w_j)\mathrm{d}\tau\mathrm{d}t. \tag{3.22}$$

由于 u 满足方程 (1.3), 故对任意 w_j 成立

$$(u'',w_j)-\left(M\left(t,x,\frac{\partial}{\partial x}\right)u,w_j\right)=(f,w_j),$$

而由 (3.14) 知, 当 $j\leqslant\nu$ 时, u_ν 也满足此方程, 从而在 $j\leqslant\nu$ 时

$$(v_\nu''(\tau),w_j)=(Mv_\nu,w_j),$$

于是

$$T(v_\nu'(0),w_j)=\int_0^T(v_\nu'(t),w_j)\mathrm{d}t-\int_0^T\int_0^t(Mv_\nu,w_j)\mathrm{d}\tau\mathrm{d}t. \tag{3.23}$$

从而与前面相仿, 可以证得对任一 w_j, 当 $\nu\to\infty$ 时 (因为 ν 趋于无穷, 故 v 最终必大于 j),

$$(v_\nu'(0),w_j)\to 0. \tag{3.24}$$

由 $\{w_j\}$ 的完备性以及 (1.14) 式知 $u_\nu'(0)\to\varphi_1$, 故得 $u_\nu'(0)=\varphi_1$.

步骤 4　唯一性的证明.

为完成定理 3.1 的证明, 还需证明解的唯一性. 在 3.1 节中我们已证明了 $H^2((0,T)\times\Omega)$ 解的唯一性. 但由于这里所得到的解 u 的正则性要差一些, 故不能直接应用能量不等式 (1.9), 而需要另行证明. 以下的基本想法就是对 u 关于 t 进行一次积分, 提高其正则性, 从而可应用已建立的能量不等式.

设 $u\in L^\infty([0,T],H_0^1(\Omega)),u_t\in L^\infty([0,T],L^2(\Omega)),u$ 满足齐次方程

$$u_{tt}-M\left(t,x,\frac{\partial}{\partial x}\right)u=0, \tag{3.25}$$

以及初始条件 $u(0)=u_t(0)=0$. 令 $U(t)=\displaystyle\int_0^t u(\tau)\mathrm{d}\tau$, 将方程 (3.25) 写成

$$\frac{\partial}{\partial t}\left[\frac{\partial^2U}{\partial t^2}-M\left(t,x,\frac{\partial}{\partial x}\right)U\right]+M_t\left(t,x,\frac{\partial}{\partial x}\right)U=0, \tag{3.26}$$

其中

$$M_t\left(t,x,\frac{\partial}{\partial x}\right)U=\sum_{i,j=1}^{n}\frac{\partial}{\partial x_i}\left(a_{ijt}(t,x)\frac{\partial U}{\partial x_j}\right)+\sum_{i=1}^{n}b_{it}(t,x)\frac{\partial U}{\partial x_i}+c_t(t,x)U.$$

将 (2.13) 积分, 利用初始条件可得

$$\frac{\partial^2 U}{\partial t^2}-M\left(t,x,\frac{\partial}{\partial x}\right)U=-\int_0^t M_\tau\left(\tau,x,\frac{\partial}{\partial x}\right)U(\tau,x)\mathrm{d}\tau, \tag{3.27}$$

因为

$$U_t\in L^\infty([0,T],H_0^1(\Omega)),\quad U_{tt}\in L^\infty([0,T],L^2(\Omega)),$$
$$-M_t\left(x,\tau,\frac{\partial}{\partial x}\right)U\in L^\infty([0,T],H^{-1}(\Omega)),$$

所以可对 (3.27) 两边乘以 $\dfrac{\partial U}{\partial t}$ 并积分 (或理解为泛函的作用).

再利用 3.1 节中证明能量不等式时所用的方法 (即两边同乘以 U_t, 积分, 利用分部积分技巧) 可以得到类似于 (1.10) 的表达式;

$$\begin{aligned}&\int_\Omega\left(U_t^2+\alpha\sum_{i=1}^{n}U_{x_i}^2\right)\mathrm{d}x\Bigg|_{t=t}\\ \leqslant\ & C_1\int_\Omega\left(U_t^2+\sum U_{x_i}^2\right)\mathrm{d}x\Big|_{t=0}+C_1\int_0^t\int_\Omega\left(U_t^2+\sum_{i=1}^{n}U_{x_i}^2+U^2\right)\mathrm{d}x\mathrm{d}t\\ &+\left|\int_0^t\int_\Omega U_t(t_1,x)\left(-\int_0^{t_1}M_\tau\left(\tau,x,\frac{\partial}{\partial x}\right)U(\tau,x)\mathrm{d}\tau\right)\mathrm{d}x\mathrm{d}t_1\right|.\end{aligned} \tag{3.28}$$

在上式右边最后一项中, 将 $\displaystyle\int_0^t\int_0^{t_1}*\mathrm{d}\tau\mathrm{d}t_1$ 改写成 $\displaystyle\int_0^t\int_\tau^t*\mathrm{d}t_1\mathrm{d}\tau$, 这项即化成

$$\int_0^t\int_\Omega(U(t,x)-U(\tau,x))M_\tau\left(\tau,x,\frac{\partial}{\partial x}\right)U(\tau,x)\mathrm{d}x\mathrm{d}\tau.$$

易知, 此项的绝对值小于

$$C\int_0^t\int_\Omega\left(U^2(t,x)+\sum_{i=1}^{n}U_{x_i}^2(t,x)+U^2(\tau,x)+\sum_{i=1}^{n}U_{x_i}^2(\tau,x)\right)\mathrm{d}x\mathrm{d}\tau,$$

代入 (3.28) 并利用初始条件可得

$$(1-Ct)\widetilde{E}(t)\leqslant C\int_0^t\widetilde{E}(\tau)\mathrm{d}\tau, \tag{3.29}$$

式中

$$\widetilde{E}(t)=\int_{\Omega}\left(U^2+U_t^2+\sum_{i=1}^{n}U_{x_i}^2\right)\mathrm{d}x$$

表示函数 U 在时刻 t 的能量. 由 (3.29) 式以及$\widetilde{E}(0)\equiv 0$ 易得 $t<\dfrac{1}{C}$ 时 $\widetilde{E}(t)\equiv 0$. 于是当 $t<\dfrac{1}{C}$ 时 $U(t)\equiv 0$, 进而知 $u(t)\equiv 0$. 反复利用这一方法, 可得到对任意的 $t\in[0,T], u(t)=0$. 这就是唯一性.　证毕

4.3.3 附注

现在我们来补充引理 3.1 的证明.

引理 3.1 的证明　用反证法. 若引理结论不成立, 则存在 Ω 的子集 Ω_1, 其测度 meas $\Omega_1=\delta>0$, 而 $|u|$ 在 Ω_1 上大于 $C+\varepsilon$, 则

$$\|u\|_{L^p}\geqslant\left(\int_{\Omega_1}|u|^p\,\mathrm{d}x\right)^{\frac{1}{p}}\geqslant(C+\varepsilon)\delta^{\frac{1}{p}},\tag{3.30}$$

当 p 充分大时, 右边大于 C, 从而导致矛盾. 因此 $u\in L^\infty$, 且 $\|u\|_{L^\infty}\leqslant C$.

又若记 $M=\|u\|_{L^\infty}$, 对任意的 $\varepsilon>0$, meas$\{x;|u(x)|>M-\varepsilon\}$ 必为正测度, 将此测度记为 δ_1, 则

$$\|u\|_{L^p}\geqslant\left(\int\limits_{|u|>M-\varepsilon}|u|^p\,\mathrm{d}x\right)^{\frac{1}{p}}\geqslant(M-\varepsilon)\delta_1^{\frac{1}{p}}$$

在 p 充分大时必有 $\|u\|_{L^p}>M-2\varepsilon$. 这就说明 $\|u\|_{L^p}\to\|u\|_{L^\infty}$.　证毕

更细致地分析, 可以将定理 3.1 中的条件 $f\in L^2((0,T)\times\Omega)$ 减弱为 $f\in L^1((0,T),L^2(\Omega))$ 仍有同样的结论, 此处从略.

对于问题 (1.3)—(1.5), 当初始条件与方程右端项 f 有更高的正则性时, 解 u 也可以有更高的正则性, 例如我们有如下定理.

定理 3.2　设问题 (1.3)—(1.5) 中

$$\varphi_0\in H_0^1(\Omega)\cap H^2(\Omega),\quad \varphi_1\in H_0^1(\Omega),$$

$$f\in L^2([0,T],H_0^1(\Omega)),\quad f_t\in L^2([0,T],L^2(\Omega)),$$

则该问题的解

$$u\in L^\infty([0,T],H_0^1(\Omega)\cap H^2(\Omega)),$$

且

$$u_t\in L^\infty([0,T],H_0^1(\Omega)),\quad u_{tt}\in L^\infty([0,T],L^2(\Omega)).$$

本定理的证明当作习题.

习　　题

1. 取值在 Banach 空间 B 的函数也可以构成空间 $L^p(J,B), C^\alpha(J,B), C_c^\infty(J,B)$ 等, 请给出这些空间的定义, 并证明 $C_c^\infty(J,B)$ 在 $L^p(J,B)$ 中稠密.

2. 试确切地叙述空间 $\mathscr{D}'((0,T),H^{-1}(\Omega))$ 的含义。

3. 试证明定理 3.2.

4. 若在初边值问题 (1.3)—(1.5) 中, 将边界条件 (1.5) 改成 Neumann 条件 $\dfrac{\partial u}{\partial \nu}=0$, 试用 Galerkin 方法讨论其解的存在性.

4.4 对称双曲组

4.4.1 对称双曲组及其 Cauchy 问题

这一节中我们介绍一类含多个自变量的一阶线性双曲型偏微分方程组, 即**对称双曲型方程组**, 或简称为**对称双曲组**. 许多数学物理中的偏微分方程 (组), 如气体动力学方程组, Maxwell 方程组等都可以化为一阶对称双曲组. 对称双曲组有很多性质与二阶双曲型方程相似, 而二阶双曲型方程的一些研究方法, 特别是能量积分法对于对称双曲组也十分有效, 所以我们在本节中对此作较详细的讨论.

考察 n 个自变量 m 个未知函数的一阶偏微分方程组

$$\sum_{i=1}^{n} A_i \frac{\partial u}{\partial x_i} + Bu = f, \tag{4.1}$$

这里 A_i, B 均为 $m\times m$ 矩阵, $u, \dfrac{\partial u}{\partial x_i}, f$ 均为具有 m 个分量的列向量. 当 A_i, B, f 的每个分量都仅为 x 的函数时 (4.1) 为线性的. 方程组 (4.1) 的特征方程为

$$Q(\xi) \equiv \det\left|\sum_{i=1}^{n} A_i(x)\xi_i\right| = 0. \tag{4.2}$$

对于 x 空间中的固定点, 若方向 $(\xi_1,\cdots,\xi_n)$ 满足 (4.2) 式, 则称为**特征方向**, 如果在 x 空间中某曲面 $\varphi=0$ 上每点的法向为特征方向, 则称此曲面为**特征曲面**.

当 (4.1) 中矩阵 $A_i(x)$ 为对称阵, 且矩阵 $A_i(x)$ 的某一个线性组合 $\sum_{i=1}^{n}\alpha_i A_i$ 为正定阵时, 称方程组为**一阶对称双曲组**. 并称过 x 点的方向 $\alpha=(\alpha_1,\cdots,\alpha_n)$ 为**类时向**.

与二阶双曲型方程的情形相仿, 如 (4.1) 为对称双曲组, R^n 中的曲面 S 满足条件: S 上每一点的法向 $(\nu_1,\cdots,\nu_n)$ 均为类时向, 即使得矩阵 $\sum_{i=1}^{n}\nu_i A_i$ 为正定阵,

则称 S 为**类空向曲面**, 又若 S 上每点的法向使矩阵 $\sum_{i=1}^{n}\nu_i A_i$ 为半正定阵, 则称 S 为**弱类空向曲面**.

若 (4.1) 为对称双曲组, 任选定一个时向为坐标轴方向, 可以通过 R^n 中的坐标变换使 x_1 方向为时向, 即 (4.1) 中 A_1 为正定, 而此时又可以通过未知函数的变换, 将方程组化成 A_1 为恒等矩阵 I 的形式. 事实上, 由于 A_1 为对称正定阵, 它可以写成 $A_1 = S^{\mathrm{T}}S$ 的形式, 令 $Su = v$, (4.1) 即变换成

$$S^{\mathrm{T}}\frac{\partial v}{\partial x_1} + \sum_{i=2}^{n} A_i S^{-1}\frac{\partial v}{\partial x_i} + \left(BS^{-1} + \sum_{i=1}^{n} A_i \frac{\partial S^{-1}}{\partial x_i}\right) v = f,$$

再在两边乘以 $(S^{\mathrm{T}})^{-1}$, 就将 $\dfrac{\partial v}{\partial x_1}$ 的系数阵化成矩阵 I, 而 $\dfrac{\partial v}{\partial x_i}(i > 1)$ 的系数阵为 $(S^{\mathrm{T}})^{-1}A_i S^{-1}$, 它仍然是对称矩阵. 今后为讨论方便起见, 我们记这个特定的时向为 t, 而以 n 记其余空间变量的个数 (即将 (4.1) 中的 R^n 改成 R^{n+1}). 从而所考察的对称双曲组的形式改为

$$\frac{\partial u}{\partial t} + \sum_{i=1}^{n} A_i \frac{\partial u}{\partial x_i} + Bu = f, \tag{4.3}$$

此时, t 方向自然为类时向. 当系数为连续函数时, t 方向的邻近方向仍然为类时向.

二阶线性双曲型方程可以通过引入新未知函数的方法化为一阶对称双曲组. 事实上, 若给定二阶线性双曲型方程

$$u_{tt} + 2\sum_{i=1}^{n} a_i u_{it} - \sum_{i,k=1}^{n} a_{ik}u_{ik} + b_0 u_t + \sum_{i=1}^{n} b_i u_i + cu = f, \tag{4.4}$$

其中 u_i, u_{it}, u_{ik} 分别表示 $\dfrac{\partial u}{\partial x_i}, \dfrac{\partial^2 u}{\partial x_i \partial t}, \dfrac{\partial^2 u}{\partial x_i \partial x_k}$, 矩阵 (a_{ik}) 为正定. 我们可引入 $v = u, v_0 = \dfrac{\partial u}{\partial t}, v_i = \dfrac{\partial u}{\partial x_i}$, 将 $(v, v_0, v_1, \cdots, v_n)^{\mathrm{T}}$ 视为未知函数 V, 就能够将 (4.4) 化为关于未知函数 V 的方程组为

$$\begin{cases} \dfrac{\partial v}{\partial t} - v_0 = 0, \\ \dfrac{\partial v_0}{\partial t} + 2\displaystyle\sum_{i=1}^{n} a_i \frac{\partial v_0}{\partial x_i} - \sum_{i,k=1}^{n} a_{ik}\frac{\partial v_i}{\partial x_k} + b_0 v_0 + \sum_{i=1}^{n} b_i v_i + cv = f, \\ \displaystyle\sum_{k=1}^{n} a_{ik}\left(\frac{\partial v_k}{\partial t} - \frac{\partial v_0}{\partial x_k}\right) = 0 \quad (i = 1, \cdots, n), \end{cases} \tag{4.5}$$

或写成矩阵的形式:

$$\begin{pmatrix} 1 & 0 & \cdots & \cdots & 0 \\ 0 & 1 & 0 & \cdots & 0 \\ 0 & 0 & a_{11} & \cdots & a_{1n} \\ \vdots & \vdots & \vdots & & \vdots \\ 0 & 0 & a_{n1} & \cdots & a_{nn} \end{pmatrix} \frac{\partial}{\partial t} \begin{pmatrix} v \\ v_0 \\ v_1 \\ \vdots \\ v_n \end{pmatrix}$$

$$+\sum_{i=1}^{n} \begin{pmatrix} 0 & 0 & \cdots & \cdots & 0 \\ 0 & 2a_i & -a_{1i} & \cdots & -a_{ni} \\ \vdots & -a_{1i} & & & \\ \vdots & \vdots & & 0 & \\ 0 & -a_{ni} & & & \end{pmatrix} \frac{\partial}{\partial x_i} \begin{pmatrix} v \\ v_0 \\ v_1 \\ \vdots \\ v_n \end{pmatrix}$$

$$+\begin{pmatrix} 0 & -1 & 0 & \cdots & 0 \\ c & b_0 & b_1 & \cdots & b_n \\ & & & & \\ & & 0 & & \\ & & & & \end{pmatrix} \begin{pmatrix} v \\ v_0 \\ v_1 \\ \vdots \\ v_n \end{pmatrix} = \begin{pmatrix} 0 \\ f \\ 0 \\ \vdots \\ 0 \end{pmatrix}, \tag{4.6}$$

(4.6) 就是一阶对称双曲组. 容易证明, 对于古典解来说, 方程 (1.9) 与方程组 (1.10) 是等价的.

4.4.2 对称双曲组 Cauchy 问题的能量不等式

与二阶双曲型方程的讨论相似, 我们导出对称双曲组的能量不等式, 它在证明方程组解的存在性、唯一性以及说明解具有有限依赖区域的特性等问题中起着重要的作用. 这里先导出 Cauchy 问题的能量不等式, 在下一段再讨论初边值问题的情形.

如上一段所述, 以下讨论形式为 (4.3) 的对称双曲组, 过 $t>0$ 半空间中任意点 P, 向下作一个曲面 $\varGamma_P$, 这个曲面除 P 点以外都是光滑的, 且为弱类空向曲面, 即对于 $\varGamma_P$ 上任一点的法向 $(\tau,\xi_1,\cdots,\xi_n)$, 均有 $\tau I+\sum_{i=1}^n \xi_i A_i \geqslant 0$. 将 $\varGamma_P$ 与 $t=0$ 平面所围成的区域记为 Q. 对任意的 $h<t_P$, 作平面 $t=h$, 它被 $\varGamma_P$ 所截得的部分记为 $\varOmega_h$. 将 $\varOmega_h,\varOmega_0,\varGamma_P$ 所围成的区域记为 Q_h, 对于定义在 Q 上的函数 u, 将它在 $\varOmega_h$ 上的迹记为 $u(h)$, 并记

$$\|u(h)\|_r=\left(\int_{\varOmega_h}\sum_{|\alpha|\leqslant r}|\partial_x^\alpha u|^2\mathrm{d}x\right)^{1/2}, \tag{4.7}$$

则可以建立 Cauchy 问题的能量估计.

定理 4.1 设方程组 (4.3) 的系数在 $\bar{Q}$ 上具有 $\max(1,r)$ 阶连续偏导数, $u(t,x)$ 为 (4.3) 的连续可微解. 若 u 与 f 都具有直到 r 阶的连续偏导数, 则成立能量不等式

$$\sum_{j=0}^{r}\left\|\partial_t^j u(h)\right\|_{r-j}^2 \leqslant C_r\left(\sum_{j=0}^{r}\left\|\partial_t^j u(0)\right\|_{r-j}^2+\int_0^h\sum_{j=0}^{r}\left\|\partial_t^j f(t)\right\|_{r-j}^2\mathrm{d}t\right), \tag{4.8}$$

其中 C_r 是仅依赖于 r 的常数.

证明 (4.8) 式也称为 r 阶的能量不等式, 我们先考虑 (4.8) 式中指标 $r=0$ 的估计式.

引入变换 $u=\mathrm{e}^{\mu t}v$, 代入 (4.3) 式得

$$\mu\mathrm{e}^{\mu t}v+\mathrm{e}^{\mu t}\frac{\partial v}{\partial t}+\mathrm{e}^{\mu t}\sum_{i=1}^{n}A_i\frac{\partial v}{\partial x_i}+B\mathrm{e}^{\mu t}v=f,$$

$$\frac{\partial v}{\partial t}+\sum_{i=1}^{n}\frac{1}{2}\left(A_i\frac{\partial v}{\partial x_i}+\frac{\partial}{\partial x_i}(A_iv)\right)+\left(\mu I-\sum_{i=1}^{n}\frac{1}{2}\frac{\partial A_i}{\partial x_i}+B\right)v=\mathrm{e}^{-\mu t}f, \tag{4.9}$$

当 μ 取得充分大时, 恒可以使

$$B_\mu=\mu I-\frac{1}{2}\sum_{i=1}^{n}\frac{\partial A_i}{\partial x_i}+B>\frac{I}{2}.$$

将 (4.9) 式两边与 $2v$ 作内积, 并在 $t=0,t=h,\Gamma_{Ph}$(Γ_P 夹在 $t=0$ 与 $t=h$ 的那一部分) 所围成的区域 Q_h 中积分. 由于 A_i 均为对称阵, 故可得

$$\begin{aligned}&\int_{Q_h}\left(\frac{\partial}{\partial t}v^2+\sum_{i=1}^{n}\frac{\partial}{\partial x_i}(v\cdot A_iv)+2v\cdot B_\mu v\right)\mathrm{d}x\mathrm{d}t\\=&\int_{Q_h}2v\cdot f\mathrm{e}^{-\mu t}\mathrm{d}x\mathrm{d}t.\end{aligned}$$

利用 Green 公式, 可得

$$\begin{aligned}&\int_{\Omega_h}v^2\mathrm{d}x-\int_{\Omega_0}v^2\mathrm{d}x+\int_{\Gamma_{Ph}}v\cdot\left(\tau I+\sum_{i=1}^{n}\xi_iA_i\right)v\mathrm{d}S\\&+\int_{Q_h}2v\cdot B_\mu v\mathrm{d}x\mathrm{d}t=\int_{Q_h}2v\cdot f\mathrm{e}^{-\mu t}\mathrm{d}x\mathrm{d}t.\end{aligned}$$

由于 $B_\mu>\dfrac{I}{2}$, Γ_P 又是弱类空向的, 所以上式左边第三项积分不小于零, 因而有

$$\int_{\Omega_h}v^2\mathrm{d}x\leqslant\int_{\Omega_0}v^2\mathrm{d}x+\int_{Q_h}2v\cdot f\mathrm{e}^{-\mu t}\mathrm{d}x\mathrm{d}t-\int_{Q_h}v^2\mathrm{d}x\mathrm{d}t,$$

如在证明二阶双曲型方程能量不等式时所作的那样, 利用 Schwarz 不等式与 Gronwall 不等式, 可导得

$$\|v(h)\|_0^2 \leqslant C\left(\|v(0)\|_0^2+\int_0^h\|f(t)\|_0^2\,\mathrm{d}t\right), \tag{4.10}$$

从而也有

$$\|u(h)\|_0^2 \leqslant C_0\left(\|u(0)\|_0^2+\int_0^h\|f(t)\|_0^2\,\mathrm{d}t\right). \tag{4.11}$$

为了得到高阶的能量不等式, 只需将 (4.3) 关于 x 进行微分, 导出关于 u 的导数所满足的方程组, 再作类似的推导.

例如, 将 (4.3) 关于 x_k 微分, 并记 $u_k=\dfrac{\partial u}{\partial x_k}$, 可得

$$\frac{\partial u_k}{\partial t}+\sum_{i=1}^n A_i\frac{\partial u_k}{\partial x_i}+\sum_{i=1}^n\frac{\partial A_i}{\partial x_k}\frac{\partial u}{\partial x_i}+B\frac{\partial u}{\partial x_k}+\frac{\partial B}{\partial x_k}u=\frac{\partial f}{\partial x_k}.$$

将 u 与 $u_1,\cdots,u_n$ 的方程组联立在一起, 视为变量 $U=(u,u_1,\cdots,u_n)^{\mathrm{T}}$, 则得到含 $N(n+1)$ 个分量的向量 U 所满足的方程组

$$\frac{\partial U}{\partial t}+\sum_{i=1}^n\tilde{A}_i\frac{\partial U}{\partial x_i}+\tilde{B}U=\tilde{f}, \tag{4.12}$$

其中

$$\tilde{A}_i=\begin{pmatrix} A_i & & & \\ & A_i & & \\ & & \ddots & \\ & & & A_i\end{pmatrix},$$

$$\tilde{B}=\begin{pmatrix} B & 0 & \cdots & 0\\ \dfrac{\partial B}{\partial x_1} & B+\dfrac{\partial A_1}{\partial x_1} & \cdots & \dfrac{\partial A_n}{\partial x_1}\\ \vdots & \vdots & & \vdots\\ \dfrac{\partial B}{\partial x_n} & \dfrac{\partial A_1}{\partial x_n} & \cdots & B+\dfrac{\partial A_n}{\partial x_n}\end{pmatrix},$$

$$\tilde{f}=\begin{pmatrix} f\\ \dfrac{\partial f}{\partial x_1}\\ \vdots\\ \dfrac{\partial f}{\partial x_n}\end{pmatrix}.$$

由于 $\tilde{A}_i$ 是由 A_i 组成的块对角阵, 所以 Γ_P 对于 (4.12) 来说仍为弱类空向的, 于是由 (4.12) 可以建立 U 的零阶能量估计式. 这样就建立了对 $\dfrac{\partial u}{\partial x_1}, \cdots, \dfrac{\partial u}{\partial x_n}$ 的 L^2 模估计. 利用方程 (4.3) 本身, 又可以得到 $\dfrac{\partial u}{\partial t}$ 的 L^2 模估计. 将 u 以及 u 的所有导数的 L^2 估计式联合, 即得一阶能量估计式:

$$\|u(h)\|_1^2 \leqslant C_1 \left(\|u(0)\|_1^2 + \int_0^h \|f(t,x)\|_1^2 \, \mathrm{d}t \right).$$

至于 r 阶的能量不等式也可用类似方法得到. 证毕

从以上证明过程可见, 如果只要求成立零阶能量不等式, 仍应当要求系数 A_i 具有一阶连续导数.

从能量不等式可以推得古典解的唯一性以及方程的解具有有限依赖区域的性质. 其推理方法与二阶双曲型方程的情形相仿. 读者请自行推导之.

利用能量不等式也可以由解析逼近法得到对称双曲组 Cauchy 问题解的存在性, 我们也将它留作习题.

4.4.3 初边值问题的能量不等式

以下讨论对称双曲组 (4.3) 的初边值问题. 设方程组 (4.3) 的定义区域为 $Q = (0,T) \times \Omega$, 其中 Ω 为 R^n 中具有光滑边界的有界区域. 在 $t = 0$ 上给定的初始条件为

$$u\,|_{t=0} = \varphi(x), \tag{4.13}$$

在边界 $(0,T) \times \partial\Omega$ 上给定的边界条件为

$$Mu = 0, \tag{4.14}$$

其中 M 为 $p \times m$ 矩阵 (或秩为 p 的 $m \times m$ 矩阵), 且为 x 的连续函数. (4.14) 表示, 对每个固定的 $(t,x) \in (0,T) \times \partial\Omega$, u 属于 R^m 的某个线性子空间 π, 故 (4.14) 也可写成 $u \in \pi$.

对于给定的对称双曲组, 边界条件 (4.14) 的给法对于解的存在唯一性有很大的影响. 当 M 为 $m \times m$ 满秩矩阵时, (4.14) 等价于 $u = 0$. 人们容易直观地认为, $u = 0$ 的边界条件等价于 Dirichlet 条件, 实则不然. 一般来说, 这样边界条件限制太严. 以方程组 (4.6) 为例, 未知函数所有分量在边界上为零的条件相当于二阶双曲型方程 (4.4) 中未知函数及其导数在边界上都为零的条件, 但对二阶双曲型方程初边值问题来说, 边界上仅给定一个 “函数值为零” 的 Dirichlet 条件是使初边值问题为适定的合适边界条件, 而其时对函数的导数无特别的限制. 所以, 对 (4.3) 而言, 在边界上给定未知函数所有分量显然是限制太严了, 怎样的边界条件给法才是合适的, 正是对称双曲组初边值问题理论中需要讨论的问题之一.

在边界 $(0,T)\times\partial\Omega$ 上, 记 $(\nu_1,\cdots,\nu_n)$ 为 Ω 的外法向, 并引入矩阵 $\beta=\sum_{i=1}^n \nu_i A_i$, 称为**法矩阵**.

定理 4.2 设 u 为对称双曲组 (4.3) 满足初边值条件 (4.13), (4.14) 的连续可微解. A_i 在 $\bar{Q}$ 上有一阶连续导数, B, M 分别在 $\bar{Q}$ 与 $[0,T]\times\partial\Omega$ 上连续, 边界条件 $Mu=0$ 为二次型 $u\cdot\beta u$ 的非负子空间, 那么成立能量不等式

$$\|u(h)\|^2 \leqslant C\left(\|u(0)\|^2+\int_0^h \|f(t)\|^2\,\mathrm{d}t\right). \tag{4.15}$$

证明 不妨设 $B-\dfrac{1}{2}\sum_{i=1}^n \dfrac{\partial A_i}{\partial x_i}$ 是一个正定阵. 因为不然的话, 我们可以如定理 4.1 的证明中所做的那样, 通过变换 $u=\mathrm{e}^{\mu t}\nu$ 来做到这一点.

若 u 为问题 (4.3), (4.13), (4.14) 的连续可微解, 在 (4.3) 两边乘以 $2u^{\mathrm{T}}$, 在 $Q_h=(0,h)\times\Omega$ 中进行积分, 可得

$$\begin{aligned}&\int_\Omega u^2\Big|_{t=h}\mathrm{d}x-\int_\Omega u^2\Big|_{t=0}\mathrm{d}x+\int_{(0,h)\times\partial\Omega} u\cdot\beta u\mathrm{d}S\\&+\int_{Q_h} 2u\cdot\left(B-\frac{1}{2}\sum_{i=1}^n\frac{\partial A_i}{\partial x_i}\right)u\mathrm{d}x\mathrm{d}t=\int_{Q_h}2u\cdot f\mathrm{d}x\mathrm{d}t,\end{aligned}$$

其中 $Q_h=(0,h)\times\Omega$, $\beta=\sum_{i=1}^n\nu_iA_i$. 由上式可得

$$\|u(h)\|^2\leqslant\|u(0)\|^2-\int_{(0,h)\times\partial\Omega}u\cdot\beta u\mathrm{d}S+\int_{Q_h}2u\cdot f\mathrm{d}x\mathrm{d}t.$$

由定理条件知, 当 $Mu=0$ 时成立 $u\cdot\beta u\geqslant 0$, 故有 $\|u(h)\|^2\leqslant\|u(0)\|^2+\int_0^h\int_\Omega 2u\cdot f\mathrm{d}x\mathrm{d}t$, 再利用 Gronwall 不等式可得 (4.15). 证毕

对于对称双曲组的初边值问题, 也可以导出其高阶能量不等式, 但由于区域 Ω 边界是弯曲的, 在推导高阶能量不等式时, 除了应用定理 4.1 证明中的技巧外, 还需要配合以局部化与边界展平等处理, 此处从略.

由能量不等式 (4.15) 立刻可以得到对称双曲组初边值问题 (4.3), (4.13), (4.14) 古典解的唯一性. 关于这样的初边值问题在较弱意义下解的唯一性与存在性, 将在 3.5 节讨论.

习 题

1. 完成对称双曲组 Cauchy 问题高阶能量不等式的证明.
2. 用解析逼近法证明对称双曲组 Cauchy 问题解的存在性.
3. 写出对称双曲组解的有限传播速度的性质.

4. 试将声学方程组

$$
\begin{aligned}
&\frac{\partial \rho}{\partial t}+\rho_0 \mathrm{div} v=0,\\
&\frac{\partial v}{\partial t}+\frac{f'(\rho_0)}{\rho_0}\mathrm{grad}\rho=0
\end{aligned}
\tag{4.16}
$$

写成一阶对称组, 并写出其特征方向、类空向曲面. 在 (4.16) 式中 ρ 为密度, v 为速度.

4.5 正对称方程组

本节中讨论比对称双曲组更为一般的一阶方程组, 称为正对称方程组. 它是 20 世纪中叶由 K. O. Friedrichs 与 P. D. Lax 等开始研究的一类方程组, 希望能借助双曲型方程的技巧处理更一般类型偏微分方程的边值问题. 以下仍限在实函数范围内进行讨论.

4.5.1 正对称算子

一般的一阶线性偏微分方程组形式为

$$
Lu \triangleq \sum_{i=1}^{n} A_i \frac{\partial u}{\partial x_i}+Bu=f, \tag{5.1}
$$

这里 A_i, B 为 $m\times m$ 矩阵, u, f 为含 m 个分量的向量, A_i 对称. 又令 $\alpha_i=\frac{1}{2}A_i$, $\gamma=B-\sum_{i=1}^{n}\frac{\partial \alpha_i}{\partial x_i}$, 可以将 (5.1) 写成

$$
Lu \equiv \sum_{i=1}^{n}\left(\alpha_i\frac{\partial u}{\partial x_i}+\frac{\partial}{\partial x_i}(\alpha_i u)\right)+\gamma u=f. \tag{5.2}
$$

如果 $\gamma+\gamma^{\mathrm{T}}$ 为正定阵 (其中 γ^{T} 为 γ 的转置), 则称 (5.1), (5.2) 为**正对称方程组**, 称算子 L 为**正对称算子**. 对称双曲组很容易通过一个未知函数的变换化成正对称方程组, 因此本节中的讨论一般都可适用于对称双曲组的情形. 由于很多非双曲型方程, 特别是相当大的一类混合型方程也可化到正对称组进行讨论, 因此对于正对称方程组的研究有其特别的意义.

例 5.1 对称双曲型方程组

$$
\frac{\partial u}{\partial t}+\sum_{i=1}^{n}A_i\frac{\partial u}{\partial x_i}+Bu=f
$$

可以通过变换 $u=\mathrm{e}^{\lambda t}v$ 化成如下的形式

$$
\frac{\partial v}{\partial t}+\sum_{i=1}^{n}A_i\frac{\partial v}{\partial x_i}+(B+\lambda I)v=f\mathrm{e}^{-\lambda t}. \tag{5.3}
$$

易见, 当 λ 充分大时, (5.3) 为正对称方程组.

例 5.2 考察方程

$$y\frac{\partial^2\varphi}{\partial x^2}+\frac{\partial^2\varphi}{\partial y^2}=f, \tag{5.4}$$

这是一个混合型方程, 它在上半平面为椭圆型, 在下半平面为双曲型. 今引入 $u_1=\dfrac{\partial\varphi}{\partial x}, u_2=\dfrac{\partial\varphi}{\partial y}$, 可得

$$\begin{pmatrix} y & 0 \\ 0 & -1 \end{pmatrix}\frac{\partial}{\partial x}\begin{pmatrix} u_1 \\ u_2 \end{pmatrix}+\begin{pmatrix} 0 & 1 \\ 1 & 0 \end{pmatrix}\frac{\partial}{\partial y}\begin{pmatrix} u_1 \\ u_2 \end{pmatrix}=\begin{pmatrix} f \\ 0 \end{pmatrix}.$$

为将它变换成正对称组, 在两边再乘以矩阵 $\begin{pmatrix} a & d \\ c & b \end{pmatrix}$, 得

$$\begin{pmatrix} ay & -d \\ cy & -b \end{pmatrix}\frac{\partial}{\partial x}\begin{pmatrix} u_1 \\ u_2 \end{pmatrix}+\begin{pmatrix} d & a \\ b & c \end{pmatrix}\frac{\partial}{\partial y}\begin{pmatrix} u_1 \\ u_2 \end{pmatrix}=\begin{pmatrix} af \\ cf \end{pmatrix}.$$

取 $a=b, d=-cy$, 得

$$\begin{pmatrix} by & cy \\ cy & -b \end{pmatrix}\frac{\partial}{\partial x}\begin{pmatrix} u_1 \\ u_2 \end{pmatrix}+\begin{pmatrix} -cy & b \\ b & c \end{pmatrix}\frac{\partial}{\partial y}\begin{pmatrix} u_1 \\ u_2 \end{pmatrix}=\begin{pmatrix} bf \\ cf \end{pmatrix}. \tag{5.5}$$

(5.5) 已是一个对称形式的方程组. 再适当选取系数 b, c, 将它化成为一个正对称组. 事实上, 令 $b=b_0$(常数), $c=c_0-\varepsilon y(\varepsilon>0)$, 则

$$\gamma+\gamma^{\mathrm{T}}=-\frac{\partial}{\partial x}\begin{pmatrix} by & cy \\ cy & -b \end{pmatrix}-\frac{\partial}{\partial y}\begin{pmatrix} -cy & b \\ b & c \end{pmatrix}=\begin{pmatrix} c_0-2\varepsilon y & 0 \\ 0 & \varepsilon \end{pmatrix}. \tag{5.6}$$

若在有界区域中讨论问题, 只要取 c_0 充分大, $\gamma+\gamma^{\mathrm{T}}$ 就是正定阵, 故此时 (5.5) 为正对称方程组.

回到对一般情形下正对称方程组的讨论. (5.2) 中的算子 L 的形式共轭算子为

$$L^*v=-\sum_{i=1}^{n}\left(\alpha_i\frac{\partial v}{\partial x_i}+\frac{\partial}{\partial x_i}(\alpha_i v)\right)+\gamma^{\mathrm{T}}v. \tag{5.7}$$

显然, 它仍然为正对称算子.

如果我们在空间 R^n 的某有界区域 Ω 中讨论方程 (5.2), 将 Ω 的边界记为 $\partial\Omega$, 那么首先要考虑的问题是在 $\partial\Omega$ 上应当给定怎样的边界条件, 它与 (5.2) 能够组成一个合适的边值问题. (5.2) 是一个一阶方程组, 所以它在边界 $\partial\Omega$ 上应满足的边界条件形式是

$$Mu=0\quad(\text{边界 }\partial\Omega\text{ 上}). \tag{5.8}$$

下面需要判定的是 (5.8) 中的矩阵 M 应该怎样选取.

设 $u, v \in C^0(\bar{\Omega}) \cap C^1(\Omega)$, 且 $Lu, L^*v \in L^2(\Omega)$, 则由 Green 公式得到

$$
\begin{aligned}
&(v, Lu)_\Omega - (u, L^*v)_\Omega \\
=& \int_\Omega \left[\left(\sum_{i=1}^n \alpha_i \frac{\partial u}{\partial x_i} + \sum_{i=1}^n \frac{\partial}{\partial x_i}(\alpha_i u) \right) + u \cdot \left(\sum_{i=1}^n \alpha_i \frac{\partial v}{\partial x_i} + \sum_{i=1}^n \frac{\partial}{\partial x_i}(\alpha_i v) \right) \right] \mathrm{d}x \\
=& 2 \int_\Omega \sum_{i=1}^n \frac{\partial}{\partial x_i}(v \cdot \alpha_i u) \mathrm{d}x = 2(v, \beta u)_{\partial\Omega},
\end{aligned}
$$

式中 $\beta = \sum_{i=1}^n v_i \alpha_i$ 称为**法矩阵**, 故当 $v = u$ 时可得

$$(u, Lu)_\Omega - (u, L^*u)_\Omega = 2(u, \beta u)_{\partial\Omega},$$

其中 $(,)_\Omega, (,)_{\partial\Omega}$ 分别表示在区域 Ω 与 $\partial\Omega$ 上的内积. 由此式可得

$$(u, Lu)_\Omega = \left(u, \frac{\gamma + \gamma^{\mathrm{T}}}{2} u \right)_\Omega + (u, \beta u)_{\partial\Omega}. \tag{5.9}$$

根据正对称方程组 “正性” 的假定, $\gamma + \gamma^{\mathrm{T}} > 0$, 所以存在常数 $C > 0$, 使

$$\left(u, \frac{\gamma + \gamma^{\mathrm{T}}}{2} u \right)_\Omega \geqslant C(u, u)_\Omega.$$

于是若 u 满足的边界条件能保证边界上 $(u, \beta u)_{\partial\Omega} \geqslant 0$, 则由 (5.9) 式即可得到

$$(u, Lu)_\Omega \geqslant C \|u\|^2.$$

又由于

$$|(u, Lu)_\Omega| \leqslant \|u\| \cdot \|Lu\|,$$

故成立

$$\|u\| \leqslant \frac{1}{C} \|Lu\|. \tag{5.10}$$

所以, 如果边界条件 $Mu = 0$ 能保证二次型 $u \cdot \beta u \geqslant 0$, 就有 (5.10) 式成立. 与对称双曲型方程组情形相仿, 我们称 (5.10) 为**能量不等式**.

由能量不等式立刻可以得到古典解的唯一性.

如 4.4 节讨论对称双曲组初边值问题时所做的那样, 将边界条件 $Mu = 0$ 视为在边界上 u 取值在一个线性子空间中, 记为 $u \in \pi$. 于是可以将 $Mu = 0$ 保证二次型 $u \cdot \beta u \geqslant 0$ 的条件称作 “π 为二次型 $u \cdot \beta u$ 的非负子空间”.

4.5.2　强解与弱解

在现代偏微分方程理论中, 除讨论偏微分方程 (组) 定解问题的古典解外, 还考虑各种广义意义下的广义解, 一般来说, 这些广义解都按本书中介绍的广义函数的意义满足方程. 它们的正则性通常比最一般的 $\mathscr{D}'(\Omega)$ 广义函数好, 在各种特定意义下满足定解条件, 从而在各类问题的研究中常被用到.

最常用到的广义解有强解与弱解, 以下以正对称方程组 (5.1) 取边界条件 (5.8) 的边值问题为例给出其定义.

定义 5.1　设函数 $u \in L^2(\Omega)$, 如果能找到一列函数 $\{u_\nu\}$, 使 $u_\nu \in C^1(\Omega) \cap C^0(\bar{\Omega})$, 满足条件 (5.8), 而且 $\|u_\nu - u\|_{L^2(\Omega)} \to 0, \|Lu_\nu - f\|_{L^2(\Omega)} \to 0$, 则称 u 为边值问题 (5.1), (5.8) 的**强解**.

还可以通过分部积分法引入弱解的定义, 其想法与引入广义函数的思想一致. 设 $v \in C^1(\bar{\Omega})$, u 是 (5.1), (5.8) 的古典解, 则成立

$$\int_\Omega v \cdot \left(\sum_{i=1}^n A_i \frac{\partial u}{\partial x_i} + Bu - f\right) \mathrm{d}x = 0,$$

$$\int_{\partial\Omega} v \cdot \beta u \mathrm{d}S + \int_\Omega \left[u \cdot \left(-\sum_{i=1}^n \frac{\partial}{\partial x_i}(A_i v) + B^{\mathrm{T}} v\right) - v \cdot f\right] \mathrm{d}x = 0,$$

若记 $L^* v = -\sum_{i=1}^n \dfrac{\partial}{\partial x_i}(A_i v) + B^{\mathrm{T}} v$, 则有

$$\int_{\partial\Omega} v \cdot \beta u \mathrm{d}S + \int_\Omega u \cdot L^* v \mathrm{d}x - \int_\Omega v \cdot f \mathrm{d}x = 0.$$

在边界 $\partial\Omega$ 上 $u \in \pi$, 故若又有 $v \in (\beta\pi)^{\mathrm{T}}$, 即 v 属于 $\beta\pi$ 在 R^m 中的正交补, 就必有 $v \cdot \beta u = 0$, 于是, 如果我们要求 v 满足条件 $v \in (\beta\pi)^\perp$, 就有

$$\int_\Omega u \cdot L^* v \mathrm{d}x = \int_\Omega v \cdot f \mathrm{d}x, \tag{5.11}$$

据此可以引入以下的概念.

定义 5.2　若函数 $u \in L^2(\Omega)$, 且对于满足条件 $v \in C^1(\Omega)$ 且在边界 $\partial\Omega$ 上 $v \in (\beta\pi)^\perp$ 的任意函数 v, 成立 (5.11) 式, 则称 u 为问题 (5.1), (5.8) 的**弱解**.

由前面所推导知, 古典解必为强解或弱解, 又若 u 为强解, 则由强解的定义可找到所需的序列 $\{u_\nu\}$, 利用导出 (5.8) 的相似的方法可得知

$$\int_\Omega u_\nu \cdot L^* v \mathrm{d}x = \int_\Omega \nu \cdot L u_\nu \mathrm{d}x \tag{5.12}$$

对于一切满足 $v|_{\partial\Omega} \in (\beta\pi)^\perp$ 的 $C^1(\bar{\Omega})$ 函数 v 成立. 令 $\nu \to \infty$, 即知 u 满足 (5.11) 式, 所以强解必为弱解.

从弱解所满足的等式 (5.11) 知, 若将弱解 u 视为 Ω 中的广义函数, 则它必按广义函数的意义满足方程 (5.1).

在定义边值问题的弱解过程中引入的 $C^1(\bar{\Omega})$ 函数 v 也称为**试验函数**, 相应的边值问题

$$L^*v = 0, \quad v|_{\partial\Omega} \in \pi^* = (\beta\pi)^{\perp}. \tag{5.13}$$

称为原边值问题 (5.1), (5.8) 的**共轭边值问题**.

4.5.3　强解的唯一性与弱解的存在性

以下讨论正对称方程组边值问题解的存在性, 其基本想法是利用对偶方法, 由共轭问题解的唯一性来导出原问题解的存在性, 这一想法也已用在第 3 章中证明二阶椭圆型方程 Dirichlet 问题解的存在性中.

首先我们再来分析一下边界条件 $Mu = 0$ 中的矩阵 M 该如何选取, 据能量不等式的推导可知, 它应当选取使二次型 $u \cdot \beta u$ 为非负. 但是, 仅有边界条件使 $u \cdot \beta u$ 非负这一条, 一般来说还不能推出边值问题解的存在性. 事实上, 假若一组使 $u \cdot \beta u$ 非负的边界条件就能得出边值问题解的存在性, 那么直接取 $u = 0$, 它也必使 $u \cdot \beta u$ 非负, 而在 4.4 节中已通过与二阶双曲型方程的对比可知, 要求 u 的所有分量均取 0 值这样的边界条件限制太严了. 于是我们希望边界条件在保证解的唯一性的前提下限制最少, 亦即希望 $Mu = 0$ 是最大的能使 $u \cdot \beta u \geqslant 0$ 成立的子空间. 这样的分析导致下面的定义.

定义 5.3　若 R^m 中的线性子空间 π 使二次型 $u \cdot \beta u$ 非负, 且 π 不能扩张为一个更大的子空间而仍使 $u \cdot \beta u$ 非负, 则称 π 为**最大非负子空间**.

例 5.3　若在边界某固定点

$$\beta = \begin{pmatrix} 1 & & \\ & -1 & \\ & & 0 \end{pmatrix},$$

则 $u \cdot \beta u = u_1^2 - u_2^2$, 于是条件 $u_2 = 0$ 使 $u \cdot \beta u = u_1^2 \geqslant 0$. 故 $u_2 = 0$ 为非负子空间, 包含 $u_2 = 0$ 的且使其为真子空间的线性空间即为全空间 R^3, 但在 R^3 上 $u \cdot \beta u$ 显然不能恒为非负, 故 $u_2 = 0$ 为最大非负子空间.

又平面 $u_1 = 2u_2$ 使 $u \cdot \beta u = 3u_2^2 \geqslant 0$, 故 $u_1 = 2u_2$ 也是非负子空间, 同样它也是最大非负的.

但子空间 $\ell : u_1 = 2u_2, u_2 = u_3$ 虽然也能使 $u \cdot \beta u \geqslant 0$, 但它仅为一维子空间, 它可以扩张为使 $u \cdot \beta u \geqslant 0$ 的 2 维子空间. 故 ℓ 不是最大非负子空间.

以下讨论二次型的最大非负子空间的性质, 并由此可导得边值问题 (5.1),(5.8) 的共轭问题的性质.

引理 5.1 若 π 为 $u\cdot\beta u$ 的最大非负子空间, 则 π 包含 β 的零空间 $N(\beta)$, 且 $\pi^*=(\beta\pi)^\perp$ 是二次型 $-v\cdot\beta v$ 的非负子空间.

证明 首先, 若 $w\in N(\beta), u\in\pi$, 由 $\beta w=0$ 知

$$(u+cw)\cdot\beta(u+cw)=u\cdot\beta u\geqslant 0.$$

故由 π 与 w 所张成的线性子空间也是 $u\cdot\beta u$ 的非负子空间, 从而由 π 的最大非负特性知, $w\in\pi$, 于是得到 $N(\beta)\subset\pi$.

今若 $(\beta\pi)^\perp$ 不是二次型 $-u\cdot\beta u$ 的非负子空间, 则有 $v\in(\beta\pi)^\perp$ 使 $-v\cdot\beta v<0$, 即 $v\cdot\beta v>0$. 这时 v 不可能再属于 π, 因为若 $v\in\pi$, 则 $\beta v\in\beta\pi$, 从而 $v\cdot\beta v$ 应为零, 这是与前面的 $v\cdot\beta v>0$ 相矛盾的.

将 v 与 π 一起张成的线性空间记为 $v\oplus\pi$, 其中任意元素 w 可以写成 $\lambda v+u(u\in\pi)$, 则

$$(\lambda v+u)\cdot\beta(\lambda v+u)=\lambda^2v\cdot\beta v+u\cdot\beta u\geqslant 0,$$

这又与 π 为 $u\cdot\beta u$ 的最大非负子空间的性质产生矛盾. 因此 $\pi^*=(\beta\pi)^\perp$ 必定是二次型 $-v\cdot\beta v$ 的非负子空间. 证毕

引理 5.2 若 π 为 $u\cdot\beta u$ 的最大非负子空间, 则经过正交变换 $u=Uv$ 以后, $(U^{-1}\beta U)v$ 的最大非负子空间.

证明 这一事实从几何的观点来看是很显然的, 它表示最大非负子空间的特性与坐标选取无关. 对此给一个分析证明也很容易, 因为当 $v\in U^{-1}\pi$ 时, $u=Uv\in\pi$, 它满足 $u\cdot\beta u\geqslant 0$. 所以

$$v\cdot(U^{-1}\beta U)v=(Uv)\cdot\beta(Uv)=u\cdot\beta u\geqslant 0.$$

证毕

根据引理 5.2 我们可以通过正交变换将 β 化成对角型, 再来考察 π 的特性, 由于 β 是对称阵, 故它恒可通过一个正交变换, 化成

$$\beta=\mathrm{diag}\{\lambda_1,\cdots,\lambda_r,\lambda_{r+1},\cdots,\lambda_{r+s},\lambda_{r+s+1},\cdots,\lambda_{r+s+p}\}.\tag{5.14}$$

其中 $r+s+p=m$, $\lambda_1,\cdots,\lambda_r>0$; $\lambda_{r+1}=\cdots=\lambda_{r+s}=0$; $\lambda_{r+s+1},\cdots,\lambda_{r+s+p}<0$. 下面我们就这种形式的 β 进行讨论.

引理 5.3 若 π 为 $u\cdot\beta u$ 的最大非负子空间, 则 π 的维数 $\dim\pi=r+s$.

证明 将 m 维空间的基向量记为 $e_1,\cdots,e_m$, 并设 β 已化成 (5.14) 的形式. 若 $\dim\pi>r+s$. 则 π 与 $\{e_{r+s+1},\cdots,e_{r+s+p}\}$ 所张成的子空间必有交集, 记此交集中的元素为 v, 则 $v\cdot\beta v<0$, 又 $v\in\pi$, 则 $v\cdot\beta v\geqslant 0$, 导出矛盾.

若 $\dim\pi<r+s$. 由引理 5.1 知 $N(\beta)\subset\pi$, 故可以将 π 表示成 $\pi=N(\beta)\oplus\pi_1$, $\dim\pi_1=\dim\pi-\dim(N(\beta))=\dim\pi-s<r$, 于是有

$$\dim(\beta\pi)=\dim(\beta\pi_1)<r.$$

$$\dim \pi^* = \dim(\beta\pi)^\perp > s + p.$$

所以 $\pi^* \cap \{e_1, \cdots, e_r\}$ 非空, 设 $w \in \pi^* \cap \{e_1, \cdots, e_r\}$, 则 $w \cdot \beta w > 0$, $w \cdot (-\beta) w < 0$. 由引理 5.1 知 π^* 为 $-\beta$ 的非负子空间, 所以这与 $w \in \pi^*$ 矛盾.

由此, 我们得到了 $\dim \pi = r + s$. 证毕

利用本引理也可得知, 若 π 为非负子空间, 且 $\dim \pi = r + s$, 那么 π 必为最大非负子空间. 于是, 我们可以建立以下的定理.

定理 5.1　若 π 为正对称算子 L 的最大非负子空间, 则 $\pi^* = (\beta\pi)^\perp$ 也是正对称算子 L^* 的最大非负子空间. 它们的维数分别等于 β 与 $-\beta$ 的非负特征根的个数.

证明　由引理 5.1 已知 π^* 为 L^* 的非负子空间, 今只要证它为最大的. 设 π^* 的维数为 α, 则由于 $N(\beta) = N(-\beta) \subset \pi^*$, 可将 π^* 表成 $\pi^* = \pi' \oplus N(\beta)$, 这里 π' 也是 π^* 的线性子空间. 记 $\dim N(\beta)$ 为 s, 则 $\dim \pi' = \alpha - s$, 于是

$$\dim \beta\pi^* = \dim \beta\pi' \leqslant \alpha - s,$$

$$\dim \pi = \dim(\beta\pi^*)^\perp \geqslant m - (\alpha - s),$$

但由引理 5.3 已知 $\dim \pi = r + s$, 所以

$$r + s \geqslant r + 2s + p - \alpha,$$

$$\alpha \geqslant s + p,$$

又在引理 5.3 的证明过程中已经指出 $\dim \pi^*$ 不可能大于 $s+p$. 故得 $\dim \pi^* = s+p$, 于是 π^* 是 L^* 的最大非负子空间. 证毕

对于在 Ω 上给定的正对称方程组 (5.1), 若在边界 $\partial\Omega$ 上任一点, 其边界条件 $Mu = 0$ 所对应的子空间 π 都是二次型 $u \cdot \beta u$ 的最大非负子空间, 则称此边界条件为**合格边界条件**, 相应的边值问题 (5.1), (5.8) 称为**合格边值问题**, 于是定理 5.1 可以叙述为: 正对称方程组合格边值问题的共轭问题也是合格边值问题.

定理 5.2　正对称型方程组合格边值问题 (5.1), (5.8) 的强解唯一, 且其弱解存在.

证明　首先, 设 u 为强解, 找出强解定义中的函数列 $\{u_\nu\}$, 对每个 u_ν, 成立 (5.10)

$$\|u_\nu\| \leqslant C \|Lu_\nu\|.$$

两边取极限即知 (5.10) 式对强解也成立. 于是从 $f = 0$ 即可推知 $\|u\| = 0$, 这就可导得强解的唯一性.

再证明弱解的存在性, 根据定理 5.1 知 π^* 为合格边界条件, 所以如果 $v \in C^1(\bar{\Omega})$, $v|_{\partial\Omega} \in \pi^*$ 时, 也成立共轭问题的能量不等式

$$\|v\| \leqslant C' \|L^* v\|. \tag{5.15}$$

所有满足条件 $v \in C^1(\bar{\Omega}), v|_{\partial\Omega} \in \pi^*$ 的 v 构成集合 B, 对于任意 $v \in B$ 作 L^*v, 于是可以构成集合 $\Sigma = \{L^*v\}$, Σ 显然是一个线性集合, 由 (5.15) 知 B 与 Σ 内的元素是一一对应的.

今在 Σ 上定义一个泛函 L_f, 使对 $w \in \Sigma$, 找到使 $L^*v = w$ 的 v, 并令

$$L_f w = (v, f),$$

由于

$$|L_f w| = |(v, f)| \leqslant \|v\| \cdot \|f\| \leqslant C\|w\| \cdot \|f\|.$$

所以对于固定的 $f, L_f w$ 为 Σ 上的一个线性有界泛函, 利用 Hanh-Banach 定理, 将它扩充到全空间 $L^2(\Omega)$, 并利用 Riesz 表现定理, 得

$$L_f w = (u, w),$$

所以有

$$(v, f) = (u, L^*v). \tag{5.16}$$

当 w 取遍 Σ 时, v 就取遍弱解定义中试验函数的集合, 从而知 u 就是所求之弱解. 证毕

4.5.4 强解与弱解的一致性

以下证明对称方程组合格边值问题强解与弱解的一致性. 这个结论与定理 5.2 相结合就可得到强解的存在性. 从强解的定义来看, 它更宜于视为古典解的近似. 因此得知强解的存在性将比仅仅知道弱解的存在性更有意义.

如第 3 章对椭圆型方程边值问题的讨论那样, 为证明所需的命题, 可先将问题作局部化处理. 即将整个区域 Ω 上的强弱解一致性问题化成一些局部区域上的问题, 并对包含原区域边界的一些区域作边界展平的处理, 然后对一些典型的区域中强弱解一致性问题分别给以证明.

由于本书中已多次介绍与应用过局部化与展平的技巧, 故此处不再重复, 而直接讨论几个典型区域的情形.

1. 内部区域强弱解的一致性

设 $\alpha(t)$ 为第 1 章中引入的 C_c^∞ 函数, $\operatorname{supp}\alpha(t) \subset [-1, 1]$, $\int_{-1}^{1} \alpha(t)\mathrm{d}t = 1$, 作 Ω_ε 为 Ω 中这 z 种点 x' 的全体, 使以 x' 为中心作出的多面体 $|x_i - x_i'| < \varepsilon (i = 1, \cdots, n)$ 全部落在 Ω 中, 当 $x' \in \Omega_\varepsilon$ 时, 记

$$j_\varepsilon(x', x) = \frac{1}{\varepsilon^n}\alpha\left(\frac{x_1' - x_1}{\varepsilon}\right) \cdots \alpha\left(\frac{x_n' - x_n}{\varepsilon}\right),$$

并将 $j_\varepsilon(x',x)$ 与单位阵的乘积 $j_\varepsilon(x',x)I$ 仍记为 $j_\varepsilon(x',x)$. 则算子 J_ε 定义为

$$J_\varepsilon u(x)=\int_\Omega j_\varepsilon(x',x)u(x)\mathrm{d}x=\langle j_\varepsilon(x',x),u(x)\rangle.$$

易证, 对任意的集合 $\Omega'\subset\subset\Omega$, 算子 J_ε 具有如下性质:

(i) ε 充分小时, $\Omega'\subset\Omega_\varepsilon$, $J_\varepsilon u\in C^\infty(\Omega')$;

(ii) ε 充分小时, $\|J_\varepsilon u\|_{L^2(\Omega')}\leqslant\|u\|_{L^2(\Omega)}$;

(iii) $\varepsilon\to 0$ 时, $\|J_\varepsilon u-u\|_{L^2(\Omega')}\to 0$.

引理 5.4　如果 u 是

$$Lu\equiv\sum_{i=1}^n A_i\frac{\partial u}{\partial x_i}+Bu=f \tag{5.17}$$

的弱解, u 的支集在 Ω 中, 则必能找到 $C_c^\infty(\Omega)$ 函数列 $\{u_\nu\}$, 使在任意的相对紧区域 $\Omega'\subset\subset\Omega$ 中, 成立

$$\|u_\nu-u\|_{L^2(\Omega')}\to 0,\quad \|Lu_\nu-f\|_{L^2(\Omega')}\to 0\quad(\nu\to\infty). \tag{5.18}$$

证明　作 $u_\varepsilon=J_\varepsilon u$, 则由 J_ε 的性质知 $\varepsilon\to 0$ 时成立 $\|u_\varepsilon-u\|_{L^2(\Omega')}\to 0$. 又由

$$\|Lu_\varepsilon-f\|\leqslant\|Lu_\varepsilon-J_\varepsilon f\|+\|J_\varepsilon f-f\|,$$

以及 $\|J_\varepsilon f-f\|\to 0$ 知道, 只要证明 $\|Lu_\varepsilon-J_\varepsilon f\|\to 0$, 即有 (5.18) 的第二式成立.

$$\begin{aligned}Lu_\varepsilon&=\left(\sum_{i=1}^n A_i(x')\frac{\partial}{\partial x_i'}+B(x')\right)\int_\Omega j_\varepsilon(x',x)u(x)\mathrm{d}x\\&=\int_\Omega\left(\sum_{i=1}^n A_i(x')\frac{\partial}{\partial x_i'}+B(x')\right)j_\varepsilon(x',x)u(x)\mathrm{d}x.\end{aligned}$$

又当 $x'\in\Omega'$, 且 ε 充分小时 $j_\varepsilon(x',x)$ 为 $C_c^\infty(\Omega)$ 函数, 它可以被取为弱解定义中试验函数的分量, 故

$$\begin{aligned}J_\varepsilon f&=(j_\varepsilon(x',x),f)=(L^*j_\varepsilon(x',x),u)\\&=\int_\Omega\left\{\left(-\sum_{i=1}^n\frac{\partial}{\partial x_i}A_i(x)+B(x)\right)j_\varepsilon(x',x)\right\}u(x)\mathrm{d}x.\end{aligned}$$

因此, 对于 $Lu=f$ 的弱解有

$$Lu_\varepsilon-J_\varepsilon f=\int_\Omega\left\{\left(\sum_{i=1}^n\frac{\partial}{\partial x_i}(A_i(x)-A_i(x'))+B(x')-B(x)\right)j_\varepsilon(x',x)\right\}u(x)\mathrm{d}x. \tag{5.19}$$

当 $u \in C^1$ 时, 利用分部积分, 有

$$
\begin{aligned}
Lu_\varepsilon - J_\varepsilon f = & \int_\Omega (B(x') - B(x)) j_\varepsilon(x', x) u(x) \mathrm{d}x \\
& - \int_\Omega \sum_{i=1}^n (A_i(x) - A_i(x')) j_\varepsilon(x', x) \frac{\partial u}{\partial x_i} \mathrm{d}x
\end{aligned}
$$

当 $\varepsilon \to 0$ 时 $\max(B(x') - B(x))$, $\max(A_i(x) - A_i(x'))$ 均趋于零, 故上式趋于零.

又在系数 $A_i(x)$ 具有一阶连续导数的假定下, (5.19) 右端是作用于 u 的一个 $L^2 \mapsto L^2$ 的线性有界算子, 事实上,

$$
\begin{aligned}
& \left(\sum_{i=1}^n \frac{\partial}{\partial x_i} (A_i(x) - A_i(x')) + B(x') - B(x) \right) j_\varepsilon(x', x) \\
= & \sum_{i=1}^n (A_i(x) - A_i(x')) \frac{\partial}{\partial x_i} j_\varepsilon(x', x) \\
& + \sum_{i=1}^n \frac{\partial A_i(x)}{\partial x_i} j_\varepsilon(x', x) + (B(x') - B(x)) j_\varepsilon(x', x).
\end{aligned}
$$

由于 $\dfrac{\partial}{\partial x_i} j_\varepsilon = O(\varepsilon^{-1}), A_i(x) - A_i(x') = O(\varepsilon)$ 故第一项有界, 而后两项的有界性是显然的, 于是记 (5.19) 右端为 $LJ_\varepsilon u - J_\varepsilon Lu = [L, J_\varepsilon]u$, 则对于任一 L^2 函数 u, 先找一个充分接近于它的 C^1 函数 v, 然后从

$$
\begin{aligned}
\|[L, J_\varepsilon]u\| & \leqslant \|[L, J_\varepsilon](u - v)\| + \|[L, J_\varepsilon]v\| \\
& \leqslant K \|u - v\| + \|[L, J_\varepsilon]v\|,
\end{aligned}
$$

即可推知 ε 充分小时, $\|[L, J_\varepsilon]u\|$ 也可任意小, 这样就得到 $[L, J_\varepsilon]u \to 0(L^2(\Omega'))$.

取 $\{\varepsilon_\nu\}$ 为任意趋于零的序列, 令 $u_\nu = u_{\varepsilon_\nu}$ 就得到定理所需要的序列.

2. 边界区域的强弱解一致性 (非特征情形)

对于邻接边界的局部区域, 可以通过展平边界的方法将该区域同胚映射到 $x_n \geqslant 0$ 中的一个有界区域, 且使原区域的边界映射到 $x_n = 0$ 上, 又通过未知函数变换, 将边界条件 $Mu = 0$ 化成 $u_1 = \cdots = u_p = 0$ 的形式. 于是, 在这个典型的边界区域中, 方程组与边界条件可写成

$$
\frac{\partial u}{\partial x_n} + \sum_{i=1}^{n-1} A_i \frac{\partial u}{\partial x_i} + Bu = f \quad (\text{在 } x_n > 0 \text{ 中}) \tag{5.20}
$$

$$
u_1 = \cdots = u_p = 0 \quad (\text{在 } x_n = 0 \text{ 中}). \tag{5.21}
$$

此时法矩阵 $\beta = A_n$ 为满秩矩阵, 故 (5.21) 所对应的共轭边界条件为

$$v_{p+1} = \cdots = v_m = 0 \quad (\text{在 } x_n = 0 \text{ 上}) \tag{5.22}$$

记

$$j_\varepsilon^+(x', x) = \frac{1}{\varepsilon^n}\alpha\left(\frac{x_1' - x_1}{\varepsilon}\right)\cdots\alpha\left(\frac{x_{n-1}' - x_{n-1}}{\varepsilon}\right)\alpha\left(\frac{x_n' - x_n + 2\varepsilon}{\varepsilon}\right),$$

$$j_\varepsilon^-(x', x) = \frac{1}{\varepsilon^n}\alpha\left(\frac{x_1' - x_1}{\varepsilon}\right)\cdots\alpha\left(\frac{x_{n-1}' - x_{n-1}}{\varepsilon}\right)\alpha\left(\frac{x_n' - x_n - 2\varepsilon}{\varepsilon}\right),$$

按下式定义算子 J_ε:

$$\begin{aligned} J_\varepsilon u(x') = (&\langle j_\varepsilon^-(x', x), u_1(x)\rangle, \cdots, \langle j_\varepsilon^-(x', x), u_p(x)\rangle, \langle j_\varepsilon^+(x', x), u_{p+1}(x)\rangle \\ &\cdots, \langle j_\varepsilon^+(x', x), u_m(x)\rangle), \end{aligned} \tag{5.23}$$

其中将 $u_i(x)$ 在 $x_n \leqslant 0$ 中作了零延拓. 考察函数组

$$(\underbrace{j_\varepsilon^-, \cdots, j_\varepsilon^-}_{p\text{个}}, \underbrace{j_\varepsilon^+, \cdots, j_\varepsilon^+}_{m-p\text{个}}) \tag{5.24}$$

在 $x_n' = 0$ 处的性质. 由 $\alpha(t)$ 的性质知, 仅当 $-\varepsilon < x_n' - x_n + 2\varepsilon < \varepsilon$ 时 $\alpha\left(\dfrac{x_n' - x_n + 2\varepsilon}{\varepsilon}\right) \neq 0$. 所以当 $x_n' \geqslant 0$ 时, $j_\varepsilon^+(x', x)$ 作为 x 的函数, 其支集在 $x_n \geqslant \varepsilon$ 中, 故满足条件 (5.22). 从而函数组 (5.24) 可以被取为弱解定义 5.2 中所要求的试验函数 v. 于是, 与对内部区域的讨论相仿, 可以证明, 当 u 为边界区域的弱解时 $u_\varepsilon = J_\varepsilon u$ 满足

$$\|u_\varepsilon - u\|_{L^2(\Omega')} \to 0, \quad \|Lu_\varepsilon - f\|_{L^2(\Omega')} \to 0 \quad (\varepsilon \to 0), \tag{5.25}$$

其中 Ω' 与 Ω 享有共同的边界 $x_n = 0$, 而 Ω' 的其余部分边界均含在 Ω 中. 又由 $j_\varepsilon^-(x', x)$ 的定义可知, 当 $x_n' = 0$ 时 $\operatorname{supp} j_\varepsilon^- \cap \{x_n \geqslant 0\} = \varnothing$, 故 $(u_\varepsilon)_1 = \cdots = (u_\varepsilon)_p = 0$, 从而 u 为所考察边界区域的强解.

3. 边界区域的强弱解一致性 (正则特征情形)

如果区域的边界为方程组的特征, 则在局部区域上方程组不可能化成 (5.20) 的形式, 此时, 我们一般要求边界法矩阵 β 能保持常秩数而连续可微地延拓到边界 $\partial\Omega$ 的邻域中. 更确切地说, 我们要求对边界 $\partial\Omega$ 的任意点, 均存在一个局部的坐标变换, 将 $\partial\Omega$ 局部地展平为 $y_n = 0$, 而且使 $\dfrac{\partial}{\partial y_n}$ 前的系数阵保持常秩, 则称这样的边界为正则特征边界. 当 $\partial\Omega$ 为非特征边界时, 由于 $\det\beta \neq 0$, 这一点总是可以做到的. 但当 $\partial\Omega$ 为特征边界时, 这是一个附加要求, 我们称满足此要求的特征边界为**正则特征边界**.

对于具正则特征边界的边界区域, 不妨设在整个边界区域中 β 保持常秩数, 于是 β 的零空间 $N(\beta)$ 维数不变, 由于 $N(\beta)\subset\pi$, 则通过一个未知函数的变换可以将该零空间 $N(\beta)$ 写成

$$u_1=\cdots=u_p=u_{p+1}=\cdots=u_{p+s}=0. \tag{5.26}$$

而 π 为 $u_1=\cdots=u_p=0$. 于是, 记 $\tilde{u}=(u_1,\cdots,u_{p+s},0,\cdots,0)$, 在这个边界区域中方程组与边界条件可写成

$$\frac{\partial\tilde{u}}{\partial x_n}+\sum_{i=1}^{n-1}A_i\frac{\partial u}{\partial x_i}+Bu=f, \tag{5.27}$$

$$u_1=\cdots=u_p=0\quad(x_n=0). \tag{5.28}$$

此时, (5.26) 所对应的共轭边界条件为

$$v_{p+1}=\cdots=v_{p+s}=0\quad(x_n=0).$$

按 (5.23) 定义 $J_\varepsilon u$, 同样可以证明, 当 u 为问题 (5.27), (5.28) 的弱解时, $u_\varepsilon=J_\varepsilon u$ 为强解定义中所需要的函数列. 所以 u 也是强解.

4. 边界有角点情形

区域边界有奇点的情形很普遍, 例如考虑对称双曲组的初边值问题, 就必须考虑区域边界奇点的情形, 在 $n>2$ 的高维空间中, $n-1$ 维曲面的奇点可能是很复杂的, 我们在此只考察如下的情形, 在奇点的某邻域中可以把边界分别表示成两个横截相交的光滑曲面 $F=0,G=0$, 而在该邻域中的奇点全体正是这两个 $n-1$ 维曲面相交成的 $n-2$ 维流形. 于是可以通过适当的自变量变换, 将奇点附近的局部区域映射到 $\frac{1}{4}$ 球中, 而两个边界面 $F=0,G=0$ 分别映射为该 $\frac{1}{4}$ 球的两个平面. 以后称边界上这种奇点为**角点**.

为得到在含角点区域中正对称方程组合格边值问题解的存在性, 在角点附近我们还要求角点一侧边界 (例如 $F=0$) 为非特征边界或正则特征边界, 另一侧边界 (例如 $G=0$) 上满足条件 $\beta\geqslant 0$(称为情形 I), 或 $\beta\leqslant 0$(称为情形 II). 这样的角点称为**良性角点**. 下面将证明在边界上仅出现良性角点的区域中, 对于正对称型方程组的合格边值问题来说, 强弱解一致性仍成立.

对良性角点附近的局部区域作坐标变换, 将 $F=0$ 变到 $x_n=0$, 并将 $G=0$ 变到 $x_1=0$. 所考虑的解的定义区域在 $x_n\leqslant 0,x_1\leqslant 0$ 的范围中, 利用自变数变换, 未知函数变换与方程的组合, 可以将原方程组 $Lu=f$ 化为

$$\frac{\partial\tilde{u}}{\partial x_n}+\sum_{i=1}^{n-1}A_i\frac{\partial u}{\partial x_i}+Bu=f, \tag{5.29}$$

其中 $\tilde{u}=(u_1,\cdots,u_{p+s},0,\cdots,0)$. 在 $x_n=0$ 上的边界条件为

$$u_1=\cdots=u_p=0\quad(x_n=0). \tag{5.30}$$

在 $x_1=0$ 上的边界条件为

$$\begin{aligned}&\text{情形 I：无条件} && \text{在 } x_1=0 \text{ 上},\\ &\text{情形 II：} u_1=\cdots=u_m=0 && \text{在 } x_1=0 \text{ 上}.\end{aligned} \tag{5.31}$$

在情形 I 时 (5.29) 式中 A_1 为正定阵, 在情形 II 时 A_1 为负定阵, 在 $x_1=0$ 边界上, 情形 I 时的共轭边界条件为 $v_1=\cdots=v_m=0$, 情形 II 时的共轭边界条件为无条件.

为证强弱解的一致性, 只要将 (5.23) 中定义的磨光算子作些修正, 就可以通过同样的运算过程获得所需的结论. 在情形 I 时, 定义

$$j_\varepsilon^+(x',x)=\frac{1}{\varepsilon^n}\alpha\left(\frac{x_1'-x_1-2\varepsilon}{\varepsilon}\right)\cdots\alpha\left(\frac{x_{n-1}'-x_{n-1}}{\varepsilon}\right)\alpha\left(\frac{x_n'-x_n+2\varepsilon}{\varepsilon}\right),$$

$$j_\varepsilon^-(x',x)=\frac{1}{\varepsilon^n}\alpha\left(\frac{x_1'-x_1-2\varepsilon}{\varepsilon}\right)\cdots\alpha\left(\frac{x_{n-1}'-x_{n-1}}{\varepsilon}\right)\alpha\left(\frac{x_n'-x_n-2\varepsilon}{\varepsilon}\right),$$

则在 $x_1'\leqslant 0$ 时, 作为 x 的函数 $j_\varepsilon^\pm(x',x)$ 的支集在 $x_1\leqslant-\varepsilon$ 中, 所以 $j_\varepsilon^\pm(x',x)$ 可以作为试验函数 (它满足在边界 $x_1=0$ 上的共轭边界条件 $v_1=\cdots=v_m=0$ 的要求).

而在情形 II 时, 定义

$$j_\varepsilon^+(x',x)=\frac{1}{\varepsilon^n}\alpha\left(\frac{x_1'-x_1+2\varepsilon}{\varepsilon}\right)\cdots\alpha\left(\frac{x_{n-1}'-x_{n-1}}{\varepsilon}\right)\alpha\left(\frac{x_n'-x_n+2\varepsilon}{\varepsilon}\right),$$

$$j_\varepsilon^-(x',x)=\frac{1}{\varepsilon^n}\alpha\left(\frac{x_1'-x_1+2\varepsilon}{\varepsilon}\right)\cdots\alpha\left(\frac{x_{n-1}'-x_{n-1}}{\varepsilon}\right)\alpha\left(\frac{x_n'-x_n-2\varepsilon}{\varepsilon}\right).$$

由于此时共轭边界条件为无条件, 故 $j_\varepsilon^\pm(x',x)$ 作为试验函数没有问题. 在将 u 往 $x_1\geqslant 0$ 区域做零延拓的约定下, $J_\varepsilon u$ 满足边界条件 (5.31). 故整个证明完全可按边界无角点的情形 (见 (2) 或 (3)) 的步骤进行.

综合以上的讨论, 可以得到这样的结论.

定理 5.3　在有界区域 Ω 中给定正对称型方程组的合格边值问题:

$$\begin{cases}\displaystyle\sum_{i=1}^n A_i\frac{\partial u}{\partial x_i}+Bu=f,\\ Mu\,|_{\partial\Omega}=0.\end{cases} \tag{5.32}$$

如果系数 $A_i\in C^1(\bar{\Omega}), B\in C^0(\bar{\Omega}), f\in L^2(\Omega)$; 区域 Ω 的边界 $\partial\Omega$ 除有限个 $n-2$ 维流形外均为 C^2 光滑, M 为边界上 C^2 函数; 边界 $\partial\Omega$ 为方程组的非特征边界或

正则特征边界, $\partial\Omega$ 上的奇点均为良性角点, 那么这个合格边值问题的强解是存在且唯一的.

注 在定理 5.3 中对方程组与边界条件中出现的系数矩阵所提出的条件是充分条件, 由于在前面各种情况的证明过程中引入了一系列自变数变换与未知函数变换, 从而提高了对系数的要求, 在一些特定的问题中, 系数正则性的要求可以降低.

将定理 5.3 应用于对称双曲组, 可以得到如下定理.

定理 5.4 在区域 $(0,T)\times\Omega$ 上考察对称双曲组的初边值问题

$$\begin{gathered}\frac{\partial u}{\partial t}+\sum_{i=1}^{n}A_i\frac{\partial u}{\partial x_i}+Bu=f,\\ u|_{t=0}=0,\\ Mu\,\big|_{(0,T)\times\partial\Omega}=0.\end{gathered}\tag{5.33}$$

如果边界 $\partial\Omega$ 与系数满足定理 5.3 所要求的光滑性条件, 且在 $(0,T)\times\partial\Omega$ 上, $Mu=0$ 为 $u\cdot\beta u$ 的最大非负子空间 ($\beta=\sum_{i=1}^{n}v_iA_i$), 则初边值问题 (5.33) 的强解存在唯一.

证明 首先我们可以作变换 $u=\mathrm{e}^{\lambda t}v$, 将方程变为

$$\frac{\partial v}{\partial t}+\sum_{i=1}^{n}A_i\frac{\partial v}{\partial x_i}+(B+\lambda I)v=f\mathrm{e}^{-\lambda t}.$$

将 $t=0,t=T$ 以及 $(0,T)\times\partial\Omega$ 都看成边界, 边界条件为

$$v|_{t=0}=0,\quad Mv\,\big|_{(0,T)\times\partial\Omega}=0.$$

于是 λ 充分大时方程为正对称组, 这时对于边界 $t=0$ 与 $t=T$ 来说, β 矩阵分别为 $-I$ 或 I. 因此在 $t=0$ 上最大非负子空间为零维的, 而在 $t=T$ 上最大非负子空间为全空间. 于是按合格边界条件的要求在 $t=0$ 上边界条件要给成所有 $u=0$, 在 $t=T$ 上不给边界条件, 它正与 (5.29) 中所述的一致. 此外, 由于 $\{0\}\times\partial\Omega$ 与 $\{T\}\times\partial\Omega$ 为区域的角点, 直接验证可知其均为良性角点, 所以初边值问题 (5.29) 满足定理 5.3 的一切条件. 所以知它的强解存在唯一. 证毕

关于正对称方程组还可以研究其边值问题具有更高正则性的解, 如可微分解 (属于 H^s 空间的解) 与古典解等, 读者可参阅文献 [15], [21] 等.

习 题

1. 证明在可逆自变数变换与未知函数变换下, 正对称方程组合格边值问题的强解变为强解, 弱解变为弱解.

2. 设 u_ν 是 $Lu_\nu=f_\nu, Mu_\nu|_{\partial\Omega}=0$ 的强解, 并且 $\nu\to\infty$ 时 $\|u_\nu-u\|\to 0, \|f_\nu-f\|\to 0$, 证明 u 是方程 $Lu=f$ 具边界条件 $Mu|_{\partial\Omega}=0$ 的强解.

3. 设区域 Ω 的边界为 C^1 光滑, $u \in C^1(\bar{\Omega})$ 是问题 $Lu = f$, $Mu|_{\partial\Omega} = 0$ 的弱解, 边界条件是合格边界条件, 则 u 也是古典解.

4. 设对于一阶方程组的边值问题 $Lu = f$, $Mu|_{\partial\Omega} = 0$ 成立能量不等式, 且边界条件是合格边界条件, 则强解存在性等价于共轭问题的弱解唯一性.

5. 对于两个自变量对称双曲组的初边值问题, 试阐明合格边界条件中包含线性独立方程的个数与由边界点发出的特征线数之关系.

6. 设正对称组在边界某点的 β 阵为 $\begin{pmatrix} a & b & \cdots & b \\ b & & & \\ \vdots & & 0 & \\ b & & & \end{pmatrix}$, 试就 a, b 的各种情形写出 $u\cdot\beta u$ 的最大非负子空间.

7. 判断 $y = 0$ 是否为下列算子的正则特征:

$$L = \begin{pmatrix} y & & & \\ & \ddots & & \\ & & \ddots & \\ & & & y \end{pmatrix} \frac{\partial}{\partial y} + \sum_{i=1}^{n-1} A_i \frac{\partial}{\partial x_i}.$$

8. 详细说明当正对称方程组合格边值问题的边界为非特征边界或正则特征边界时, 在边界附近该边值问题可化成 (5.20), (5.21) 或 (5.27), (5.28) 的形式.

第 5 章　抛物型方程与算子半群方法

本章讨论抛物型方程. 抛物型方程通常用于描述扩散、迁移、传导等自然现象. 在二阶偏微分方程的分类中, 它是椭圆型方程、双曲型方程之外一类重要的方程. 在偏微分方程的经典理论中, 抛物型方程与椭圆型方程有许多相似之处, 例如有极值原理等重要性质以及由此发展出的研究方法. 另一方面, 抛物型方程属于发展型方程, 在其诸自变量中有一个时间变量, 它与其他变量 (空间变量) 的作用与性质不同. 作为发展型方程, 抛物型方程与双曲型方程也有许多共同点, 在研究方法上也有许多相通之处. 第 4 章中介绍的能量积分法、Galerkin 方法对抛物型方程也能应用. 又在本章中我们还将介绍算子半群方法, 它也能适用于对双曲型方程的研究.

5.1　抛物型方程及其能量不等式

5.1.1　抛物型方程的定解问题

二阶线性抛物型方程的一般形式为

$$\frac{\partial u}{\partial t}-\left(\sum_{i,j=1}^{n}\frac{\partial}{\partial x_i}\left(a_{ij}(t,x)\frac{\partial u}{\partial x_j}\right)+\sum_{i=1}^{n}b_i(t,x)\frac{\partial u}{\partial x_i}+c(t,x)u\right)=f(t,x),\qquad(1.1)$$

其中 $(a_{ij}(t,x))_{i,j=1,\cdots,n}$ 为正定矩阵, 对某个常数 $\alpha>0$ 满足

$$\sum_{i,j=1}^{n}a_{ij}\xi_i\xi_j\geqslant\alpha|\xi|^2,\quad\forall\xi\in R^n,\qquad(1.2)$$

(1.1) 式左边的系数一般都假定所考虑区域中为 C^∞ 函数. 易见, 方程 (1.1) 是热传导方程的自然推广.

与双曲型方程相仿, 对于抛物型方程一般也讨论两类定解问题, 一类是**初值问题 (Cauchy 问题)**: 即在 $t=0$ 平面上提出初始条件

$$u=\varphi(x),\quad t=0.\qquad(1.3)$$

寻求在 $t>0$ 半空间中满足方程 (1.1), 在 $t=0$ 平面上满足条件 (1.3) 的解; 另一类**初边值问题**; 在空间 R^n 中给定一个区域 Ω, 一般要求它是有界的, 且具有光滑边界, 给出如下初始条件与边界条件

$$u=\varphi(x),\quad t=0,\quad x\in\Omega.\qquad(1.4)$$

$$u=0,\quad t>0,\quad x\in\partial\Omega. \tag{1.5}$$

寻求在 $t>0$ 半空间中满足方程 (1.1), 在 $t=0$ 平面上满足 (1.4), 在边界 $\{t>0\}\times\partial\Omega$ 上满足边界条件 (1.5) 的解, 问题 (1.1), (1.4), (1.5) 称为 Dirichlet 型的初边值问题. 当 (1.5) 改为 Neumann 条件或第三边值条件时, 也可以得到其他类型的初边值问题, 此外, 根据问题需要, (1.5) 也可以改为非齐次的边界条件, 在本章中我们着重研究抛物型方程的初边值问题. 请读者特别注意, 对于二阶抛物型方程的初值问题与初边值问题, 其初始条件仅有一个, 即给定未知函数 u 的值, 这与双曲型方程的情形不同.

5.1.2 能量不等式

对于抛物型方程, 先验估计仍然是一个十分重要的方法, 而且我们仍习惯地将最基本的先验估计式称为能量不等式.

设 Ω 为有界区域, 记 $Q_t=(0,t)\times\Omega, E(t)=\int_\Omega u^2(t,x)\mathrm{d}x$, 则有如下定理.

定理 1.1　设方程组 (1.1) 的系数为 $C^\infty(\Omega)$ 函数, 满足条件 (1.2). 若 $u\in C^\infty$ 是问题 (1.1), (1.4), (1.5) 的解, 且 $f\in L^2(Q_T)$, 则对一切 $t\leqslant T$, 成立能量不等式

$$E(t)\leqslant C\left(E(0)+\int_0^t\int_\Omega f^2\mathrm{d}x\mathrm{d}t\right). \tag{1.6}$$

证明　在 (1.1) 式两边乘以 $2u$, 并在 Ω 上关于 x 积分, 得到

$$\int_\Omega 2u\left(u_t-\sum_{i,j=1}^n(a_{ij}u_{x_j})_{x_i}-\sum_{i=1}^n b_iu_{x_i}-cu\right)\mathrm{d}x=\int_\Omega 2uf\mathrm{d}x,$$

上式左边第一项 $\int_\Omega 2uu_t\mathrm{d}x$ 可以写成 $\dfrac{\mathrm{d}E}{\mathrm{d}t}$, 第二项利用分部积分有

$$-\int_\Omega 2u\sum_{i,j=1}^n(a_{ij}u_{x_j})_{x_i}\mathrm{d}x=2\int_\Omega\sum_{i,j=1}^n a_{ij}u_{x_j}u_{x_i}\mathrm{d}x\geqslant 2\alpha\int_\Omega\sum_{i=1}^n u_{x_i}^2\mathrm{d}x.$$

又利用 Schwarz 不等式可得

$$\begin{aligned}\left|\int_\Omega 2u\left(\sum_{i=1}^n b_iu_{x_i}+cu\right)\mathrm{d}x\right|&\leqslant C\int_\Omega|u|\cdot\left(\sum_{i=1}^n|u_{x_i}|+|u|\right)\mathrm{d}x\\&\leqslant\alpha\int_\Omega\sum_{i=1}^n u_{x_i}^2\mathrm{d}x+C_1\int_\Omega u^2\mathrm{d}x,\end{aligned}$$

$$\left|\int_\Omega 2uf\mathrm{d}x\right|\leqslant\int_\Omega u^2\mathrm{d}x+\int_\Omega f^2\mathrm{d}x.$$

于是, 有

$$E'(t)+\alpha\int_{\Omega}\sum_{i=1}^{n}u_{x_i}^2\mathrm{d}x\leqslant C_2E(t)+\int_{\Omega}f^2\mathrm{d}x. \tag{1.7}$$

由于 $\alpha>0$, 故

$$E'(t)\leqslant C_2E(t)+\int_{\Omega}f^2\mathrm{d}x,$$

将不等式关于 t 积分, 得

$$E(t)\leqslant E(0)+C_2\int_0^tE(\tau)\mathrm{d}\tau+\int_0^t\int_{\Omega}f^2\mathrm{d}x\mathrm{d}t.$$

由 Gronwall 不等式即得 (1.6) 式. 证毕

注 将 (1.6) 式代入 (1.7) 右边, 我们实际上可以得到比 (1.6) 更强的不等式:

$$E(t)+\alpha\int_{Q_t}\sum_{i=1}^{n}u_{x_i}^2\mathrm{d}x\mathrm{d}t\leqslant C\left(E(0)+\int_{Q_t}f^2\mathrm{d}x\mathrm{d}t\right), \tag{1.8}$$

它在以后将被用到.

5.1.3 用 Galerkin 方法解初边值问题

与双曲型方程的情形一样, 可以用 Galerkin 方法解抛物型方程在区域 $Q_T=[0,T]\times\Omega$ 上的初边值问题 (1.1), (1.4), (1.5).

定理 1.2 设 $\varphi\in H_0^1(\Omega), f\in L^2(Q_T)$, 则存在唯一的函数 $u\in C([0,T],L^2(\Omega))\cap L^2([0,T],H_0^1(\Omega))$ 满足方程 (1.1) 与初始条件 (1.4).

证明 与第 4 章定理 3.1 相仿, 我们分几步进行证明. 先利用 $H_0^1(\Omega)$ 的正交基将 $H_0^1(\Omega)$ 用有限维空间近似地代替, 从而将原初边值问题化为常微分方程组的问题. 再证明所得到的近似解收敛于原初边值问题的解, 并满足定理结论中的要求.

取函数列 $\{w_k\}_{k=1,2,\cdots}$ 为 $H_0^1(\Omega)$ 的一组正交基, 且使 $\{w_k\}$ 在 $L^2(\Omega)$ 中形成一个完备的标准正交系. 于是, 可以选取适当的函数 φ^k, 使

$$\varphi_\nu=\sum_{k=1}^{\nu}\varphi^kw_k \tag{1.9}$$

在 $H_0^1(\Omega)$ 中收敛于 $\varphi(x)$. 设想

$$u_\nu(t)=\sum_{k=1}^{\nu}u_\nu^k(t)w_k$$

为初边值问题的近似解, 我们构造 $u_\nu^k(t)(k=1,\cdots,v)$ 满足的常微分方程组. 将 (1.1) 式中的 $u(t)$ 改为 $u_\nu(t)$, 两边乘以 w_k 并在 Ω 中积分, 得到

$$(u_\nu^k)_t'+a\left(t;\sum_{j=1}^{v}u_\nu^jw_j,w_k\right)=(f,w_k),\quad 1\leqslant k\leqslant\nu. \tag{1.10}$$

其中 $a(t;v_1,v_2)$ 为双线性形式:

$$a(t;v_1,v_2)=\int_\Omega\left(\sum_{i,j=1}^n a_{ij}(t,x)\frac{\partial v_1}{\partial x_i}\frac{\partial v_2}{\partial x_j}-\sum_{i=1}^n b_i(t,x)\frac{\partial v_1}{\partial x_i}v_2-c(t,x)v_1v_2\right)\mathrm{d}x.$$

上式右边也被简记为

$$-\left(M\left(t,x,\frac{\partial}{\partial x}\right)v_1,v_2\right).$$

利用条件 (1.4) 可得到 $u_\nu^k(t)(k=1,\cdots,v)$ 应当满足初始条件

$$u_\nu^k(0)=\varphi^k. \tag{1.11}$$

于是, (1.10), (1.11) 构成一个以 $u_\nu^k(t)(k=1,\cdots,v)$ 为未知函数的常微分方程组的初始值问题. 在求得该初值问题的解以后, 作

$$u_\nu(t)=\sum_{k=1}^\nu u_\nu^k(t)w_k, \tag{1.12}$$

它就是问题 (1.1), (1.4), (1.5) 的近似解.

现在来证明 $u_\nu(t)$ 收敛于问题 (1.1),(1.4),(1.5) 的解. 由于 $\{w_k\}$ 是 $L^2(\Omega)$ 中标准正交系, 有 $u_\nu^k=(u_\nu,w_k)$, 故可以将 (1.10) 改写为

$$((u_\nu)'_t,w_k)-\left(M\left(t,x,\frac{\partial}{\partial x}\right)u_\nu,w_k\right)=(f,w_k), \tag{1.13}$$

再将 (1.13) 乘以 u_ν^k, 并关于 k 相加, 得

$$(u_\nu',u_\nu)-\left(M\left(t,x,\frac{\partial}{\partial x}\right)u_\nu,u_\nu\right)=(f,u_\nu). \tag{1.14}$$

于是, 如定理 1.1 的证明中所做的那样, 可得能量不等式

$$\|u_\nu(t)\|^2_{L^2(\Omega)}+\alpha\int_{Q_t}|\nabla_x u_\nu|^2\mathrm{d}x\mathrm{d}t\leqslant C\left(\|\varphi_\nu\|^2_{L^2(\Omega)}+\int_{Q_t}f^2\mathrm{d}x\mathrm{d}t\right). \tag{1.15}$$

(1.15) 式说明, u_ν 在空间 $L^2([0,T],H_0^1(\Omega))$ 与 $L^\infty([0,T],L^2(\Omega))$ 中形成一个有界序列, 从而可以选取出子序列, 不妨仍记它为 u_ν, 使它在 $L^2([0,T],H_0^1(\Omega))$ 中弱收敛于 u.

与第 4 章定理 3.1 的证明相仿, 由 u_ν 在空间 $L^\infty([0,T],L^2(\Omega))$ 中有界可以得到, 当 $p\in(1,\infty)$ 时

$$\left(\int\|u_\nu(t)\|^p_{L^2(\Omega)}\mathrm{d}t\right)^{1/p}\leqslant C,$$

其中 C 与 p,ν 无关. 进一步利用第 4 章的引理 3.1 可知 $u\in L^\infty([0,T],L^2(\Omega))$, 且其相应的范数也被常数 C 控制.

由 (1.13) 知 u 按分布意义满足

$$\left(u_t'-\left(M\left(t,x,\frac{\partial}{\partial x}\right)u,w_k\right)\right)=(f,w_k),$$

其中记号 (,) 在第一个元素属于 $H^{-1}(\Omega)$ 中而第二个元素属于 $H_0^1(\Omega)$ 时应理解为 $H^{-1}(\Omega)$ 元素与 $H_0^1(\Omega)$ 元素的对偶积. 由 $\{w_k\}$ 在 $L^2(\Omega)$ 中的稠密, 即知 u 按分布意义满足 (1.1).

由方程 (1.1) 知,$u_t\in L^2([0,T],H^{-1}(\Omega))$ 于是 $u(0)$ 有确定的意义, 记 $v_\nu=u_\nu-u$, 对于任意的 $\varphi\in C_c^\infty(\Omega)$ 成立

$$(v_\nu(0),\varphi)=(v_\nu(t),\varphi)-\int_0^t(v_\nu'(\tau),\varphi)\mathrm{d}\tau=(v_\nu(t),\varphi)-\int_0^t(Mv_\nu,\varphi)\mathrm{d}\tau. \tag{1.16}$$

在 [0, T] 上积分, 可得

$$T(v_\nu(0),\varphi)=\int_0^T(v_\nu(t),\varphi)\mathrm{d}t-\int_0^T\int_0^t(Mv_\nu,\varphi)\mathrm{d}\tau\mathrm{d}t. \tag{1.17}$$

与第 4 章定理 3.1 的证明相仿, 由 v_ν 在 $L^2([0,T],H_0^1(\Omega))$ 中弱收敛于零可知在 (1.17) 右端第一项 $\int_0^T(v_\nu(t),\varphi)\mathrm{d}t\to 0$, 以及该式右端第二项中对一切 $t\in[0,T]$ 有 $\int_0^t(Mv_\nu,\varphi)\mathrm{d}\tau\to 0$, 且 $\int_0^t(Mv_\nu,\varphi)\mathrm{d}\tau$ 作为 t 的函数在 $(0,T)$ 上 L^2 模有界, 从而 $v_\nu(0)$ 收敛于零. 它说明 $u_\nu(0)$ 弱收敛于 $u(0)$. 另一方面, $u_\nu(0)\to\varphi(x)$ 在 $L^2(\Omega)$ 中成立, 所以 u 满足条件 (1.4).

由定理 1.1, 解的唯一性是明显的.

最后我们说明 $u\in C([0,T],L^2(\Omega))$, 这一事实可以从 $u\in L^2([0,T],H_0^1(\Omega))$ 与 $u_t\in L^2([0,T],H^{-1}(\Omega))$ 利用函数空间的插值定理所得到, 这里我们给出一个初等的证明. 事实上, 记空间 $W=\{u;u\in L^2([0,T],H_0^1(\Omega)),u_t\in L^2([0,T],H^{-1}(\Omega))\}$, 且

$$\|u\|_W^2=\|u\|_{L^2([0,T],H_0^1(\Omega))}^2+\|u_t\|_{L^2([0,T],H^{-1}(\Omega))}^2,$$

则 $C_c^\infty([0,T],H_0^1(\Omega))$ 在 W 中稠密. 而当 v 为 $C_c^\infty([0,T],H_0^1(\Omega))$ 中的元素时,

$$\frac{\mathrm{d}}{\mathrm{d}t}(v,v)_{L^2(\Omega)}=2(v,v_t)_{L^2(\Omega)},$$

两边积分可得

$$\|v\|_{C([0,T],L^2(\Omega))}\leqslant C\|v\|_W.$$

所以利用逼近法可知 $v \in W$ 时上式仍成立. 因此有 $W \subset C([0,T], L^2(\Omega))$. 故由 Galerkin 方法得到的解 $u \in C([0,T], L^2(\Omega))$. 证毕

习　题

1. 试推导二阶抛物型方程取第二或第三边界条件的初边值问题的能量不等式.
2. 试写出二阶抛物型方程取 Dirichlet 边界条件的初边值问题的高阶能量不等式.
3. 若方程 (1.1) 右端项 $f(t,x)$ 仅为 $L^1([0,T], L^2(\Omega))$ 函数, 能否建立相应的能量不等式?
4. 若 u 是问题

$$\begin{cases} u_t - \Delta u = 0 & \text{在}(0,\infty)\times\Omega\text{中}, \\ u = 0 & \text{在}(0,\infty)\times\partial\Omega\text{上}, \\ u = g & \text{在}\{t=0\}\times\Omega\text{上} \end{cases}$$

的可微解, 证明它满足估计

$$\|u(\cdot,t)\|_{L^2(\Omega)} \leqslant \mathrm{e}^{-\lambda_1 t}\|g\|_{L^2(\Omega)},$$

其中 λ_1 为算子 $-\Delta$ 在区域 Ω 上 (取 Dirichlet 条件) 的第一特征值.

5.2　算子半群与无穷小生成元

5.2.1　算子半群方法的基本思想

以下用算子半群方法讨论抛物型方程, 所介绍的方法亦适用于其他的发展型方程, 例如双曲型方程、Schrödinger 方程等.

首先我们以热传导方程的初边值问题为例介绍半群方法的基本想法. 在 $[0,\pi]\times[0,\infty)$ 中考察问题

$$u_t = u_{xx}, \quad 0 < x < \pi, \quad t > 0. \tag{2.1}$$

$$u(t,0) = 0, \quad u(t,\pi) = 0, \quad t > 0, \tag{2.2}$$

$$u(0,x) = u_0(x), \quad 0 < x < \pi. \tag{2.3}$$

这个问题可以用分离变量法求解, 它的解为

$$u(t,x) = \sum_{n=1}^{\infty} u_0^n \mathrm{e}^{-n^2 t}\sin nx, \tag{2.4}$$

其中

$$u_0^n = \frac{2}{\pi}\int_0^{\pi} u_0(x)\sin nx\mathrm{d}x. \tag{2.5}$$

若 $u_0(x) \in L^2[0,\pi]$, 级数 (2.4) 在 $t > 0$ 时是绝对收敛的. 又对任意的 $\delta > 0$, 在 $t \geqslant \delta$ 时级数 $\sum_{n=1}^{\infty} u_0^n \mathrm{e}^{-n^2 t}\sin nx$ 及其关于 x 或 t 逐项求导所得的级数, 都一致收

敛, 故 $u(t,x)$ 满足 (2.1) 与 (2.2), 而且由

$$\int_0^{\pi}\left|\sum_{n=1}^{\infty}u_0^n\mathrm{e}^{-n^2t}\sin nx-u_0(x)\right|^2\mathrm{d}x=\frac{\pi}{2}\sum_{n=1}^{\infty}(u_0^n)^2(\mathrm{e}^{-n^2t}-1)^2$$

知, 当 $t\to 0$ 时, $u(t,x)$ 在 L^2 中收敛于 $u_0(x)$, 故 $u(t,x)$ 满足 (2.3). 从而按上述意义, $u(t,x)$ 是问题 (2.1)—(2.3) 的解.

如果在 (2.4) 式中将 t 固定, 并将该式视为从 $u_0(x)$ 到 $u(t,x)$ 的一个映射, 并以 $S(t)$ 记之, 则有

$$u(t,x)=S(t)u_0(x). \tag{2.6}$$

记 $[0,\infty)$ 为 R_+, 对 $t\in R_+, S(t)$ 是 $L^2[0,\pi]$ 到 $L^2[0,\pi]$ 的一个线性映射, 又若 $t_1,t_2\in R_+$, 对于任意的 $u_0(x)\in L^2[0,\pi]$, 有 $S(t_1)u_0(x)=\sum_{n=1}^{\infty}(u_0^n\mathrm{e}^{-n^2t_1})\sin nx$, 且

$$\begin{aligned}S(t_2)S(t_1)u_0(x)&=\sum_{n=1}^{\infty}(u_0^n\mathrm{e}^{-n^2t_1})\mathrm{e}^{-n^2t_2}\sin nx\\&=\sum_{n=1}^{\infty}u_0^n\mathrm{e}^{-n^2(t_1+t_2)}\sin nx\\&=S(t_1+t_2)u_0(x).\end{aligned}$$

由于 $u_0(x)$ 为 $L^2[0,\pi]$ 中任意元素, 故有

$$S(t_2)\cdot S(t_1)=S(t_1+t_2),\quad t_1,t_2\geqslant 0. \tag{2.7}$$

此外, 又成立显然的事实

$$S(0)=I. \tag{2.8}$$

所以算子族 $S(t)$ 构成**单参数半群**. 此外, 对任意的 $u_0(x)\in L^2[0,\pi]$, 由于 $t\to +0$ 时 $S(t)u_0\to u_0$, 所以当 $t\in[0,\infty)$ 时 $S(t)u_0$ 关于 t 为强连续的. 又由于在 $L^2[0,\pi]$ 中

$$\begin{aligned}\|u(x,t)\|&=\left\|\sum_{n=1}^{\infty}u_0^n\mathrm{e}^{-n^2t}\sin nx\right\|\\&=\left(\frac{\pi}{2}\sum_{n=1}^{\infty}(u_0^n)^2\mathrm{e}^{-2n^2t}\right)^{1/2}\\&\leqslant\left(\mathrm{e}^{-2t}\frac{\pi}{2}\sum_{n=1}^{\infty}(u_0^n)^2\right)^{1/2}\end{aligned}$$

$$= \mathrm{e}^{-t} \|u_0(x)\|,$$

从而有 $\|S(t)\| \leqslant \mathrm{e}^{-t} \leqslant 1$. 这表明 $S(t)$ 是压缩映射. 因此, 我们称 $S(t)$ 是一个**单参数线性连续压缩算子半群**. 由前面讨论知, 初边值问题 (2.1)—(2.3) 的解可以通过这个半群表为 $S(t)u_0(x)$ 的形式, 一旦算子半群 $S(t)$ 被找到, 解 $u(t,x)$ 也就得到了.

以上的想法具有普遍性, 一般情形下, 人们常把描述随时间演化过程的偏微分方程初边值问题写成

$$\begin{cases} \dfrac{\mathrm{d}u}{\mathrm{d}t} + Au = 0, \\ u|_{t=0} = u_0 \end{cases} \tag{2.9}$$

的形式, 其中 A 为定义在某个特定函数空间上的偏微分算子 (当 u 为向量值函数时 A 为算子矩阵), 偏微分方程初边值问题的边界条件往往以适当的方式出现在算子 A 的定义域中, 问题 (2.9) 的解利用算子半群 $S(t)$ 表示为 $S(t)u_0$ 的形式, 于是问题就化为怎样的算子 A 可以诱导出一个单参数算子族 $S(t)$, 它构成所需要的算子半群.

5.2.2 无穷小生成元

定义 2.1 设 H 为给定的 Hilbert 空间, $\{S(t), t \geqslant 0\}$ 是 H 上依赖于参数 t 的线性算子族, 满足以下条件:

(1) $S(0) = I$;

(2) $S(t_1 + t_2) = S(t_2)S(t_1), t_1, t_2 \geqslant 0$;

(3) $S(t)x \in C([0,\infty), H), \forall x \in H$;

(4) $\|S(t)\| \leqslant 1$,

则称 $S(t)$ 是**单参数线性连续压缩算子半群**, 简称**压缩算子半群**.

定义 2.2 设 $\{S(t), t \geqslant 0\}$ 是 Hilbert 空间 H 上的压缩算子半群, 记集合

$$D = \left\{ x \in H, \lim_{h \to +0} \frac{S(h)x - x}{h} \text{存在} \right\}. \tag{2.10}$$

则可定义 $D \to H$ 的算子 B 为

$$Bx = \lim_{h \to +0} \frac{S(h)x - x}{h}. \tag{2.11}$$

称 B 为算子半群 $S(t)$ 的**无穷小生成元**.

在定义 2.2 中, D 是算子 B 的定义域, 它是 H 中使 $S(t)x$ 在 $t = 0$ 处关于 t 可求导的元素 t 的全体, 而 B 就表示 $S(t)$ 在 0 点关于 t 的导算子, 给定了 $S(t)$, 必有无穷小生成元 B, 但一个算子能作为某个压缩算子半群的无穷小生成元则是有条件的, 下面的一系列定理就是回答这个问题的, 作为准备, 我们先介绍无穷小生成元的几个性质.

定理 2.1 无穷小生成元 B 的定义域 D 是 H 中的稠密集, 且对任意的 $t \geqslant 0, x \in H$, 有 $\int_0^t S(\tau)x\mathrm{d}\tau \in D(B)$, 以及

$$S(t)x - x = B\int_0^t S(\tau)x\mathrm{d}\tau. \tag{2.12}$$

证明 记 $x_t = \int_0^t S(\tau)x\mathrm{d}\tau$, 则对 $h>0$

$$\begin{aligned}\frac{1}{h}(S(h)x_t - x_t) &= \frac{1}{h}\left(\int_0^t S(\tau+h)x\mathrm{d}\tau - \int_0^t S(\tau)x\mathrm{d}\tau\right)\\ &= \frac{1}{h}\left(\int_h^{t+h} S(\tau)x\mathrm{d}\tau - \int_0^t S(\tau)x\mathrm{d}\tau\right)\\ &= \frac{1}{h}\left(\int_t^{t+h} S(\tau)x\mathrm{d}\tau - \int_0^h S(\tau)x\mathrm{d}\tau\right).\end{aligned}$$

令 $h \to +0$, 右端以 $S(t)x - x$ 为极限. 故左边的极限也存在, 由此得到 $x_t \in D$, 且 $Bx_t = S(t)x - x$. 又由于 $t \to 0$ 时, $\frac{1}{t}x_t \to x$, 所以 D 在 H 中稠密. 证毕

定理 2.2 对每个 $x \in D$, 有 $S(t)x \in C^1([0,\infty), H)$, 成立

$$S(t)x - x = \int_0^t BS(t)x\mathrm{d}t = \int_0^t S(t)Bx\mathrm{d}t, \quad t \geqslant 0. \tag{2.13}$$

并由此可知 B 为闭算子.

证明 若 $x \in D, t \geqslant 0$, 则有

$$\frac{1}{h}(S(t+h)x - S(t)x) = \frac{1}{h}(S(h)-I)S(t)x = \frac{1}{h}S(t)(S(h)x - x), \quad h>0.$$

令 $h \to +0$, 由于等式最右边表达式的极限存在, 故每个表达式的极限均存在, 从而得到

$$D^+S(t)x = BS(t)x = S(t)Bx, \quad x \in D, \quad t>0, \tag{2.14}$$

其中 D^+ 表示右导数, 同理, 当 $0<h<t$ 时, 有

$$\frac{1}{h}(S(t)x - S(t-h)x) = S(t-h)\frac{1}{h}(S(h)x - x),$$

令 $h \to +0$ 可得

$$D^-S(t)x = S(t)Bx, \quad x \in D, \quad t>0, \tag{2.15}$$

其中 D^- 表示左导数. (2.14) 与 (2.15) 表明 $S(t)x \in C^1([0,\infty], H)$. 将 (2.14) 从 0 到 t 积分, 并注意到 $S(0) = I$, 即得 (2.13) 式.

再证 B 是闭算子, 事实上, 若 $x_n \in D$, 且 $x_n \to x, Bx_n \to y$ 在 H 中成立, 则对每个 $h>0$, 由 (2.13) 知

$$\frac{1}{h}(S(h)x_n - x_n) = \frac{1}{h}\int_0^h S(\tau)Bx_n \mathrm{d}\tau,$$

令 $n \to \infty$, 即得

$$\frac{1}{h}(S(h)x - x) = \frac{1}{h}\int_0^h S(\tau)y \mathrm{d}\tau.$$

再令 $h \to +0$, 可得

$$\lim_{h\to +0}\frac{1}{h}(S(h)x - x) = S(0)y = y,$$

所以 $x \in D$, 且 $Bx = y$, 这就证明了 B 是闭算子. 证毕

5.2.3 线性压缩算子半群的存在性与唯一性

下面的定理完整地回答了怎样的算子可以作为一个线性压缩算子半群的无穷小生成元的问题.

定理 2.3 设 $B: D \to H$ 是 Hilbert 空间中给定的线性算子, 则 B 是某个压缩算子半群的无穷小生成元的充要条件是: (1) B 是 H 中的稠定闭算子; (2) 对一切 $\lambda > 0, \lambda I - B$ 是 $D \to H$ 的单映射与满映射, 且 $\|(\lambda I - B)^{-1}\| \leqslant \dfrac{1}{\lambda}$ (以下将简记 $\lambda I - B$ 为 $\lambda - B$).

证明 先证必要性. 若 B 是压缩算子半群 $\{S(t), t \geqslant 0\}$ 的无穷小生成元, 则由定理 2.1 与定理 2.2 知 B 是稠定闭算子. 又对于 $\lambda > 0$, 容易验证 $\{\mathrm{e}^{-\lambda t}S(t); t \geqslant 0\}$ 也是一个压缩算子半群, 它的无穷小生成元是 $B - \lambda$, 以 D 为其定义域, 故由 (2.12) 与 (2.13) 得

$$\mathrm{e}^{-\lambda t}S(t)x - x = \int_0^t \mathrm{e}^{-\lambda\tau}S(\tau)(B-\lambda)x\mathrm{d}\tau, \quad x \in D, \quad t \geqslant 0. \tag{2.16}$$

$$\mathrm{e}^{-\lambda t}S(t)y - y = (B-\lambda)\int_0^t \mathrm{e}^{-\lambda\tau}S(\tau)y\mathrm{d}\tau, \quad y \in H, \quad t \geqslant 0. \tag{2.17}$$

因为 $\|\mathrm{e}^{-\lambda t}S(t)y\| \leqslant \mathrm{e}^{-\lambda t}\|y\|$, 所以当 $t \to \infty$ 时上面两项积分收敛, 另一方面由 $S(t)$ 的有界性知, 当 $t \to \infty$ 时, $\mathrm{e}^{-\lambda t}S(t)x \to 0, \mathrm{e}^{-\lambda t}S(t)y \to 0$. 这样, 在 (2.16), (2.17) 中令 $t \to \infty$ 即可得

$$x = \int_0^\infty \mathrm{e}^{-\lambda\tau}S(\tau)(\lambda - B)x\mathrm{d}\tau, \quad x \in D. \tag{2.18}$$

$$y = (\lambda - B)\int_0^\infty \mathrm{e}^{-\lambda\tau}S(\tau)y\mathrm{d}\tau, \quad y \in H. \tag{2.19}$$

由 (2.18) 知 $\lambda - B$ 为单映射, 因为从 $(\lambda - B)x = 0$ 即可得 $x = 0$. 而由 (2.19) 可知 H 中任意元素均在 $\lambda - B$ 的值域中, 故 $\lambda - B$ 为满映射. 又由 (2.19) 式,

$$\left\|(\lambda - B)^{-1}y\right\| \leqslant \int_0^\infty \mathrm{e}^{-\lambda\tau}\mathrm{d}\tau \left\|y\right\| = \lambda^{-1}\left\|y\right\|, \quad y \in H, \tag{2.20}$$

故有

$$\left\|(\lambda - B)^{-1}\right\| \leqslant \frac{1}{\lambda}.$$

再证充分性. 我们将利用 B 构造一个压缩算子半群 $S(t)$, 这将分以下三步进行: ① 用有界算子 B_λ 来逼近 B; ② 利用 B_λ 作算子半群 $\{S_\lambda(t) = \mathrm{e}^{tB_\lambda}, t \geqslant 0\}$; ③ 说明 $\lim\limits_{\lambda\to\infty} S_\lambda(t) = S(t)$ 存在, 且是所要求的半群.

(1) 构造近似于 B 的算子 B_λ.

据定理的条件, 对一切 $\lambda > 0, \lambda - B$ 是 $D \to H$ 的单映射与满映射, 且 $\|(\lambda - B)^{-1}\| \leqslant \dfrac{1}{\lambda}$. 故若作 $B_\lambda = \lambda B(\lambda - B)^{-1}$, 则当 $x \in D$ 时, $\|B_\lambda x\| \leqslant \|Bx\|$. 又

$$\begin{aligned}(B_\lambda + \lambda)(\lambda - B) &= B_\lambda(\lambda - B) + \lambda(\lambda - B)\\ &= \lambda B + \lambda^2 - \lambda B = \lambda^2.\end{aligned}$$

因此

$$B_\lambda = -\lambda + \lambda^2(\lambda - B)^{-1}. \tag{2.21}$$

由此又有 $\|B_\lambda\| \leqslant 2\lambda$, 故 B_λ 是定义在 H 上的线性连续算子.

由 (2.21) 可知, 当 $x \in D, \lambda > 0$ 时,

$$\left\|\lambda(\lambda - B)^{-1}x - x\right\| = \left\|\lambda^{-1}B_\lambda x\right\| \leqslant \lambda^{-1}\left\|B_\lambda x\right\| \leqslant \lambda^{-1}\left\|Bx\right\|,$$

从而对一切 $x \in D$, 当 $\lambda \to \infty$ 时, $\lambda(\lambda - B)^{-1}x \to x$, 但由于 D 是 H 中稠密集, 且由 $\left\|\lambda(\lambda - B)^{-1}\right\| \leqslant 1$ 知, $\{\lambda(\lambda - B)^{-1}\}$ 关于 λ 是一致有界的, 因此对一切 $x \in H$, 也有 $\lambda(\lambda - B)^{-1}x \to x$. 于是, 当 $x \in D$ 时成立

$$B_\lambda x = \lambda(\lambda - B)^{-1}Bx \to Bx.$$

(2) 作对应于 B_λ 的算子半群.

对 $t \geqslant 0$ 可以定义

$$\mathrm{e}^{B_\lambda} = \sum_{n=0}^\infty \frac{(B_\lambda)^n}{n!}. \tag{2.22}$$

显见, e^{B_λ} 仍是一个线性有界算子. 类似地, 对 $t \geqslant 0$ 可以定义

$$S_\lambda(t) = \mathrm{e}^{tB_\lambda}, \quad \lambda > 0, \quad t \geqslant 0. \tag{2.23}$$

容易证明 $\{S_\lambda(t), t \geqslant 0\}$ 构成一个压缩算子半群. 事实上, 定义 2.1 中的条件 (1) 和 (2) 显然是满足的, 又从 $\|\lambda(\lambda - B)^{-1}\| \leqslant 1$ 可知

$$\begin{aligned}\|S_\lambda(t)\| &= \left\|\exp(t(-\lambda + \lambda^2(\lambda - B)^{-1}))\right\| \\ &= \mathrm{e}^{-\lambda t}\left\|\exp(\lambda^2(\lambda - B)^{-1}t)\right\| \\ &\leqslant \mathrm{e}^{-\lambda t}\mathrm{e}^{\lambda t} = 1.\end{aligned}$$

所以 $S_\lambda(t)$ 是压缩的. 而当 $t_1 > t_2$ 时

$$\begin{aligned}\|(S_\lambda(t_1) - S_\lambda(t_2))x\| &\leqslant \|(S_\lambda(t_1 - t_2) - I)x\| \\ &= \left\|\sum_{n=1}^{\infty}\frac{((t_1 - t_2)B_\lambda)^n}{n!}x\right\| \\ &\leqslant (t_1 - t_2)\left\|\sum_{n=0}^{\infty}\frac{((t_1 - t_2)B_\lambda)^n}{(n+1)!}B_\lambda x\right\|.\end{aligned}$$

从而 $S_\lambda(t)x$ 关于 t 连续.

显然, $\{S_\lambda(t), t \geqslant 0\}$ 的无穷小生成元就是 B_λ, 即

$$D_t S_\lambda(t)x = B_\lambda S_\lambda(t)x, \quad \forall x \in H.$$

(3) 说明 $S_\lambda(t)$ 的极限为所求的算子半群.

对任意 $x \in D$, 有

$$\begin{aligned}&S_\lambda(t)x - S_\mu(t)x \\ =&\int_0^t \frac{\mathrm{d}}{\mathrm{d}\tau}(S_\mu(t-\tau)S_\lambda(\tau)x)\mathrm{d}\tau \\ =&\int_0^t S_\mu(t-\tau)S_\lambda(\tau)(B_\lambda x - B_\mu x)\mathrm{d}\tau.\end{aligned}$$

于是由 $S_\lambda(t)$ 的压缩性知

$$\|S_\lambda(t)x - S_\mu(t)x\| \leqslant t\,\|B_\lambda x - B_\mu x\|.$$

由此可知, 当 $x \in D$ 时, $\{S_\lambda(t)x\}$ 构成一个关于有限区间中的 t 是一致的 Cauchy 序列. 于是, $S_\lambda(t)x$ 在 D 中关于 t 一致收敛. 再利用 $\|S_\lambda(t)\| \leqslant 1$ 可得, 对任意的 $x \in H, S_\lambda(t)x$ 在 H 中收敛, 且当 t 属于有限区间时, 这种收敛是一致的. 从而可定义 $S(t)$ 为

$$S(t)x = \lim_{\lambda\to\infty} S_\lambda(t)x, \quad \forall x \in H. \tag{2.24}$$

易见 $S(t)$ 是 H 中的线性算子, $S(0) = I, S(t_1+t_2) = S(t_2)S(t_1)$. 由于 (2.24) 式中的收敛在有限区间上是一致的, 且 $S_\lambda(t)x \in C([0,\infty), H)$, 所以 $S(t)x \in C([0,\infty), H)$.

最后, $S(t)$ 的压缩性可以由 $S_\lambda(t)$ 的压缩性导出. 从而 $S(t)$ 满足定义 2.1 中的全部条件, 故 $\{S(t), t \geqslant 0\}$ 构成压缩算子半群.

最后需说明的是算子半群 $S(t)$ 以 B 为无穷小生成元. 事实上, 若 $x \in D, h > 0$, 则 $S_\lambda(t)B_\lambda x \to S(t)Bx$ 在 $0 \leqslant t \leqslant h$ 上一致成立. 而由于 B_λ 是算子半群 $S_\lambda(t)$ 的无穷小生成元, 利用 (2.13) 式有

$$S_\lambda(h)x - x = \int_0^h S_\lambda(\tau)B_\lambda x \mathrm{d}\tau. \tag{2.25}$$

令 $\lambda \to \infty$, 即得

$$S(h)x - x = \int_0^h S(\tau)Bx \mathrm{d}\tau.$$

所以当 $x \in D$ 时, $D^+(S(t)x)|_{t=0} = Bx$. 今若记 C 为算子半群 $\{S(t); t \geqslant 0\}$ 的无穷小生成元. 则前面已指出 $D(B) = D \subset D(C)$, 且当 $x \in D$ 时 $Bx = Cx$. 于是 C 是 B 的扩张, 从而 $I - C$ 是 $I - B$ 的扩张. 但由假设知, $I - B$ 为满映射, 同时由前面必要性证明部分的推导知 $I - C$ 为单映射. 故 $I - C$ 不能再在 $D(B)$ 以外定义, 否则就与 $I - C$ 为单映射的性质相矛盾. 于是就得到 $D(B) = D(C)$, 从而 $B = C$, 即 B 为算子半群 $\{S(t); t \geqslant 0\}$ 的无穷小生成元. 证毕

注 在算子理论中对于给定的线性算子 B, 将使得 $\lambda I - B$ 为单映射与满映射的 λ 值称为 B 的**豫解式**(resolvent), 记为 $\rho(B)$. 将 $(\lambda I - B)^{-1}$ 称为**豫解算子**, 并记为 R_λ. 则定理 2.3 的结论 (2) 可写为 $(0, \infty) \subset \rho(B)$, $\|R_\lambda\| \leqslant \dfrac{1}{\lambda}$.

上述定理可视为压缩算子半群的存在性定理. 相应地, 我们有如下唯一性定理.

定理 2.4 设 $T(t), S(t)$ 为 H 上给定的两个压缩算子半群, 它们有相同的无穷小生成元 B, 即

$$\lim_{h \to +0} \frac{T(h)x - x}{h} = \lim_{h \to +0} \frac{S(h)x - x}{h} = Bx, \quad \forall x \in D(B), \tag{2.26}$$

则对 $t \geqslant 0$ 有 $T(t) = S(t)$.

证明 由 (2.19) 式知, 对任意的 $y \in H$ 成立

$$\int_0^\infty \mathrm{e}^{-\lambda\tau} S(\tau)y \mathrm{d}\tau = (\lambda - B)^{-1} y = \int_0^\infty \mathrm{e}^{-\lambda\tau} T(\tau)y \mathrm{d}\tau, \quad \forall \lambda > 0. \tag{2.27}$$

今取任意的 $z \in H$ 与等式两边的量作内积, 可得

$$\int_0^\infty \mathrm{e}^{-\lambda\tau} (S(\tau)y, z) \mathrm{d}\tau = \int_0^\infty \mathrm{e}^{-\lambda\tau} (T(\tau)y, z) \mathrm{d}\tau, \quad \forall \lambda > 0,$$

所以对一切 $y, z \in H$, 有

$$(S(t)y, z) = (T(t)y, z),$$

故 $S(t) = T(t)$. 证毕

5.2.4　一般线性算子半群的情形

上面所得到的结果还可以推广到更一般的线性算子半群的情形, 如果 $\{S(t), t \geqslant 0\}$ 是 H 上的线性算子族, 满足定义 2.1 中的条件 (1), (2), (3), 则称 $S(t)$ 为**单参数线性连续算子半群**, 或简称为 C_0 **算子半群**. 又若 $S(t)$ 对任意实数 t 有定义, 且定义 2.1 中条件 (2) 也对任意实数 t_1, t_2 成立, 则称 $S(t)$ 为 C_0**算子群**.

定理 2.5　若 $\{S(t), t \geqslant 0\}$ 是 Hilbert 空间 H 上的 C_0 算子半群. 则必有与 t 无关的常数 M 和 β, 使得

$$\|S(t)\| \leqslant M\mathrm{e}^{\beta t}. \tag{2.28}$$

证明　先证明必有常数 $a > 0$, 使 $\sup\limits_{0\leqslant t\leqslant a} \|S(t)\| < +\infty$. 若不然, 则存在一列数 $t_j \to 0$ 使 $\|S(t_j)\| \to +\infty$. 由 $S(t)$ 所满足的条件知, 对一切 $x \in H$, 有 $\lim\limits_{t_j\to 0} S(t_j)x = x$. 所以由共鸣定理知, $\sup\limits_{t_j} \|S(t_j)\| < +\infty$, 这就导致矛盾. 于是, 可找到 $a > 0$, 使 $\sup\limits_{0\leqslant t\leqslant a} \|S(t)\| = M_a$ 是一个有界量.

由于 $S(0) = I$, 所以 $M_a \geqslant 1$. 将 M_a 写成 $\mathrm{e}^{\beta a}$, 则有 $\beta \geqslant 0$. 今对任意的 $t \in [0, \infty)$, 必有非负整数 n, 使得 $na \leqslant t < (n+1)a$. 记 $t = na + s (0 \leqslant s < a)$, 则有

$$\begin{aligned}\|S(t)\| &\leqslant \|(S(a))^n\| \cdot \|S(s)\| \leqslant \|S(a)\|^n \cdot \|S(s)\| \\ &\leqslant \mathrm{e}^{n\beta a} M_a \leqslant M_a \mathrm{e}^{\beta t},\end{aligned}$$

此即 (2.28) 式.

对于一般的 C_0 算子半群, 也可定义其无穷小生成元, 这时, 作为无穷小生成元的算子 B 的定义域 D 以及算子本身的表示仍分别具有形式 (2.10)、(2.11).

类似于定理 2.3 的证明, 可以得到阐述一般 C_0 算子半群与其无穷小生成元之关系的定理如下.

定理 2.6　设 $\{S(t); t \geqslant 0\}$ 是 Hilbert 空间 H 上的 C_0 算子半群, $\|S(t)\| \leqslant M\mathrm{e}^{\beta t}$. 算子 $B: D \to H$ 为 $S(t)$ 的无穷小生成元, 则

(1) B 是 H 中的稠定闭算子.

(2) 对一切复数 λ, 若满足 $\mathrm{Re}\lambda > \beta$, 则 $\lambda - B$ 是 $D \to H$ 的单映射与满映射. 且对任意 n, 成立

$$\left\|(\lambda - B)^{-n}\right\| \leqslant M(\mathrm{Re}\lambda - \beta)^{-n}. \tag{2.29}$$

反之, 若 B 为定义在 $D \subset H$ 上的一个线性算子, 满足条件 (1), (2), 则 B 必为一个 C_0 算子半群 $S(t)$ 的无穷小生成元, 且 $\|S(t)\| \leqslant M\mathrm{e}^{\beta t}$.

证明　我们只对 $\beta = 0$ 的情形加以证明. 对 $\beta > 0$ 的情形, 令 $S_1(t) = \mathrm{e}^{-\beta t} S(t)$ 及 $B_1 = -\beta I + B$, 即可化到 $\beta = 0$ 的情形.

为证必要性, 只需指出 (2.29) 成立, 因其余论断的证明与定理 2.3 的证明完全相同. 注意到导出 (2.19) 式时, 我们实质上只用到 $\|S(t)\|$ 的有界性, 而不需要 $S(t)$ 的压缩性, 因此对一般的 C_0 算子半群 $S(t)$ 仍成立 (2.19) 式

$$y=(\lambda-B)\int_0^{\infty}\mathrm{e}^{-\lambda\tau}S(\tau)y\mathrm{d}\tau,\quad y\in H.$$

故对任意 n 有

$$y=(\lambda-B)^n\int_0^{\infty}\cdots\int_0^{\infty}\mathrm{e}^{-\lambda(\tau_1+\cdots+\tau_n)}S(\tau_1+\cdots+\tau_n)y\mathrm{d}\tau_1\cdots\mathrm{d}\tau_n.$$

由于我们已设 $\beta=0$, 所以 $\|S(t)y\|\leqslant M\|y\|$, 从而有

$$\begin{aligned}\|(\lambda-B)^{-n}y\|&\leqslant\int_0^{\infty}\cdots\int_0^{\infty}|\mathrm{e}^{-\lambda(\tau_1+\cdots+\tau_n)}|\|S(\tau_1+\cdots+\tau_n)y\|\mathrm{d}\tau_1\cdots\mathrm{d}\tau_n\\&\leqslant M\|y\|\prod_{i=1}^{n}\int_0^{\infty}|\mathrm{e}^{-\lambda\tau_i}|\mathrm{d}\tau_i\\&\leqslant(\mathrm{Re}\lambda)^{-n}\cdot M\|y\|,\end{aligned}$$

由此得 (2.29).

为证充分性, 也像定理 2.3 的证明那样, 对实数 λ, 作 $B_\lambda=\lambda B(\lambda-B)^{-1}$, 则我们仍有: B_λ 为有界算子, 且其界被一个与 λ 无关的常数 M 所控制. 故对一切 $x\in D$, 成立 $B_\lambda x\to Bx$ 等事实. 此外, $S_\lambda(t)=\mathrm{e}^{tB_\lambda}$ 为 C_0 算子半群, 它以 $B_\lambda x$ 为无穷小生成元, 且

$$\begin{aligned}\|S_\lambda(t)\|&=\left\|\exp(t(-\lambda+\lambda^2(\lambda-B)^{-1}))\right\|\\&\leqslant\mathrm{e}^{-\lambda t}\cdot\sum\frac{1}{n!}\left\|\lambda^{2n}t^n(\lambda-B)^{-n}\right\|.\end{aligned}$$

由于 λ 为实数, 且注意到我们已在 $\beta=0$ 的情形讨论算子 $S(t)$, 故条件 (2.29) 即 $\|(\lambda-B)^{-n}\|\leqslant M\lambda^{-n}$. 所以有

$$\|S_\lambda(t)\|\leqslant\mathrm{e}^{-\lambda t}\sum\frac{1}{n!}\lambda^n t^n M=M.$$

再利用定理 2.3 中的推理方法可知, 对一切 $t\geqslant0,x\in H$,

$$S(t)x=\lim_{\lambda\to\infty}S_\lambda(t)x$$

存在, 且 $S(t)$ 满足成 C_0 算子半群的诸性质, 并且由 $\|S_\lambda(t)\|\leqslant M$ 容易推得 $\|S(t)\|\leqslant M$. 证毕

定理 2.6 是由 Hill 与吉田耕作分别独立建立的, 称为 Hill-Yoshida 定理, 它在线性算子半群理论中极为重要.

习　题

1. 试考虑作为偏微分方程的求解方法之一, 为什么讨论单参数连续算子半群而不是单参数连续算子群.

2. 详细说明在定理 2.6 的说明中令 $S_1(t)=\mathrm{e}^{-\beta t}S(t)$ 及 $B_1=-\beta+B$, 就可以把定理化到 $\beta=0$ 的情形.

3. 说明定理 2.6 中的条件 (2) 可改为: 对一切大于 β 的正整数 m, $m-B$ 是 $D\to H$ 的单映射与满映射, 且成立

$$\left\|(m-B)^{-n}\right\|\leqslant M(m-\beta)^{-n},\quad \forall n\in N.$$

5.3　算子半群方法的应用

5.3.1　增生算子

本节中讨论算子半群方法在求解抛物型方程与双曲型方程初边值问题中的应用. 为便于今后的应用, 我们将给出定理 2.3 的另一形式, 为此先引入下面的定义.

定义 3.1　设 A 为 Hilbert 空间 H 上的线性算子, 若它对一切 $x\in D(A)$ 满足

$$\mathrm{Re}(Ax,x)\geqslant 0,\tag{3.1}$$

则称算子 A 为**增生算子** (accretive operator).

注　当算子 A 为增生算子时, 算子 $B=-A$ 称为**耗散算子** (dissipative operator), 显然, 此时 B 满足

$$\mathrm{Re}(Bu,u)\leqslant 0.$$

定理 3.1　线性算子 $-A$ 可以作为 H 上某个压缩算子半群的无穷小生成元的充分必要条件是:

(1) A 是 H 中的稠定闭算子;

(2) A 是增生算子;

(3) 对某个 $\lambda>0$, $\lambda+A$ 是满映射.

证明　我们利用定理 2.3 来证明本定理.

先证必要性, 条件 (1) 和 (3) 可由定理 2.3 的必要性部分立即推得, 又定理 2.3 指出, 对 $\lambda>0$, $x\in D(A)$ 有

$$\|(\lambda+A)x\|\geqslant\lambda\|x\|.\tag{3.2}$$

两边平方, 可得

$$\lambda^2\|x\|^2+2\lambda\mathrm{Re}(Ax,x)+\|Ax\|^2\geqslant\lambda^2\|x\|^2.$$

从而

$$\operatorname{Re}(Ax,x) \geqslant -\frac{1}{2\lambda}\|Ax\|^2. \tag{3.3}$$

由于 λ 可取为任意正数, 故得 (3.1) 式.

再证充分性. 若定理 3.1 的条件成立, 由于 A 为增生算子, 所以 (3.3) 成立. 逆转刚才的运算过程, 即知 (3.2) 也成立, 所以 $\lambda+A$ 是单映射. 又根据条件 (3) 知 $\lambda+A$ 是满映射, 故 $(\lambda+A)^{-1}$ 是定义在 H 上的线性有界算子, 且 $\left\|\lambda(\lambda+A)^{-1}\right\| \leqslant 1$. 今对任意的 $\tilde{\lambda}\in C$, 有 $\left\|(\tilde{\lambda}-\lambda)(\lambda+A)^{-1}\right\| \leqslant |\tilde{\lambda}-\lambda|/\lambda$, 故当 $|\tilde{\lambda}-\lambda|<\lambda$ 时, 算子 $I+(\tilde{\lambda}-\lambda)(\lambda+A)^{-1}$ 是可逆的.

现在指出当 $|\tilde{\lambda}-\lambda|<\lambda$ 时, $\tilde{\lambda}+A$ 也是可逆的. 事实上, $\tilde{\lambda}+A=\lambda+A+(\tilde{\lambda}-\lambda)=(\lambda+A)(I+(\tilde{\lambda}-\lambda)(\lambda+A)^{-1})$, 故由 $\lambda+A$ 以及 $I+(\tilde{\lambda}-\lambda)(\lambda+A)^{-1}$ 的可逆性知 $\tilde{\lambda}+A$ 也可逆, 这样, 我们就得知, 当 $\tilde{\lambda}$ 满足 $0<\tilde{\lambda}<2\lambda$ 时, $\tilde{\lambda}+A$ 都是可逆的 (当然此时 $\tilde{\lambda}+A$ 为满映射). 逐次递推可知, 对一切 $\lambda>0$, $\lambda+A$ 都是单映射和满映射.

再利用 A 为增生算子的性质可知, 对任意 $\tilde{\lambda}>0$ 以 $\tilde{\lambda}$ 替代 λ 后的 (3.3) 式成立, 从而有

$$\left\|(\tilde{\lambda}+A)x\right\| \geqslant \tilde{\lambda}\|x\|.$$

这就容易推知 $\left\|\tilde{\lambda}(\tilde{\lambda}+A)^{-1}\right\| \leqslant 1$. 于是, 由定理 2.3 可知, $-A$ 是某个压缩算子半群的无穷小生成元. 证毕

5.3.2 对抛物型方程初边值问题的应用

利用算子半群方法求解发展型方程定解问题时通常有以下几个步骤：首先将具体的偏微分方程定解问题写成抽象的发展型方程的初值问题, 如

$$\begin{cases} \dfrac{\mathrm{d}u}{\mathrm{d}t}+Au=0, \\ u\big|_{t=0}=u_0 \end{cases} \tag{3.4}$$

所示, 其中算子 A 一般是一个微分算子, 并且通过其定义域的规定已把解应满足的边界条件的要求包括在内, 其次说明算子 A 满足一定的条件, 从而能构造出一个算子半群 $\{S(t), t\geqslant 0\}$, 它以 $-A$ 为无穷小生成元. 这样, 抽象发展型方程初值问题的解就可以用 $S(t)u_0$ 表示, 再回到原始的定解问题, 即得所需之解.

以下讨论系数仅依赖于变量 x 的抛物型方程

$$\frac{\partial u}{\partial t}-\left(\sum_{t,j=1}^{n}\frac{\partial}{\partial x_i}\left(a_{ij}(x)\frac{\partial u}{\partial x_j}\right)+\sum_{i=1}^{n}b_i(x)\frac{\partial u}{\partial x_i}+c(x)u\right)=f(x,t),$$

$$x\in\Omega\subset R^n, \quad 0<t<T \tag{3.5}$$

的初边值问题, 初始条件与边界条件分别为

$$u|_{t=0} = u_0(x), \tag{3.6}$$

$$u|_{(0,T)\times\partial\Omega} = 0. \tag{3.7}$$

我们还设系数 $a_{ij}(x)$ 对称, $a_{ij}(x)$, $b_i(x)$, $c(x) \in C^\infty(\bar{\Omega})$, $a_{ij}(x)$ 满足一致椭圆条件. 记 $H = L^2(\Omega)$, 以及

$$D = \{u; u \in H_0^1(\Omega), L_0 u \in H\}. \tag{3.8}$$

其中 $L_0 u = -\left(\sum_{i,j=1}^n \frac{\partial}{\partial x_i}\left(a_{ij}(x)\frac{\partial u}{\partial x_j}\right) + \sum_{i=1}^n b_i(x)\frac{\partial u}{\partial x_i} + c(x)u\right)$, 我们有如下定理.

定理 3.2 在上述关于方程 (3.5) 的系数的假定下, 又设 $u_0(x) \in D, f = 0$, 则存在唯一的解 $u(t,x) \in C^1([0,T), H) \cap C^0([0,T), D)$, 满足方程 (3.5) 与初始条件 (3.6), 且对每个 $t \geqslant 0, u \in D \subset H_0^1(\Omega)$, 从而按迹的意义满足 (3.6).

证明 若对 (3.5) 的未知函数 u 作变换 $u = \mathrm{e}^{\lambda t} v$, 则该式化成

$$\frac{\partial v}{\partial t} - \sum_{i,j=1}^n \frac{\partial}{\partial x_i}\left(a_{ij}(x)\frac{\partial v}{\partial x_j}\right) - \sum_{i=1}^n b_i(x)\frac{\partial v}{\partial x_i} + (\lambda - c(x))v = f\mathrm{e}^{-\lambda t}. \tag{3.9}$$

若记

$$L_\lambda v = -\sum_{i;j=1}^n \frac{\partial}{\partial x_i}\left(a_{ij}(x)\frac{\partial v}{\partial x_i}\right) - \sum_{i=1}^n b_i(x)\frac{\partial v}{\partial x_i} + (\lambda - c(x))v,$$

由第 2 章的 Gårding 不等式知, 存在 $\lambda_0 > 0$, 使 $\lambda \geqslant \lambda_0$ 时, 对一切 $H_0^1(\Omega)$, 成立

$$\mathrm{Re}(L_\lambda v, v) \geqslant \alpha_1 \|v\|_{H^1}^2. \tag{3.10}$$

由于初边值问题 (3.5)—(3.7) 解的存在唯一性与方程 (3.9) 初边值条件 $v|_{t=0} = u_0(x)$, $v|_{(0,T)\times\partial\Omega} = 0$ 的解的存在唯一性是等价的, 所以我们不妨一开始就假定, 对某个常数 $\alpha > 0$, 成立

$$\mathrm{Re}(L_0 u, u) \geqslant \alpha \|u\|_{H^1}^2, \quad \forall u \in H_0^1(\Omega). \tag{3.11}$$

于是, 记 A 为定义在 D 上的微分算子 L_0, 就只需讨论抽象的发展型方程的初值问题 (3.4). 显然, 若算子 A 满足定理 3.1 中的诸条件, 本定理即得证, 故以下验证 A 满足这些条件.

首先, A 的定义域包含 $C_c^\infty(\Omega)$, 而 $C_c^\infty(\Omega)$ 在 $L^2(\Omega)$ 中稠密, 所以 D 在 H 中稠密. 又若在 D 中有序列 $\{u_n\}$, 使 $u_n \to u$ 与 $Au_n \to w$ 在 H 中成立. 则由

$$(A(u_n - u_m), u_n - u_m) \geqslant C\|u_n - u_m\|_{H^1}^2$$

可知 $u_n \to u(H^1(\Omega))$ 成立. 故 $u \in H_0^1(\Omega)$. 且 $L_0 u_n$ 在 H^{-1} 中收敛于 $L_0 u$. 又由 $L_0 u_n$ 在 H^{-1} 中收敛于 w 知 $L_0 u = w \in H$, 所以 $u \in D$, $Au = w$, 即 A 是闭算子.

A 为增生算子的事实可由 (3.11) 推得, 又由第 2 章中关于椭圆型方程解的存在性定理知, 在 (3.11) 下, 对任意 $\lambda \geqslant 0, g \in H$, 必存在解 $u \in H_0^1(\Omega)$, 使 $(\lambda + L_0)u = g$, 故定理 3.1 中的条件 (3) 也成立.

于是由定理 3.1 可得到一个压缩算子半群 $S(t)$, 使问题 (3.4) 的解可以用 $S(t)u_0$ 表示, 且由定理 2.2 知, 当 $u_0 \in D$ 时, $u(t,x) = S(t)u_0 \in C^1([0,T),H)$, 又因 $u_0 \in D$, 故 (2.13) 式给出 $S(t)u_0 = u_0 - \int_0^t S(\tau)Au_0 \mathrm{d}\tau$, 而由定理 2.1 知, $\int_0^t S(\tau)Au_0\mathrm{d}\tau \in C^0([0,T),D)$, 所以 $u(t,x) \in C^0([0,T),D)$.

再证唯一性, 亦即证明

$$\begin{cases} \dfrac{\mathrm{d}u}{\mathrm{d}t} + Au = 0, \\ u|_{t=0} = 0 \end{cases}$$

的 $C^1([0,T),H) \cap C^0([0,T),D)$ 解必为零解. 由于 A 是增生的, 故

$$\begin{aligned} \frac{\mathrm{d}}{\mathrm{d}t}(u(t),u(t)) &= 2\mathrm{Re}(u'(t),u(t)) \\ &= -2\mathrm{Re}(Au,u) \leqslant 0. \end{aligned}$$

于是

$$\|u(t)\|^2 \leqslant \|u(0)\|^2 = 0,$$

故得唯一性, 从而定理 3.1 成立. 证毕

对于方程 (3.5) 中 $f \neq 0$ 的情形, 我们有如下定理.

定理 3.3 设问题 (3.5)—(3.7) 中系数 $a_{ij}(x), b_i(x), c(x)$ 以及初始资料 $u_0(x)$ 满足定理 3.2 的条件, $f \in C^1([0,T),H)$, 则存在唯一的解 $u \in C^1([0,T),H) \cap C^0([0,T),D)$.

证明 根据齐次化原理可以猜测, 所讨论问题的解应当具有形式

$$u(t) = S(t)u_0 + \int_0^t S(t-\tau)f(\tau)\mathrm{d}\tau. \tag{3.12}$$

故只需验证 $g(t) = \int_0^t S(t-\tau)f(\tau)\mathrm{d}\tau$ 满足 $g(0) = 0$ 以及方程

$$\frac{\mathrm{d}g}{\mathrm{d}t} + Ag = f. \tag{3.13}$$

$g(0) = 0$ 是显然的, 又有

$$\frac{1}{h}(g(t+h) - g(t)) = \frac{1}{h}\left(\int_0^{t+h} S(t+h-\tau)f(\tau)\mathrm{d}\tau - \int_0^t S(t-\tau)f(\tau)\mathrm{d}\tau\right)$$

$$
\begin{aligned}
&= \frac{1}{h}\left(\int_0^{t+h} S(z)f(t+h-z)\mathrm{d}z - \int_0^t S(z)f(t-z)\mathrm{d}z\right) \\
&= \int_0^t S(z)\cdot\frac{1}{h}(f(t+h-z)-f(t-z))\mathrm{d}z \\
&\quad + \frac{1}{h}\int_t^{t+h} S(z)f(t+h-z)\mathrm{d}z.
\end{aligned}
$$

由于 $f(t)\in C^1([0,T),H)$, 所以当 $h\to 0$ 时, $g'(t)$ 存在, 且

$$
g'(t)=\int_0^t S(z)f'(t-z)\mathrm{d}z+S(t)f(0),
$$

另一方面

$$
\begin{aligned}
\frac{1}{h}(g(t+h)-g(t)) &= \frac{1}{h}\left(\int_0^t S(t+h-\tau)f(\tau)\mathrm{d}\tau - \int_0^t S(t-\tau)f(\tau)\mathrm{d}\tau\right) \\
&\quad + \frac{1}{h}\int_t^{t+h} S(t+h-\tau)f(\tau)\mathrm{d}\tau \\
&= \frac{1}{h}(S(h)-I)g(t)+\frac{1}{h}\int_0^h S(h-z)f(z+t)\mathrm{d}z.
\end{aligned}
$$

令 $h\to 0^+$, 可知 $\frac{1}{h}(S(h)-I)g(t)$ 极限存在, 这说明 $g(t)\in D(A)$, 且通过取极限即得

$$
g'(t)=-Ag(t)+f(t),
$$

此即 (3.13). 证毕

在上面讨论中我们要求方程 (3.1) 左边的系数与变量 t 无关, 这种方程称为**时齐**的, 定理 2.3 与定理 2.6 只能直接应用于**时齐**方程定解问题的讨论. 若要讨论非时齐方程的情形, 需先将定理 2.3 或定理 2.6 加以推广, 此处从略.

类似地还可以讨论高阶抛物型方程的初边值问题. 设 L 为第 3 章 (4.1) 式定义在具光滑边界区域 Ω 上的 m 阶 (m 为偶数) 一致椭圆型算子: $L=\sum_{|\alpha|\leqslant m}a_\alpha(x)\partial_x^\alpha$, 考虑在 $[0,\infty)\times\Omega$ 上的初边值问题

$$
\begin{cases}
\dfrac{\partial u(t,x)}{\partial t}+Au(t,x)=0,\\
u(0,x)=u_0(x),\\
u(t,x)|_{[0,\infty)\times\partial\Omega}=0,
\end{cases}
\tag{3.14}
$$

其中 $D(A)=H^m(\Omega)\cap H_0^{\frac{m}{2}}(\Omega)$, 在此定义域上 $A=(-1)^{\frac{m}{2}}L$, 利用算子的定义域可以将 (3.14) 中的边界条件包含在内. 由第 3 章的定理 4.1 知, 对算子 A 存在常数 C_1,C_2, 使得

$$
\operatorname{Re}(Au,u)\geqslant C_1\|u\|_{\frac{m}{2}}^2-C_2\|u\|_0^2,
\tag{3.15}
$$

所以, 当 λ 满足 $\mathrm{Re}\lambda > C_2$ 时

$$\mathrm{Re}((A+\lambda)u,u) \geqslant C_1 \|u\|_{\frac{m}{2}}^2 + (\mathrm{Re}\lambda - C_2)\|u\|_0^2 \geqslant 0, \tag{3.16}$$

从而 $A+\lambda$ 为增生算子. 由 (3.16) 式也可得知, 在 $\mathrm{Re}\lambda > C_2$ 时, $A+\lambda$ 是满映射. 于是 $A+\lambda$ 可以成为一个压缩算子半群的无穷小生成元. 再利用定理 3.2 证明中同样的处理方法, 在引入变换 $u(t,x)=\mathrm{e}^{\lambda t}v(t,x)$ 后可以对算子 A 添加常数 λ, 于是有如下定理.

定理 3.4 设 A 为定义在具光滑边界的区域 Ω 上的 m 阶一致椭圆型算子, 则对于每个 $u_0 = H^m(\Omega)\cap H_0^{\frac{m}{2}}(\Omega)$, 初边值问题 (3.14) 有唯一解 $u(t,x)\in C^1([0,\infty),H^m(\Omega)\cap H_0^{\frac{m}{2}}(\Omega))$.

5.3.3 对双曲型方程初边值问题的应用

现在应用算子半群方法求解双曲型方程的初边值问题, 且仍讨论时齐的方程. 设在 R^n 的有界区域上给定算子 $L_0u=-\left(\sum_{i;j=1}^n \dfrac{\partial}{\partial x_i}\left(a_{ij}(x)\dfrac{\partial u}{\partial x_i}\right)+\sum_{i=1}^n b_i(x)\dfrac{\partial u}{\partial x_i}+c(x)u\right)$, 其系数是 $C^\infty(\bar{\Omega})$ 函数, $a_{ij}(x)$ 对称, 且满足一致椭圆性条件. 考察双曲型方程的初边值问题

$$\frac{\partial^2 u}{\partial t^2} + L_0 u = 0, \tag{3.17}$$

$$u|_{(0,T)\times\partial\Omega} = 0, \tag{3.18}$$

$$u|_{t=0} = \varphi_0(x), \quad u_t|_{t=0} = \varphi_1(x). \tag{3.19}$$

为将问题化成 (3.4) 的形式, 引入 $v=\partial_t u$, $U=\begin{pmatrix} u \\ v \end{pmatrix}$, 于是方程 (3.17) 可以写成方程组的形式

$$\partial_t U + \begin{pmatrix} 0 & -1 \\ L_0 & 0 \end{pmatrix} U = 0. \tag{3.20}$$

作 $H_0^1(\Omega)$ 上的双线性泛函

$$a(u_1,u_2) = \int_\Omega \left(u_1u_2 + \alpha_0\left(\sum_{i,j=1}^n a_{ij}\frac{\partial u_1}{\partial x_i}\frac{\partial u_2}{\partial x_j} - \sum_{i=1}^n b_i \frac{\partial u_1}{\partial x_i}u_2 - cu_1u_2\right)\right)\mathrm{d}x, \tag{3.21}$$

式中 α_0 是待定的常数. 于是记 α 为椭圆性条件 $\sum a_{ij}\xi_i\xi_j \geqslant \alpha|\xi|^2$ 中的常数, 即有

$$a(u,u) \geqslant \|u\|_{L^2}^2 + \alpha_0\alpha\|\nabla u\|_{L^2}^2 - C\alpha_0(\|\nabla u\|_{L^2}\|u\|_{L^2} + \|u\|_{L^2}^2).$$

故取 α_0 充分小时, 有

$$a(u,u) \geqslant C_1\|u\|_{H^1}^2.$$

另一方面, 若取 C_2 充分大, 显然有

$$a(u,u) \leqslant C_2 \|u\|_{H^1}^2 .$$

故 $a(u,u)=(\alpha_0 L_0 u,u)+(u,u)$ 与 $\|u\|_{H^1}^2$ 等价. 又若记 $H=H_0^1(\Omega)\times L^2(\Omega)$, 则可定义

$$\|U\|_H^2=(a(u,u)+\alpha_0(v,v)),$$

它与 $\|u\|_{H^1}^2+\|v\|_{L^2}^2$ 等价. 现令

$$D=\{U\in H|v\in H_0^1(\Omega),u\in H^2(\Omega)\}, \tag{3.22}$$

在 D 上按 $AU=\begin{pmatrix}0 & -I\\ L_0 & 0\end{pmatrix}\begin{pmatrix}u\\ v\end{pmatrix}$ 定义算子 A, 则 A 是 $D\to H$ 的映射, 且当限制在 D 上考察方程组 (3.20) 时, 已将边界条件 (3.17) 考虑在内. 于是记 $\varphi=\begin{pmatrix}\varphi_0\\ \varphi_1\end{pmatrix}$, 所讨论的初边值问题 (3.17)—(3.19) 可写成

$$\begin{cases}\dfrac{\mathrm{d}U}{\mathrm{d}t}+AU=0,\\ U|_{t=0}=\varphi.\end{cases} \tag{3.23}$$

利用定理 3.1 来证明问题 (3.23) 的解的存在性, 即需验证算子 A 满足该定理的条件.

引理 3.1 若 $F=\begin{pmatrix}f\\ g\end{pmatrix}\in C_c^\infty(\Omega)\times C_c^\infty(\Omega)$, 则当 n 充分大时,

$$(I+n^{-1}A)U=F \tag{3.24}$$

存在唯一解 $U\in (C^\infty(\Omega)\times C^\infty(\Omega))\cap D$, 且

$$\|U\|_H \leqslant \left(1+\frac{\beta}{n}\right)\|F\|_H , \tag{3.25}$$

式中 β 是与 F 无关的一个常数.

证明 由第 2 章的讨论知, 对于给定的椭圆算子 L_0, 只要 n 充分大, 如下的边值问题

$$\begin{pmatrix}I+\dfrac{1}{n^2}L_0 & \\ & I+\dfrac{1}{n^2}L_0\end{pmatrix}U_1=F,\quad U_1|_{\partial\Omega}=0 \tag{3.26}$$

就有唯一解 $U_1 \in C^\infty(\Omega) \times C^\infty(\Omega)$. 注意到如下的分解式

$$\begin{pmatrix} I + \frac{1}{n^2}L_0 & \\ & I + \frac{1}{n^2}L_0 \end{pmatrix} = \begin{pmatrix} I & -\frac{1}{n}I \\ \frac{1}{n}L_0 & I \end{pmatrix} \begin{pmatrix} I & \frac{1}{n}I \\ -\frac{1}{n}L_0 & I \end{pmatrix}.$$

则对于已得到的 U_1, 令

$$U = \begin{pmatrix} I & \frac{1}{n}I \\ -\frac{1}{n}L_0 & I \end{pmatrix} U_1 = \begin{pmatrix} u_1 + \frac{1}{n}v_1 \\ v_1 - \frac{1}{n}L_0 u_1 \end{pmatrix}. \tag{3.27}$$

U 就满足 (3.24), 且 $U \in (C^\infty(\Omega) \times C^\infty(\Omega)) \cap D$.

利用 (3.24) 式, 有

$$\begin{aligned} a(f,f) &= (f + \alpha_0 L_0 f, f) \\ &= \left(u - \frac{1}{n}v + \alpha_0 L_0\left(u - \frac{1}{n}v\right), u - \frac{1}{n}v\right) \\ &= (u + \alpha_0 L_0 u, u) - \frac{2}{n}\mathrm{Re}(u,v) - \frac{\alpha_0}{n}(L_0 u, v) \\ &\quad - \frac{\alpha_0}{n}(L_0 v, u) + \frac{1}{n^2}(v + \alpha_0 L_0 v, v), \\ \alpha_0(g,g) &= \alpha_0\left(v + \frac{1}{n}L_0 u, v + \frac{1}{n}L_0 u\right) \\ &= \alpha_0(v,v) + \frac{\alpha_0}{n}(v, L_0 u) + \frac{\alpha_0}{n}(L_0 u, v) + \frac{\alpha_0}{n^2}(L_0 u, L_0 u). \end{aligned}$$

所以

$$\|F\|_H^2 \geqslant (u + \alpha_0 L_0 u, u) + \alpha_0(v,v) - \frac{\alpha_0}{n}|(u, L_0 v) - (L_0 u, v)| - \frac{2}{n}|(u,v)|.$$

不等式右边第三、四项可用

$$\frac{\beta_1}{n}\|u\|_{H^1}\|v\| \leqslant \frac{\beta_1}{n}\left(\|u\|_{H^1}^2 + \|v\|^2\right) \leqslant \frac{\beta_2}{n}\|U\|_H^2$$

来估计, 所以在 n 充分大时

$$\|F\|_H^2 \geqslant \left(1 - \frac{\beta_2}{n}\right)\|U\|_H^2.$$

此式与 (3.25) 等价, 由此又知当 $F = 0$ 时必有 $U = 0$, 故 (3.24) 的解是唯一的.

定理 3.5 设在初边值问题 (3.17)—(3.20) 中, 方程 (3.17) 的系数为 $C^\infty(\bar{\Omega})$ 函数, 且满足椭圆性条件. 又 $\varphi_0 \in H_0^1(\Omega) \cap H^2(\Omega), \varphi_1 \in H_0^1(\Omega)$, 则该初边值问题存在唯一的解 $u \in C^2([0,T), L^2(\Omega)) \cap C^1([0,T), H_0^1(\Omega)) \cap C^0([0,T), H^2(\Omega))$.

证明 我们先证明问题 (3.23) 存在解 $U \in C^1([0,T),H)$, 为此需要利用定理 2.6. 由于 A 是限制在 $H_0^1(\Omega)\times L^2(\Omega)$ 的子集 D 上的微分算子. $C_c^\infty(\Omega)\times C_c^\infty(\Omega)\subset D$, 而 $C_c^\infty(\Omega)\times C_c^\infty(\Omega)$ 在 $H_0^1(\Omega)\times L^2(\Omega)$ 中稠密, 故 A 是稠定闭算子.

当 n 充分大时, $n+A$ 是 $D\to H$ 的单映射与满映射. 事实上, 若 $F\in H$, 则存在 $F_\nu \in C_0^\infty(\Omega)\times C_0^\infty(\Omega)$, 使 $F_\nu \to F$ 在 H 中成立. 由引理 3.1 知存在 U_ν, 满足

$$\left(I+\frac{A}{n}\right)U_\nu = F_\nu, \tag{3.28}$$

以及

$$\|U_\nu\| \leqslant \left(1+\frac{\beta}{n}\right)\|F_\nu\|. \tag{3.29}$$

同理有

$$\|U_\nu - U_\mu\| \leqslant \left(1+\frac{\beta}{n}\right)\|F_\nu - F_\mu\|,$$

故 $\{U_\nu\}$ 是 H 中的基本序列, 且存在 U, 使 $U_\nu \to U$ 在 H 中成立. 由相应于 U_ν 成立的 (3.26)、(3.27) 可知:

$$\begin{aligned} &u_{1\nu}+n^{-2}L_0u_{1\nu}=f_\nu, \quad && v_{1\nu}+n^{-2}L_0v_{1\nu}=g_\nu,\\ &u_\nu = u_{1\nu}+\frac{1}{n}v_{1\nu}, && v_\nu = v_{1\nu}-\frac{1}{n}L_0u_{1\nu}. \end{aligned}$$

取极限得

$$u_1+n^{-2}L_0u_1=f, \quad v_1+n^{-2}L_0v_1=g,$$
$$u=u_1+\frac{1}{n}v_1, \quad v=v_1-\frac{1}{n}L_0u_1.$$

故 u_1, v_1 以及 u 都属于 $H^2(\Omega)$. 又由 (3.26) 以及 $u_1, f\in H_0^1(\Omega)$ 等事实知 $L_0u_1 \in H_0^1(\Omega)$, 从而 $v\in H_0^1(\Omega)$, 所以 $U\in D$. 这就说明了方程 (3.24) 在 n 充分大时对于 $F\in H$ 也是可解的, 且估计式 (3.25) 成立, 从而当 n 充分大时 $n+A$ 是 $D\to H$ 的单映射与满映射.

由 (3.25) 知, $\left\|(I+n^{-1}A)^{-1}\right\| \leqslant 1+\dfrac{\beta}{n}$, 因而

$$\left\|n(n+A)^{-1}\right\| \leqslant \left(1+\frac{\beta}{n}\right),$$

从而对任意正整数,

$$\left\|(n-\beta)^k(n+A)^{-k}\right\| \leqslant 1.$$

于是由定理 2.6(参照 5.2 节习题 3) 可知, 存在一个 C_0 算子半群 $\{S(t); t\geqslant 0\}$, 它以 $-A$ 为无穷小生成元. 所以问题 (3.23) 存在 $C^1([0,T),H)$ 解. 注意到空间

$H = H_0^1(\Omega) \times L^2(\Omega)$, 且 $U = \begin{pmatrix} u \\ \partial_t u \end{pmatrix}$, 再利用方程就容易得到

$$u \in C^2([0,T), L^2(\Omega)) \cap C^1([0,T), H_0^1(\Omega)) \cap C^0([0,T), H^2(\Omega)).$$

解的唯一性可以用类似于定理 3.2 的方法证明之. 我们将此留给读者. 证毕

习 题

1. 试将定理 1.2 与定理 3.2 作比较.
2. 试将定理 3.4 与第 4 章的定理 3.1 作比较.
3. 写出定理 3.4 中解的唯一性的证明.
4. 若方程 (3.14) 改为非齐次方程, 写出其初边值问题解的形式并加以验证.

参 考 文 献

[1] 齐民友. 线性偏微分算子引论. 北京: 科学出版社, 1986.

[2] 齐民友, 吴方同. 广义函数与偏微分方程. 2 版. 北京: 高等教育出版社, 1999.

[3] 陈恕行. 偏微分方程概论. 北京: 高等教育出版社, 1981.

[4] 陈恕行, 洪家兴. 偏微分方程近代方法. 上海: 复旦大学出版社, 1988.

[5] 谷超豪, 李大潜, 陈恕行, 等. 数学物理方程. 3 版. 北京: 高等教育出版社, 2012.

[6] 吴新谋, 等. 数学物理方程. 北京: 科学出版社, 1958.

[7] 崔志勇, 金德俊, 卢喜观. 线性偏微分方程引论. 长春: 吉林大学出版社, 1991.

[8] Adams R A. Sobolev Spaces. New York: Academic Press, 1975 (中译本: 叶其孝, 等译. 北京: 人民教育出版社, 1981)

[9] Barros-Neto. An Introduction to the Theory of Distributions. New York: Marcel Decker, 1973 (中译本: 欧阳光中, 译. 上海: 上海科学技术出版社, 1981).

[10] Bers L, John F, Shechter M. Partial Differential Equations. Providence: American Mathematical Society, RI, 1964.

[11] Chazarian J, Piriou A. Introduction to the Theory of Linear Partial Differential Equations. Amsterdam, New York, Oxford: North-Holland Publishing Company, 1982.

[12] Courant R, Hilbert D. Methods of Mathematical Physics. Vol.II. Interscience, 1962 (中译本: 熊振翔, 杨应辰, 译. 北京: 科学出版社, 1977).

[13] Evans L C. Partial Diferential Equations. Graduate Studies in Mathematics, Vol. 19. Providence, Rhode Island: American Mathematical Society, 2010.

[14] Folland G B. Introduction to Partial Differential Equations. Princeton: Princeton University Press, 1976 (中译本: 齐民友, 等, 译. 北京: 高等教育出版社, 1985).

[15] Friedrichs K O. Symmetric positive linear differential equations. Comm. Pure Appl. Math., 1958, 11: 333-418.

[16] Gelfand I M, Silov G E. Generalized Functions. Vol.I. New York: Academic Press, 1964 (中译本: 林坚冰, 译. 北京: 科学出版社, 1965).

[17] Gilbarg D, Trudinger N S. Elliptic Partial Differential Equations of Second Order. 2nd ed. New York: Springer-Verlag, 1998.

[18] Hörmander L. The Analysis of Linear Partial Differential Operators I. New York: Springer-Verlag, 1983.

[19] John F. Partial Differential Equations. New York: Spriger-Verlag, 1982 (中译本: 朱汝金, 译. 北京: 科学出版社, 1986).

[20] Ladyzhenskaya O A. The Boundary Value Problems of Mathematical Physics. New York: Springer-Verlag, 1985.

[21] Lax P D, Phillips R. Local Boundary Conditions for Dissipative Symmetric Linear Differential Operators. Comm. Pure Appl. Math., 1960, 13: 427-455.

[22] Lions J L. Boundary Value Problems for Partial Differential Equations. 1967 (中译本: 李大潜, 译. 上海: 上海科学技术出版社, 1980).

[23] Nirenberg L. Lectures on Linear Partial Differential Equations. CBMS Reg. Conf. Series n.17, AMS, 1973 (中译本: 陆柱家, 译. 上海: 上海科学技术出版社, 1980).

[24] Oleinik O A. Lecture of Partial Differential Equations. 3rd ed. Moscow: Binom Knowledge Laboratory Publishers, 2007 (中译本: 郭思旭, 译. 北京: 高等教育出版社, 2008).

[25] Shamayev A C. Collections of Problems for Partial Differential Equations. 2nd ed. Moscow: Binom Knowledge Laboratory Publishers, 2007 (中译本: 郭思旭, 译. 北京: 高等教育出版社, 2009).

[26] Pazy A. Semigroups of Linear Operators and Applications to Partial Differential Equations. New York: Springer-Verlag, 1983.

[27] Riesz F, Nagy B S. Functional Analysis. 4th ed. New York, 1965 (中译本: 庄万, 等, 译. 北京: 科学出版社, 1980).

[28] Schechter M. Modern Methods in Partial Differential Equations. New York: McGraw-Hill, 1977 (中译本: 叶其孝, 译. 北京: 科学出版社, 1983).

[29] Showater R E. Hilbert Space Methods for Partial Differential Equations. London, San Francisco, Melbourne: Pitman, 1977.

[30] Taylor M. Partial Differential Equations. Vol.I. New York: Springer-Verlag, 1997.

[31] Treves F. Basic Linear Partial Differential Equations. New York: Academic Press, 1975 (中译本: 陆柱家, 译. 上海: 上海科学技术出版社, 1982).

[32] Treves F. Topological Vector Spaces, Distributions and Kernels. New York: Academic Press, 1967.

索　　引

《大学数学科学丛书》已出版书目

1．代数导引　万哲先　著　2004 年 8 月
2．代数几何初步　李克正　著　2004 年 5 月
3．线性模型引论　王松桂等　编著　2004 年 5 月
4．抽象代数　张勤海　著　2004 年 8 月
5．变分迭代法　曹志浩　编著　2005 年 2 月
6．现代偏微分方程导论　陈恕行　著　2005 年 3 月
7．抽象空间引论　胡适耕　张显文　编著　2005 年 7 月
8．近代分析基础　陈志华　编著　2005 年 7 月
9．抽象代数——理论、问题与方法　张广祥　著　2005 年 8 月
10．混合有限元法基础及其应用　罗振东　著　2006 年 3 月
11．孤子引论　陈登远　编著　2006 年 4 月
12．矩阵不等式　王松桂等　编著　2006 年 5 月
13．算子半群与发展方程　王明新　编著　2006 年 8 月
14．Maple 教程　何青　王丽芬　编著　2006 年 8 月
15．有限群表示论　孟道骥　朱萍　著　2006 年 8 月
16．遗传学中的统计方法　李照海　覃　红　张　洪　编著　2006 年 9 月
17．广义最小二乘问题的理论和计算　魏木生　著　2006 年 9 月
18．多元统计分析　张润楚　2006 年 9 月
19．几何与代数导引　胡国权　编著　2006 年 10 月
20．特殊矩阵分析及应用　黄廷祝等　编著　2007 年 6 月
21．泛函分析新讲　定光桂　著　2007 年 8 月
22．随机微分方程　胡适耕　黄乘明　吴付科　著　2008 年 5 月
23．有限维半单李代数简明教程　苏育才　卢才辉　崔一敏　著　2008 年 5 月
24．积分方程　李星　编著　2008 年 8 月
25．代数学　游宏　刘文德　编著　2009 年 6 月
26．代数导引（第二版）　万哲先　著　2010 年 2 月
27．常微分方程简明教程　王玉文　史峻平　侍述军　刘　萍　编著　2010 年 9 月
28. 有限元方法的数学理论　杜其奎　陈金如　编著　2012 年 1 月
29. 近代分析基础（第二版）　陈志华　编著　2012 年 4 月
30. 线性代数核心思想及应用　王卿文　编著　2012 年 4 月
31. 一般拓扑学基础（第二版）　张德学　编著　2015 年 1 月

32. 公钥密码学的数学基础　王小云　王明强　孟宪萌　著　 2013 年 1 月
33. 常微分方程　张祥　编著　 2015 年 5 月
34. 巴拿赫空间几何与最佳逼近　张子厚　刘春燕　周　宇　著　2016 年 2 月
35. 实变函数论教程　杨力华　编著　2017 年 5 月
36. 现代偏微分方程导论（第二版）　陈恕行　著　2018 年 5 月